"十四五"高等学校数字媒体类专业系列教材

数字媒体技术及应用
（下册）

王国省　夏其表◎主　编

党改红　许凤亚　陈　磊◎副主编

中国铁道出版社有限公司

CHINA RAILWAY PUBLISHING HOUSE CO., LTD.

内 容 简 介

本书根据高等院校数字媒体专业教学目标要求编写，由浅入深、循序渐进地介绍了数字媒体技术的相关知识和理论，其中包含多个 Adobe 公司最新推出的数字媒体制作软件的操作方法和使用技巧。全书分为教学篇和实践篇：教学篇主要讲述特效动画制作和视频编辑软件；实践篇则提供了与理论教学内容相配套的九个实验，是对教学内容的实践和补充。

本书内容丰富、结构清晰、语言简练、图文并茂，与实践结合密切，具有很强的实用性和可操作性，便于读者自学，使读者充分体验自由创作的乐趣。

本书适合作为高等学校数字媒体技术课程的教材，也可作为培训学校的培训教材，以及广大图像处理人员、动画制作人员、音视频编辑人员的自学参考书。

图书在版编目（CIP）数据

数字媒体技术及应用. 下册 / 王国省，夏其表主编. — 北京：中国铁道出版社有限公司，2023.12
"十四五"高等学校数字媒体类专业系列教材
ISBN 978-7-113-30357-0

I.①数… II.①王…②夏… III.①数字技术 - 多媒体技术 - 高等学校 - 教材 IV.① TP37

中国国家版本馆 CIP 数据核字（2023）第 123839 号

书　　名：数字媒体技术及应用（下册）
作　　者：王国省　夏其表

策　　划：汪　敏　侯　伟　　　　　　　　　编辑部电话：(010) 51873628
责任编辑：汪　敏　许　璐
封面设计：刘　颖
责任校对：刘　畅
责任印制：樊启鹏

出版发行：中国铁道出版社有限公司（100054，北京市西城区右安门西街 8 号）
网　　址：http://www.tdpress.com/51eds/
印　　刷：三河市宏盛印务有限公司
版　　次：2023 年 12 月第 1 版　2023 年 12 月第 1 次印刷
开　　本：787 mm×1 092 mm 1/16　印张：20.5　字数：550 千
书　　号：ISBN 978-7-113-30357-0
定　　价：56.00 元

前　言

　　数字媒体技术是当今计算机科学技术领域的热点技术之一，也是计算机应用中与人关系最为密切的技术之一。数字媒体技术应用已经渗透到人们生活的各个领域，如多媒体教学、影视娱乐、广告宣传、数字图书、电子出版、建筑工艺等，并发挥着越来越重要的作用。数字媒体技术使计算机具有综合处理文字、声音、图形、图像、视频和动画信息的能力，改善了人机交互界面，改变了人们使用计算机的方式，使计算机融入人们的学习、生活及生产的各个领域。虽然众多高校纷纷开设数字媒体专业，但是开设时间都不算长，也缺乏成熟的教材。为此，编者根据数字媒体专业教学目标要求，以及自身的教学实践，编写了本教材。

　　本册分为教学篇和实践篇两篇。其中，教学篇分为两部分：第四部分介绍了Adobe After Effects CC 2020特效动画制作；第五部分介绍了Adobe Premiere CC 2020视频编辑。实践篇则提供了与理论教学内容相配套的九个实验，是对教学内容的实践和补充。

　　本书主要向读者提供实用性强的数字媒体技术指导，是编者在长期从事数字媒体技术教学、研发，并积累了一定实践经验的基础上编写的。

　　本书在编写过程中力求体现以下特点：

　　（1）教学篇每一章都列出了学习目标和学习重点，在详细论述理论知识后，配备实例来介绍操作技巧，让读者可以利用这些技巧更好地进行数字媒体制作。

　　（2）教学篇中加入了许多实例，使读者可以学到各种平面设计的方法和技巧，从而将软件和设计手法相统一。

　　（3）在编写理念上体现认知规律性、内容系统性、结构逻辑性和知识新颖性四个原则。内容论述循序渐进，条理清晰，便于自学。

　　（4）配有素材和源文件等教学课件。

　　（5）实践篇是对理论教学的拓展，有利于读者掌握并巩固知识点和操作技巧。

　　本书由王国省、夏其表主编，由党改红、许凤亚、陈磊任副主编，张广群、刘颖参与编写。各章编写分工如下：第 15 ～ 18 章由王国省编写；第 19 章由党改红编写；第 20 章由陈磊、张广群编写；第 21 章由许凤亚、党改红编写；第 22 章由夏其表、刘颖编写；第 23 章由夏其表编写；第 24 章由王国省、夏其表编写；第 25 章由陈磊、夏其表编写。本册实践篇，王国省、夏其表、党改红、许凤亚和陈磊各自负责各部分实验。全书由王国省负责制订编写提纲并统稿。

　　在书稿的编写过程中，得到了浙江农林大学徐爱俊、冯海林、冯金明、张洪涛、黄萍、尹建新的帮助和支持，在此表示衷心的感谢。

　　为方便读者实际操作，本书配有数字媒体线上课程"多媒体技术与应用"，以及完成设计任务所需的素材及源文件，如有需求，可到中国铁道出版社有限公司网站 http://www.tdpress.com/51eds/ 下载。

　　本书是教师教学、学生自学非常实用的教材，虽经多次讨论并反复修改，但限于编者水平，疏漏与不妥之处仍在所难免，欢迎读者提出宝贵意见和建议。

编　者

2023 年 3 月

目 录

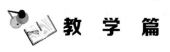 **教 学 篇**

实 践 篇

教学篇

第四部分
特效动画制作

After Effects 是 Adobe 公司开发的一个视频剪辑及设计软件。它借鉴了许多优秀软件的成功之处，将视频特效合成上升到了新的高度：Photoshop 中层的引入，使 After Effects 可以对多层合成图像进行控制，制作出天衣无缝的合成效果；关键帧、路径的引入，使操作者对控制高级的二维动画游刃有余；高效的视频处理系统，确保了高质量视频的输出；令人眼花缭乱的特技系统使 After Effects 几乎能实现使用者的一切创意；AE 同样保留有 Adobe 优秀的软件相互兼容性。

本部分以 Adobe After Effects 2020 作为主要介绍对象，在讲解的过程中秉承教学的基本理念，突出实用性，从基础功能讲起，几乎每个工具的使用都结合具体实例进行讲解。因此，无论是初学者，还是已有一定基础的读者，都可以按照各自的需求进行有规律的学习，从而提高运用 After Effects 制作影视特效的能力。

第15章
After Effects 基础知识

 学习目标

◎ 了解非线性编辑基础知识。
◎ 了解数字视频基础。
◎ 熟练掌握时间轴和渲染输出的使用。

学习重点

◎ 数字视频基础。
◎ 时间轴面板的使用。
◎ 渲染输出操作。

Adobe After Effects 简称 AE，是 Adobe 公司推出的一款图形视频处理软件，适用于从事设计和视频特技的机构，包括电视台、动画制作公司、个人后期制作工作室以及多媒体工作室。AE 属于层类型后期软件。本章主要介绍 After Effects 的相关基础知识、工作界面、渲染输出等。通过本章的学习，读者可以掌握数字影视技术基础与 After Effects 概述方面的知识，为深入学习 After Effects 奠定基础。

 ## 15.1 特效动画概述

AE 特效是指数字合成技术，即利用先进的计算机图像学的原理和方法，将多种源素材采集到计算机里面，并用计算机混合成单一复合图像，然后输入到磁带或胶片上的这一系统、完整的处理过程。

影视制作分为前期和后期。前期主要工作包括策划、拍摄及三维动画创作等工序；当前期工作结束后得到的是大量的素材和半成品，将它们通过艺术手段有机地结合起来就是后期合成工作。至此，可以引出 After Effects，通过 AE 特效来制作出满意的视频。

15.1.1 非线性编辑概述

非线性编辑是借助计算机来进行数字化制作，几乎所有的工作都在计算机里完成，不再需要那么多的外围设备，对素材的调用也是瞬间实现，不用反复在磁带上寻找，突破单一的时间顺序编辑限制，可以按各种顺序排列，具有快捷简便、随机的特性。非线性编辑只要上传一次就可以多次编辑，信号质量始终不会变低，所以节省了设备、人力，提高了效率。非线性编辑需要专用的编辑软件、硬件，现在绝大多数的电视电影制作机构都采用了非线性编辑系统。

1. 非线性编辑系统

非线性编辑的实现需要靠软件与硬件的支持，这就构成了非线性编辑系统。非线性编辑系统从硬件上来看，可由计算机、视频卡、声卡、高速硬盘、专用板卡、SDI 标准接口以及外围设备组成。随着计算机硬件性能的提高，视频编辑处理对专用器件的依赖越来越小，软件的作用更加突出。因此，掌握类似 Premiere 之类的非线性编辑软件，就成了非线性编辑的关键。

2. 非线性编辑的优势

早期线性编辑的主要特点是录像带必须按一定顺序编辑，也就是说，线性编辑只能按照视频的先后播放顺序进行编辑工作。

非线性编辑是一种组合和编辑多个视频素材的方式，它使用户在编辑过程中能够在任意时刻随机访问所有素材。

从非线性编辑系统的作用来看，它能集录像机、切换台、数字特技机、编辑机、多轨录音机、调音台、MIDI 创作、时基等设备于一身，几乎包括了所有的传统后期制作设备。这种高度的集成性，使得非线性编辑系统的优势更为明显。因此它能在广播电视界占据越来越重要的地位，一点也不令人奇怪。概括地说，非线性编辑系统具有信号质量高、制作水平高、节约投资、保护投资、网络化等方面的优越性。

15.1.2 数字视频基础

模拟视频每次在录像带中将一段素材复制传送一次，都会损失一些品质，而数字视频可以自由地复制视频而不会损失品质。相对模拟视频而言，数字视频拥有众多优势。

1. 认识数字视频

数字视频就是以数字形式记录的视频，是和模拟视频相对的。数字视频有不同的产生方式、存储方式和播出方式。比如通过数字摄像机直接产生数字视频信号，存储在数字带，P2 卡，蓝光盘或者磁盘上，从而得到不同格式的数字视频。然后通过 PC 或特定的播放器等播放出来。在 Premiere 中，数字视频通常包含视频、静帧图像和音频，它们都已经数字化或者已经从模拟格式转换为数字格式。

2. 数字视频的优势

数字视频信号是基于数字技术以及其他更为拓展的图像显示标准的视频信息，数字视频与模拟视频相比有以下特点：

（1）数字视频信号可以不失真地进行无数次复制，而模拟视频信号每转录一次，就会有一次误差积累，产生信号失真。

（2）模拟视频长时间存放后视频质量会降低，而数字视频便于长时间的存放。

（3）可以对数字视频进行非线性编辑，并可增加特技效果等。

（4）数字视频数据量大，在存储与传输的过程中必须进行压缩编码。随着数字视频应用范围不断发展，它的功效也越来越明显。

3. 视频的采集和数字化

视频采集就是通过视频采集卡将视频源，如模拟摄像机、录像机、影碟机、电视机输出的视频信号（包括视频音频的混合信号）输入计算机，并转换成计算机可辨别的数字数据，存储在计算机中。在视频信息的数字化过程中包括采样、量化、压缩过程。

数字视频为了把模拟信号转换成数字信号，必须把时间和幅度两个量转换成不连续的值，把时间转换成离散值的过程称为采样，而把幅度转换成离散值的过程称为量化。视频信号数字化后若不经过压缩，数据量非常庞大，因此压缩就是通过编码进行视频的格式转换等。

4．帧和帧速率

视频帧速率（frame rate）是用于测量显示帧数的量度，测量单位为帧 /s 或 fps。由于人类眼睛的特殊生理结构，如果所看画面之帧速率高于 16 的时候，就会认为是连贯的，此现象称为视觉停留。高的帧速率可以得到更流畅、更逼真的动画。一般来说 30 帧 /s 就是可以接受的，但是将性能提升至 60 帧 /s 则可以明显提升交互感和逼真感，但是一般来说超过 75 帧 /s 一般就不容易察觉到明显的流畅度提升了。

5．电视制式

电视信号的标准简称制式，可以简单地理解为用来实现电视图像或声音信号所采用的一种技术标准。制式的区分主要在于其帧频（场频）的不同、分解率的不同、信号带宽以及载频的不同、色彩空间的转换关系不同，等等。各国的电视制式不尽相同，中国大部分地区使用 PAL 制式，日本、韩国及东南亚地区与美国等欧美国家使用 NTSC 制式，俄罗斯则使用 SECAM 制式。中国国内市场进口的 DV 产品主要是 PAL 制式。

6．视频时间码

通常用时间码来识别和记录视频数据流中的每一帧，从一段视频的起始帧到终止帧，其间的每一帧都有一个唯一的时间码地址。根据 SMPTE 使用的时间码标准，其格式是：小时，分钟，秒，帧，或 hours，minutes，seconds，frames。例如：一段长度为 00:02:31:15 的视频片段的播放时间为 2 min 31 s15 帧，如果以每秒 30 帧的速率播放，则播放时间为 2 min 31.5 s。

7．像素纵横比

在 Premiere 中，画幅大小是以像素为单位进行计算的。像素是一个个有色方块，图像是由许多像素以行和列的方式排列而成。文件包含的像素越多，其所含的信息也越多，图像也就越清晰。在 DV 出现之前，多数台式机视频系统中使用的标准画幅大小是 640 像素 ×480 像素，即 4:3。常用的普通电视屏幕的大小就是 4:3，而高清电视的宽高比显示标准一般是 16:9。DV 基本上使用矩形像素，即 720 像素 ×480 像素。

8．视频格式

（1）AVI。AVI（audio video interleaved，音频视频交错）是由微软公司发表的视频格式，在视频领域可以说是最悠久的格式之一。AVI 格式调用方便、图像质量好，压缩标准可任意选择，是应用最广泛，也是应用时间最长的格式之一。

（2）MPEG。MPEG（motion picture experts group，运动图像专家组）格式包括了 MPEG-1、MPEG-2 和 MPEG-4 在内的多种视频格式。MPEG-1 是用户接触得较多的格式之一，因为其正在被广泛地应用在 VCD 的制作和一些视频片段下载的网络应用上面，大部分的 VCD 都是用 MPEG1 格式压缩的（刻录软件自动将 MPEG1 转换为 DAT 格式），使用 MPEG-1 的压缩算法可以把一部 120 min 的电影压缩到 1.2 GB 左右大小。MPEG-2 则是应用在 DVD 的制作中，同时在一些 HDTV（高清晰电视广播）和一些高要求视频编辑、处理上面也有相当多的应用。使用 MPEG-2 的压缩算法压缩一部 120 min 的电影可以压缩到 5 ～ 8 GB，而 MPEG-4 可压缩到 300 MB 左右以供网络播放。

（3）MOV。使用过 Mac 机的朋友应该多少接触过 QuickTime。QuickTime 原本是 Apple 公司用于 Mac 计算机上的一种图像视频处理软件。QuickTime 提供了两种标准图像和数字视频格式，即可以支持静态的 *.PIC 和 *.JPG 图像格式，动态的基于 Indeo 压缩法的 *.MOV 和基于 MPEG 压缩法的 *.MPG 视频格式。

（4）FLV。FLV（flash video）流媒体格式是随着 Flash MX 的推出而发展而来的一种新兴的视频格式。FLV 文件体积小巧，1 min 的清晰的 FLV 视频在 1 MB 左右，一部电影 100 MB 左右，是普通视频文件体积的 1/3。再加上 CPU 占有率低、视频质量良好等特点使其在网络上盛行，网上的几家著名视频共享网站均采用 FLV 格式文件提供视频，就充分证明了这一点。

（5）DV。DV（digital video format）是由索尼、松下、JVC 等多家厂商联合提出的一种家用数字视频格式。目前非常流行的数码摄像机就是使用这种格式记录视频数据的。它可以通过 IEEE 1394 端口传输视频数据到计算机，也可以将计算机中编辑好的视频数据回录到数码摄像机中。这种视频格式的文件扩展名一般是 .avi，所以也称 DV-AVI 格式。

15.2　After Effects 工作界面

Adobe After Effects 是 Adobe 公司开发的一个影视特效及动画制作设计软件，软件可以高效且精确地创建无数种引人注目的动态图形和震撼人心的视觉效果。利用与其他 Adobe 软件无与伦比的紧密集成和高度灵活的 2D 和 3D 合成，以及数百种预设的效果和动画，为电影、视频、DVD、Animate 等作品增添令人耳目一新的效果。

安装 After Effects CC 2020 软件后，默认第一次启动软件时，将显示默认用户界面，该界面包括菜单栏、工具栏、项目面板、合成窗口、时间轴面板、效果和预设面板、预览面板等，如图 1-15-1 所示。其中较重要的面板是项目面板、合成面板、时间轴面板和预览面板。下面以用户常用的面板组合方式，即标准用户界面，了解各面板的基本功能。

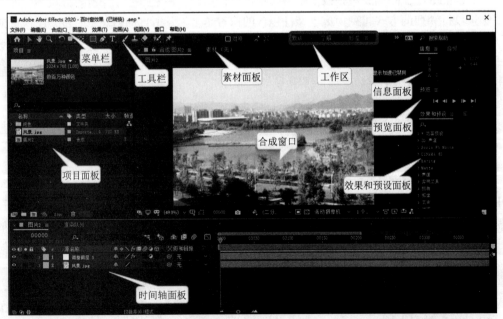

图 1-15-1　标准用户界面

15.2.1　项目面板

项目面板是管理导入素材的窗格，主要用来组织、管理视频节目中所使用的素材，从中可以看到项目内容的文件和文件夹，相当于 After Effects 的素材浏览器或素材大纲列表。

在此窗口中可以对素材进行文件夹式管理，还可以对素材进行浏览。将不同的素材以不同的文件夹分类导入，使视频编辑时操作方便，文件夹可以展开也可以折叠，更便于项目管理，如图 1-15-2 所示。

图 1-15-2　项目面板

15.2.2　合成面板

合成面板是显示画面效果的"浏览器"，在其中可以预览编辑时每一帧的效果，对文件的任何操作都要以此面板为参考，如图 1-15-3 所示。

当选择"合成"→"新建合成"命令或在已有合成中打开合成设置，就会出现"合成设置"对话框，如图 1-15-4 所示。可以调用预设设置、自定义设置合成大小、像素长宽比（aspect ratio）、帧速率（frame rate）、分辨率（resolution）、背景色等。

图 1-15-3　合成面板

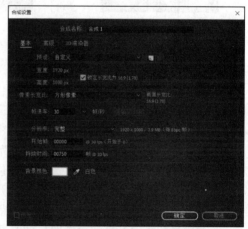

图 1-15-4　"合成设置"对话框

15.2.3　时间轴面板

时间轴面板是 After Effects 真正的核心，是编辑操作的主要区域，导入这里的每一个合成（或镜头）中的素材元素都分层放置，然后可以通过对图层的控制完成想要的动画制作，并按时间排序。通常在这里可以同时打开多个合成（或镜头），它们并列排列在时间线标签处。

时间轴面板以时间为基准对层进行操作，包括三大区域：控制面板区域、时间线区域和图层区域，如图 1-15-5 所示。

图 1-15-5　时间轴面板

1. 控制面板区域

通过控制面板区域，After Effects 对层进行控制。默认情况下，系统不显示全部控制面板，可以在面板上右击，在弹出的快捷菜单中选择显示或隐藏面板。

1）当前时间

位于控制面板区域的左上角，显示当前时间指示器的位置，与合成窗口的播放时间一致。按住【Ctrl】键，单击当前时间，就可以在以秒或帧为单位之间切换。

2）A/V 功能区域

可以在 A/V 功能面板中对影片进行隐藏、音频独奏、锁定等操作。

3）层概述区域

层概述区域主要包括素材的名称和素材在时间线的层编号，以及在其中对素材属性进行编辑等，如图 1-15-6（a）所示，单击最左侧的小三角，可展开素材层的各项属性，并对其进行设置，如图 1-15-6（b）所示。

（a）

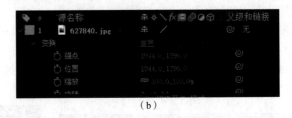
（b）

图 1-15-6　层概述区域

4）开关按钮

单击控制面板区域左下角的 按钮，可以打开或关闭开关面板区域 ，这些按钮用于控制层的各种显示和性能特征。包括消隐、折叠变换 / 连续栅格化、质量和采样、特效（效果）、帧混合、运动模糊、调整图层和 3D 图层等。

- 消隐开关：该开关可以将层标识为退缩状态，在时间线窗口中隐藏层，但该层仍可在合成图像窗口中显示。选择需要退缩的层，单击退缩开关，该开关变为 状态，单击时间线窗口顶部的 （退缩启用开关）按钮后，以提高被嵌套的合成图像的质量，减少渲染时间，但是在应用了部分特效和蒙版的合成图像层上将失去作用。

- 质量和采样开关：设置图层的画面质量。 方式的质量最高，在显示和渲染时将采用反锯齿和子像素技术； 方式是草图质量，不使用反锯齿和子像素技术。

- 特效开关：激活这个开关时，所有的特效才能起作用；关闭这个开关，将不显示图层的特效，但是并没有删除特效。

- 帧混合开关：结合时间线窗口顶部的 （帧融合启用开关）按钮一起使用。当素材的帧速率低于合成项目的帧速率时，After Effects 会通过重复显示上一帧来填充缺失的帧，这时运动图像可能会出现抖动，通过帧融合技术，After Effects 在帧之间插入新帧来平滑运动；当素材的帧速率高于合成项目的帧速率时，After Effects 会跳过一些帧，这时会导致运动图像抖动，通过帧融合技术，After Effects 重组帧来平滑运动。

- 运动模糊开关：结合时间线窗口顶部的 （运动模糊启用开关）按钮一起使用。可以利用运动模糊技术来模拟真实的运动效果。运动模糊只能对 After Effects 里所创建的运动效果起作用，对动态素材将不起作用。

- 调整图层开关：激活此开关的图层会变成调节层。调节层可以一次性调节当前图层下的所有图层。

- 3D 图层开关：激活该开关，可以将一般图层转换为三维图层。

5）层模式面板

单击控制面板下方中间"切换开关 / 模式"切换开关/模式按钮，上述开关面板按钮就转换为层模式；或单击控制面板左下角的■按钮，打开层模式，如图 1-15-7 所示。层模式面板主要用来控制素材层的层模式、轨道蒙版等属性。

6）父子关系区域

可以在父子关系区域中为当前层指定一个父层。当对当前层的父层进行操作时，当前层也会随之变化，如图 1-15-8 所示。

7）选项面板

单击时间线窗口左下角的■按钮可打开选项面板。选项面板包括入、出、持续时间、伸缩，如图 1-15-9 所示。

图 1-15-7　层模式面板　　　图 1-15-8　父子关系区域　　　　　图 1-15-9　选项面板

2. 时间线区域

1）时间标尺和时间指示器

时间标尺显示时间信息，如图 1-15-10 所示。时间指示器用来指示时间位置。

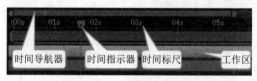

图 1-15-10　时间线区域

2）时间导航器

利用时间导航器可以使用较小的时间单位进行显示，这有利于对层进行精确的时间定位。按住鼠标左键拖动导航栏左右两端的蓝色标记（即开始和结束时间导航器），可以改变时间标尺上的显示单位。位于时间线窗口下方的时间线缩放工具■━━◯━━▲也可以用来改变时间标尺中的时间显示单位。

3）工作区域

工作区域是指显示预览和渲染合成图像的区域。通过拖动左右两端的蓝色工作区标记，为工作区域指定入点和出点。可以对工作区域外的素材层进行操作，但其不能被渲染。

3. 图层区域

将素材调入合成图像中后，素材将以层的形式以时间为基准排列在层工作区域。

15.2.4　素材面板

素材面板与合成窗口类似，如图 1-15-11 所示。在项目窗口中，双击素材即可打开素材窗口，可以通过素材窗口来预览项目窗口中的素材。在素材窗口中的时间标尺上移动时间指示器，可以检索素材。素材窗口中的时间标尺显示素材总时间，可以在其中设置素材的入点和出点，并将其加入合成中。

图 1-15-11　素材面板

15.2.5　图层面板

图层面板与合成窗口也比较类似，如图 1-15-12 所示。在时间线窗口中选定图层并双击图层可以打开层窗口，可以通过层窗口预览层内容，设置图层的入点和出点，还可以在层窗口中执行制作遮罩、移动轴心点等操作。

图 1-15-12　图层面板

15.2.6　工具栏

After Effects 提供工具面板对合成图像中的对象进行操作，如图 1-15-13 所示。可以使用工具面板中提供的工具，在合成图像窗口或层窗口中对素材属性进行编辑，如移动、缩放或旋转等；同时遮罩的建立和编辑也要依靠工具面板实现。

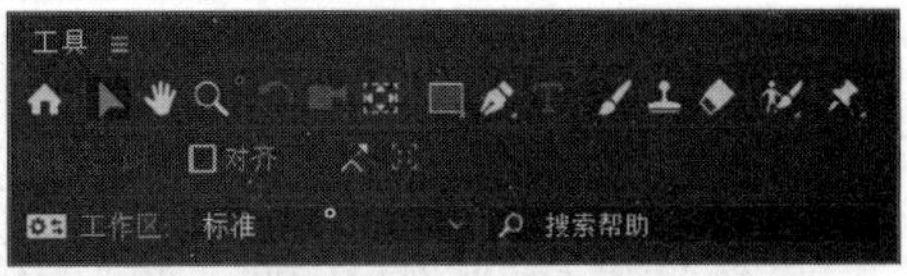

- 选取工具（V）：用于选择或移动对象以及改变层的持续时间等操作。
- 手形工具（H）：当视图放大时，可以用于平移视图。

图 1-15-13　工具栏

- 缩放工具（Z）：用于合成界面大小的缩放，方便查看素材细节。选中缩放工具，按住【Alt】键，放大工具会变为缩小工具；放大或缩小合成图像显示区域后，双击缩放工具，合成图像显示区域按 100% 显示。

- ⟲旋转工具（W）：用于对选定的对象进行旋转。
- ▦统一摄像机工具（C）：对合成中的摄像机进行旋转、推拉、平移等操作，单击该图标右下角的三角形图标，可在弹出的面板中选择其他摄像机工具。
- ▦锚点工具（Y）：用于移动对象中心点位置。
- ▦矩形工具（Q）：该工具具有绘制图形和遮罩两种功能。当未选中图层时，所绘制出的是矩形形状；当选中图层时，所绘制出的是该图层的矩形遮罩。单击该图标右下角的三角形图标，可在弹出的面板中选择其他形状工具。
- ✒钢笔工具（G）：用于绘制精确的图形或遮罩。当未选中图层时，所绘制出的是不规则图形；当选中图层时，所绘制出的是该图层的遮罩。单击该图标右下角的三角形图标，即可在弹出的面板中选择其他工具。
- Ｔ文本工具（T）：用于文字的创建。按住鼠标左键，会弹出扩展项▣（垂直文本工具），用于建立垂直排列的文本。
- ✏笔刷工具（B）：用来在层窗口对层进行特效绘制。
- ⬤仿制图章工具（B）：用来复制素材的像素。
- ◆橡皮擦工具（B）：用来擦除多余的像素。
- ▨ Roto 画笔工具（Alt+W）：能够帮助用户在正常时间片段中独立出移动的前景元素。
- ⚲人偶位置控点工具（P）：用来确定木偶动画时的关节点位置。

15.2.7　预览面板

通过预览面板可以对素材、层、合成图像内容进行回放，还可以在其中进行内存预演设置，如图 1-15-14 所示。

- ▶播放控制按钮：单击此按钮可以播放当前窗口的对象，快捷键是空格键。
- ▶逐帧播放按钮：对播放进行逐帧控制，每单击一次该按钮，对象就会前进一帧，快捷键是【Page Up】。
- ◀逐帧后退按钮：每单击一次此按钮，对象就会后退一帧，快捷键是【Page Down】。
- ▶播放至结束位置控制按钮：单击此按钮播放至合成的结尾处。
- ◀播放至起始位置重控制按钮：单击此按钮播放至合成的起始位置。
- ◉视频按钮：用于控制是否在预览中播放视频。
- ◉音频按钮：用于控制是否在预览中播放音频。
- ▣：用于是否在预览中显示叠加和图层控件（如参考线、手柄和蒙版）。

图 1-15-14　预览面板

- ↻循环播放按钮：显示当前素材播放的循环状态，单击此按钮，会在"只播放一遍"和"循环播放"的状态中切换。

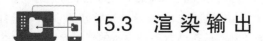

15.3　渲 染 输 出

After Effects 工作流程的最后一步就是渲染输出制作好的影片。可以采用导出的方法，这里要讲的是渲染列队的方法。渲染列队给用户更多的选项，从而比导出对输出的影片有更多的控制。

1. 添加到渲染队列

在菜单栏中选择"合成"→"添加到渲染队列"命令，或按【Ctrl+Shift+/】组合键，把选择的合成添加到渲染队列，同时打开"渲染队列"面板，如图 1-15-15 所示。

图 1-15-15 "渲染队列"面板

在打开的"渲染队列"面板中，单击"渲染设置"，可对相关参数进行设置，如图 1-15-16 所示。单击"输出模块"，可对文件输出格式等进行设置，如图 1-15-17 所示。单击"输出到"，可设置输出文件保存的路径和文件名，如图 1-15-18 所示。设置好以上参数后，在"渲染队列"右上角单击"渲染"按钮安装即可。

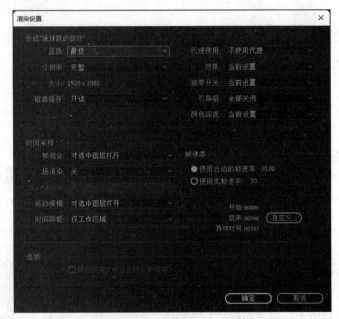

图 1-15-16 "渲染设置"对话框

2. 添加到 Adobe Media Encoder 队列

以上渲染方式不能直接渲染为 mp4 格式文件，要直接渲染为 mp4 格式视频文件，则需要安装"Adobe Media Encoder"相对应的版本。

Adobe Media Encoder 是一个视频和音频编码应用程序，可针对不同应用程序和观众，以各种分发格式对音频和视频文件进行编码。Adobe Media Encoder 结合了主流音视频格式所提供的众多设置，还包括专门设计的预设设置，以便导出与特定交付媒体兼容的文件。

借助 Adobe Media Encoder，可以按适合多种设备的格式导出视频，范围从 DVD 播放器、网站、手机到便携式媒体播放器和标清及高清电视。

安装好"Adobe Media Encoder"后，在"After Effects"菜单栏中选择"合成"→"添加到Adobe Media Encoder 队列…"命令，打开"Adobe Media Encoder"程序，如图 1-15-19 所示。

可以设置渲染文件类型、文件输出路径、文件名等参数，单击"启动队列" ▶按钮，即可渲染出 mp4 格式视频文件。

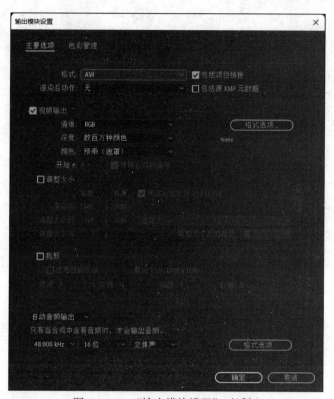

图 1-15-17　"输出模块设置"对话框

图 1-15-18　输出模块

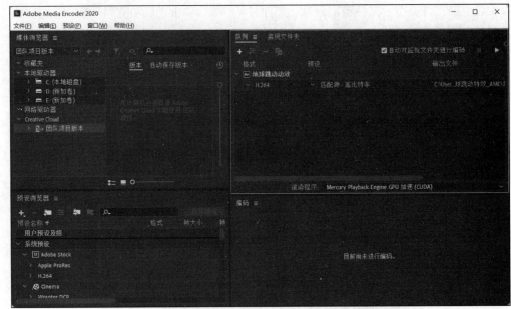

图 1-15-19　"Adobe Media Encoder 2020" 软件界面

15.4　After Effects 制作流程

一般来说，影视特效制作的大致流程是：文案创作、素材收集、剪辑合成、输出影片。其中影视特效合成的工作位于影视制作后期阶段，如图 1-15-20 所示。

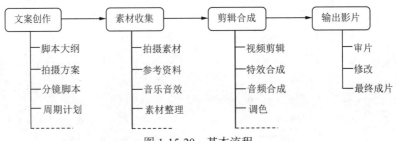

图 1-15-20　基本流程

作为影视特效制作人员，无论是制作简单的字幕动画，还是制作复杂的运动图形，或是合成真实的视觉效果，在使用 After Effects 的过程中也同样需要遵循该软件的基本工作流程，如图 1-15-21 所示。

图 1-15-21　AE 工作流程

（1）导入与管理素材。创建项目后，可以在项目面板中将素材导入该项目。After Effects 可自动解释许多常用媒体格式，可以通过"解释素材"命令自定义帧频率和像素长宽比等属性，也可以双击"素材"，设置其开始和结束时间以符合合成需求。

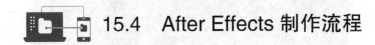

（2）创建与修改合成。使用素材或自定义创建合成。在同一项目中可以创建个或多个合成。合成是框架，任何素材项目都可以是合成中一个或多个图层的源。

（3）时间线和素材编辑。将素材拖动到合成的时间轴面板中，通过合成视图面板与时间轴面板在空间和时间上排列图层，可以使用蒙版、混合模式、形状图层、文本图层、绘画工具来创建视觉元素，还可以修改图层的基础属性，使用关键帧和表达式使图层属性的任意组合随着时间的推移而发生变化，以及为图层添加效果滤镜等。

（4）预览。通过指定预览的分辨率和帧频率以及限制合成预览的区域和持续时间来更改预览的速度和品质，也可以使用色彩管理功能来预览合成效果在其他输出设备上将呈现的外观。

（5）渲染输出。将一个或多个合成添加到渲染队列中，对输出模块与输出路径进行设置并渲染。

15.5　应 用 举 例

【案例】本例通过一张静态图片产生 3D 球体，并设计弹跳动效操作，具体静态效果如图 1-15-22 所示。

视频
15.5 应用举例
-3D跳动球体1

视频
15.5 应用举例
-3D跳动球体2

视频
15.5 应用举例
-3D跳动球体3

图 1-15-22　3D 球体弹跳动效

【设计思路】利用透视、光照效果使一张静态图片产生 3D 球体，并实现旋转、跳动的球体。

【设计目标】通过本案例，掌握导入素材、透视、光照效果等的应用和初步了解图层、关键帧操作等的相关知识。

【操作步骤】

（1）新建项目，新建合成。设置合成名称为 3D 跳动球体，预设：HDTV 1080 25，宽高度 1 920 像素 *1 080 像素，方形像素，25 帧 /s，分辨率：完整，白色背景，如图 1-15-23 所示。

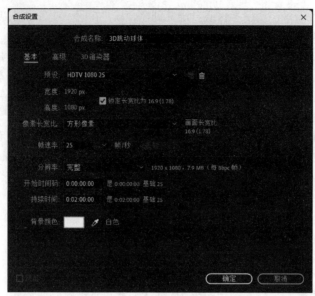

图 1-15-23 "合成设置"对话框

（2）在"项目"面板中双击空白区域，导入"校园风光 .png"文件，并拖动到合成面板中；可以鼠标左键按住素材的左上角控制点，按住【Shift】键，等比缩放，调整到合适的大小，如图 1-15-24 所示。

图 1-15-24 导入素材

（3）在"效果与预设"面板中，选择"透视"→"CC Sphere"命令（或直接在搜索栏里搜索"CC Sphere"），双击"CC Sphere"效果（或拖动"CC Sphere"到合成面板中图片上），如图 1-15-25 所示。

（4）在"效果控件"面板中，设置球体的光照强度"Light Intensity"、光方向"Light Direction"、光颜色"Light Color"为白色，这些参数可根据实际情况设置，如图 1-15-26 所示。

图 1-15-25　使用"CC Sphere"效果

图 1-15-26　光照效果

（5）按住【Ctrl】键，单击时间轴面板的"当前时间" ▭▭▭ 区域，时间线"秒"转换为"帧"为单位（若时间线本来就是"帧"，不必操作）。把"当前时间指示器"定位到 0 帧处，打开"效果控件"面板中 Rotation 下"Rotation Y"单击▭按钮，添加关键字，设置"0ₓ+00°"，如图 1-15-27（a）所示；把"当前时间指示器"定位到 750 帧处，设置"Rotation Y"为"7ₓ+00°"，如图 1-15-27（b）所示；这样地球每 100 帧转 336°。测试动画，可以看到球体旋转效果。并设置"Radius"为 130。

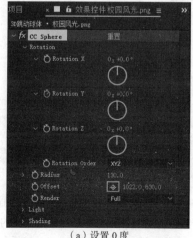

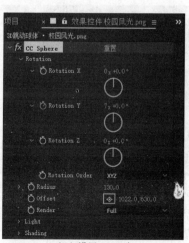

（a）设置 0 度　　　　　　　　　　　（b）设置 2 520 度

图 1-15-27　设置球体旋转效果

（6）选择"矩形工具"，在合成的下方绘制一个绿色的地面，如图 1-15-28 所示。此时得到"形状图层 1"。

图 1-15-28 绘制地面

（7）在时间轴面板中的"校园风光 .png"图层左侧的▓按钮，展开"变换"功能，时间线停在 0 帧位置，单击"位置"属性前面的▓按钮，插入关键帧，如图 1-15-29 所示。调整 Y 轴坐标，使球体移动到合成窗口的上方（可把鼠标放在 Y 轴坐标处，按住鼠标左键向左滑行），如图 1-15-30 所示。

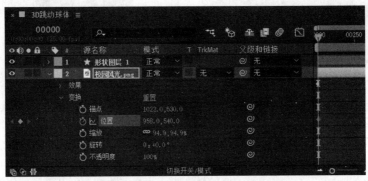

图 1-15-29 0 帧处添加关键帧

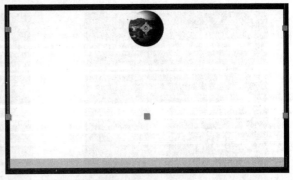

图 1-15-30 0 帧处球体位置

（8）把"时间指示器"移到 20 帧处（可按【Shift+Page Down】组合键，一次移动 10 帧），按"位置"属性前面的▓按钮，添加关键帧，调整 Y 轴坐标，使球体移动到合成窗口的下方绿色地面处（可把鼠标指针放在 Y 轴坐标处，按住鼠标左键向右滑行），如图 1-15-31 所示。

图 1-15-31　20 帧处球体位置

（9）把"时间指示器"移到 50 帧处，按"位置"属性前面的█按钮，添加关键帧，调整 Y 轴坐标，使球体移动到合成窗口的上方合适位置处，如图 1-15-32 所示。

图 1-15-32　50 帧处球体位置

（10）把"时间指示器"移到 68 帧处，选择 20 帧处关键帧，按【Ctrl+C】组合键复制此关键帧，按【Ctrl+V】组合键粘贴关键帧到 68 帧处，此时第 68 帧处球的位置与第 20 帧相同，如图 1-15-33 所示。

图 1-15-33　68 帧处地球位置

（11）把"时间指示器"移到 96 帧处，按"位置"属性前面的█按钮，添加关键帧，调整 Y 轴坐标，使球体移动到合成窗口的上方合适位置处，如图 1-15-34 所示。

（12）把"时间指示器"移到 112 帧处，选择 20 帧处关键帧，按【Ctrl+C】组合键复制此关键帧，按【Ctrl+V】组合键粘贴关键帧到 112 帧处。把"时间指示器"移到 138 帧处，按"位置"属性前面的█按钮，添加关键帧，调整 Y 轴坐标，使球体移动到合成窗口的上方合适位置处，如图 1-15-35 所示。

图 1-15-34　96 帧处球体位置

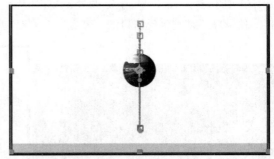

图 1-15-35　138 帧处球体位置

（13）把"时间指示器"移到 152 帧处，选择 20 帧处关键帧，按【Ctrl+C】组合键复制此关键帧，按【Ctrl+V】组合键粘贴关键帧到 152 帧处。把"时间指示器"移到 176 帧处，按"位置"属性前面的■■按钮，添加关键帧，调整 Y 轴坐标，使球体移动到合成窗口的上方合适位置处，如图 1-15-36 所示。

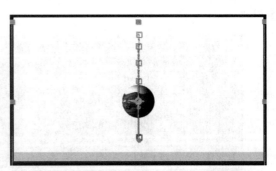

图 1-15-36　176 帧处球体位置

（14）后续同样规则，球体上升和下降各减 2 帧，最后快到地面时，上升和下降间隔自由安排，关键帧越密集，弹跳效果越自然，这里不再赘述。各关键帧间隔见表 1-15-1。最后各关键帧大致位置如图 1-15-37 所示。

表 1-15-1　各关键帧间隔表　　　　　　　　　　　　（单位：帧）

组	1		2		3		4		5		6
球体跳动	间隔	关键帧	间隔	关键帧	间隔	关键帧	间隔	关键帧	间隔	关键帧	…
下	20	20	18	68	16	112	14	152	12	188	…
上	30	50	28	96	26	138	24	176	22	210	…

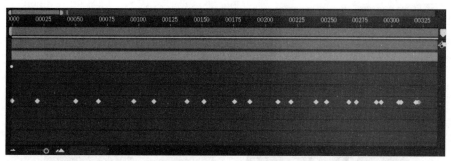

图 1-15-37　各关键帧位置

（15）框选所有关键帧，按【F9】键，所有关键帧转换为曲线关键帧，如图 1-15-38 所示。

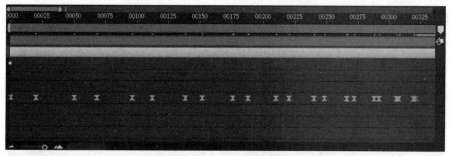

图 1-15-38　曲线关键帧

（16）单击时间轴面板中的"图表编辑器" ■ 按钮，切换到图表视图，单击"图表编辑器"中"单独尺寸" ■ 按钮，此时 X 位置和 Y 位置可以单独编辑，如图 1-15-39 所示。

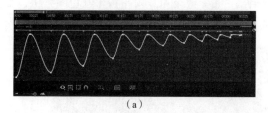
（a）

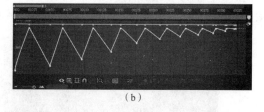
（b）

图 1-15-39　调整曲线

（17）在时间轴面板中两次单击"Y 位置"，使选中所有关键帧，如图 1-15-40 所示。

图 1-15-40　选择所有 Y 位置关键帧

（18）在任意一个关键帧上右击，在弹出的快捷菜单中选择"关键帧插值"命令（注意：此时不能取消所有关键帧的选择），打开"关键帧插值"对话框，选择临时插值为"贝赛尔曲线"，如图 1-15-41 所示。此时 Y 位置曲线效果如图 1-15-42 所示。

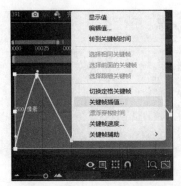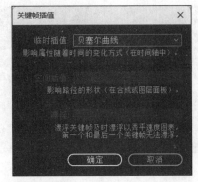

图 1-15-41   关键帧插值

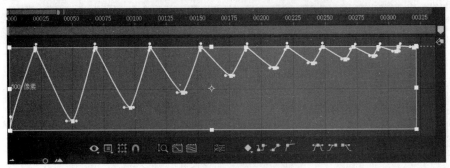

图 1-15-42   关键帧插值效果

（19）控制贝塞尔曲线锚点上的控制手柄，调整球体下落和上升时的速度，使球体下落时先慢后快，上升时先快后慢；最后调整"工作区域结尾"标记至 400 帧左右（红色圈处），如图 1-15-43 所示。这样，一个转动跳动的动效完成。

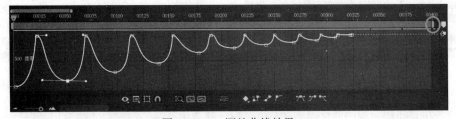

图 1-15-43   调整曲线效果

（20）选择"合成"→"合成设置"命令，打开"合成设置"对话框，修改背景色为淡蓝色"#6DD6D6"。

（21）选择"合成"→"添加到渲染队列"命令，打开"渲染队列"窗口，可以在"输出到："中设置渲染输出的文件保存路径和文件名称，单击"渲染"按钮，输出"3D 跳动球体 .avi"，如图 1-15-44 所示。保存文件。

图 1-15-44   渲染队列

第*16*章

图层

学习目标

◎ 了解图层基础知识。

◎ 掌握图层的编辑、管理、模式的操作。

◎ 熟练掌握 3D 图层及其摄像机、灯光的使用。

学习重点

◎ 图层类型。

◎ 图层的编辑、管理、模式的操作。

◎ 3D 图层及其摄像机、灯光的使用。

After Effects 继承了 Adobe 系列软件基于图层的工作模式。图层是 After Effects 中极其重要的基本组成部分。在时间轴面板上，直观地观察到图层按照顺序依次叠放，位于上方的图层内容将影响其下方图层内容的显示结果，同一合成的图层之间可以通过混合模式产生特殊的效果，还可以在图层上加入各种效果器等。本章主要介绍 After Effects 的图层类型、图层的基本操作、3D 图层中摄像机和灯光的应用等。通过本章的学习，读者可以掌握图层及其操作方面的知识，为深入学习 After Effects 奠定基础。

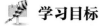 16.1 图 层 类 型

在 After Effects 中，图层是进行特效添加和合成设置的场所，大部分视频编辑是在图层上完成的，图层的主要功能是方便图像处理操作以及显示或隐藏当前图像文件中的图像，还可以进行图像透明度、模式设置以及图像特殊效果的处理等，使设计者对图像的组合一目了然，从而方便对图像进行编辑和修改。

After Effects 图层包括文本图层、纯色图层、灯光图层、摄像机图层、空对象图层、形状图层和调整图层等。

1. 文本图层

文本图层主要用于输入文本并设置文本动画效果。

在菜单栏中选择"图层"→"新建"→"文本"命令，或在工具栏中选择文本工具，可创建横排或竖排文本，或在时间轴面板的空白处右击，在弹出的快捷菜单中选择"新建"→"文本"命令，也可创建文本图层。

在"字符"和"段落"面板中可以对文本的字体、大小、颜色、字符间距和对齐方式等属性进行设置，如图1-16-1所示。

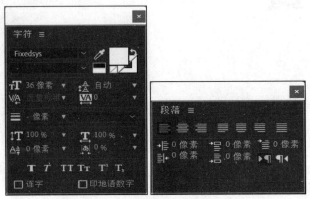

图1-16-1　"字符"和"段落"面板

2. 纯色图层

纯色图层是一个单一颜色的静态图层，主要用于制作蒙版、添加特效或合成动态背景。

在菜单栏中选择"图层"→"新建"→"纯色"命令，或在时间轴面板的空白处右击，在弹出的快捷菜单中选择"新建"→"纯色"命令，打开"纯色设置"对话框，如图1-16-2所示。在此对话框中可设置名称、大小、颜色等相关参数，如图1-16-3所示。

图1-16-2　"纯色设置"对话框

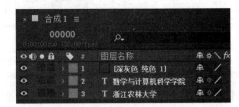

图1-16-3　文本和纯色图层

3. 灯光图层

在制作三维合成时，为增强合成的视觉效果，需要创建灯光来添加照明效果，这时需要创建灯光图层。

在菜单栏中选择"图层"→"新建"→"灯光"命令，或在时间轴面板的空白处右击，在弹出的快捷菜单中选择"新建"→"灯光"命令，将弹出"灯光设置"对话框，如图 1-16-4 所示。在此对话框中可设置灯光类型、颜色、强度、角度等参数。

灯光图层只能用于 3D 图层，在使用时需要将要照射的图层转换为 3D 图层，选择要转换的图层在菜单栏中选择"图层"→"3D 图层"命令，即可将图层转换为 3D 图层。

图 1-16-4 "灯光设置"对话框

4. 摄像机图层

为了更好地控制三维合成的最终视图，需要创建摄像机图层。通过对摄像机图层的参数进行设置，可以改变摄像机的视角。

在菜单栏中选择"图层"→"新建"→"摄像机"命令，或在时间轴面板的空白处右击，在弹出的快捷菜单中选择"新建"→"摄像机"命令，将弹出"摄像机设置"对话框，如图 1-16-5 所示。

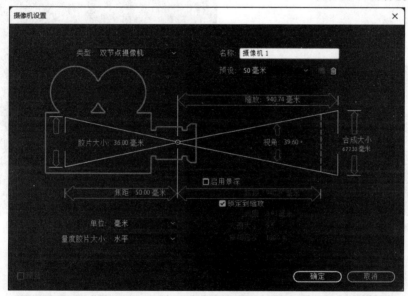

图 1-16-5 "摄像机设置"对话框

5. 空对象图层

空对象图层可用于辅助动画制作，也可以用于进行效果和动画的设置，但它不能在最终的合成效果中显示。通过将多个图层与空对象图层进行链接，当改变空对象图层时，其链接的所有子对象也将随之变化。

在菜单栏中选择"图层"→"新建"→"空对象"命令，或在时间轴面板的空白处右击，在弹出的快捷菜单中选择"新建"→"空对象"命令，即可创建空对象图层。

6. 形状图层

形状图层用于绘制矢量图形和制作动画效果，能够快速绘制其预设形状。在形状图层中添加一些特殊效果可以增强形状效果。

在菜单栏中选择"图层"→"新建"→"形状图层"命令，或在"工具栏"中使用"钢笔工具" ✏

或"形状工具"■绘制形状，或在时间轴面板的空白处右击，在弹出的快捷菜单中选择"新建"→
"形状图层"命令，即可创建形状图层。

7. 调整图层

调整图层用于对其下面所有图层进行效果调整，当该图层应用某种效果时，只影响其下所
有图层，并不影响其上的图层。

在菜单栏中选择"图层"→"新建"→"调整图层"命令，或在时间轴面板的空白
处右击，在弹出的快捷菜单中选择"新建"→"调整图层"命令，即可创建调整图层，
如图 1-16-6 所示。

● 视 频

例16.1 雨雾字

【例 16.1】利用文本图层制作雨雾字。通过为图像添加亮度和对比度效果，然后输
入文字，并为图像添加轨道遮罩来达到最终效果。

（1）新建项目，新建名为雨雾字、968 像素 ×635 像素、方形像素、帧速率 30 帧 /s、
白色背景的合成，如图 1-16-7 所示。

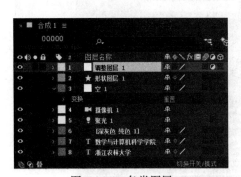

图 1-16-6　各类图层

图 1-16-7　"合成设置"对话框

（2）在"项目"面板空白区域双击，导入"雨玻璃 .jpg"文件，并将此文件拖动到"合成"
窗口，如图 1-16-8 所示。

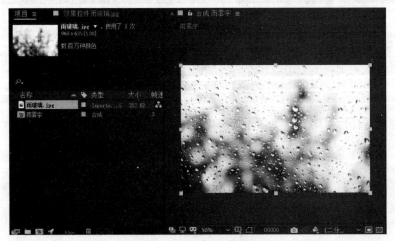

图 1-16-8　导入素材

（3）在"合成"窗口选择素材，按【Ctrl+D】组合键，复制素材；并在时间轴面板中命名为"雨玻璃 1.jpg"，如图 1-16-9 所示。

（4）选择"雨玻璃 1.jpg"图层，选择"效果"→"颜色校正"→"亮度和对比度"命令，在打开的"效果控件"面板中设置亮度 68，对比度 29，复选"使用旧版（支持 HDR）"，如图 1-16-10 所示。

图 1-16-9 复制图层并重命名　　　　　　　　图 1-16-10 设置亮度和对比度

（5）在"工具栏"中选择"横排文本工具" T ，在"合成"窗口，输入"雨雾字"三字；选择文本，在"字符"面板中设置字体为方正舒体、字号 220、仿粗体、字符颜色 #C4C3C3，如图 1-16-11 所示。

图 1-16-11 输入"雨雾字"

（6）在时间轴面板左下角单击 按钮，打开"轨道遮罩"，设置"雨玻璃 1.jpg"图层轨道遮罩为"Alpha 遮罩'雨雾字'"，如图 1-16-12 所示。保存项目。

图 1-16-12 设置轨道遮罩

16.2　图层的基本操作

After Effects 作为 Adobe 公司的系列软件之一，继承了基于图层的工作模式。图层是 After Effects 中极其重要的基本组成部分，在时间轴面板上，直观地观察到图层按照顺序依次叠放，位于上方的图层内容将影响其下方的图层内容的显示结果，同一合成的图层之间可以通过混合模式产生特殊的效果，还可以在图层上加入各种效果器等。

16.2.1　图层的基本属性

图层的基本变换属性有锚点（anchor point）、位置（position）、缩放（scale）、旋转（rotation）和不透明度（opacity）。五个基本属性均包含在"变换"（transform）命令中，如图 1-16-13 所示。

图 1-16-13　图层基本属性

- 锚点：图层的轴心点坐标（快捷键【A】）。二维图层包括 X 轴和 Y 轴两个参数，三维图层包括 X 轴、Y 轴和 Z 轴三个参数。
- 位置：主要用来制作图层的位移动画（快捷键【P】）。二维图层包括 X 轴和 Y 轴两个参数，三维图层包括 X 轴、Y 轴和 Z 轴三个参数。右击"位置"属性，选择"单独尺寸"（separate dimensions）命令可将 X 轴和 Y 轴分离控制。
- 缩放：以锚点为基准来改变图层的大小（快捷键【S】）。二维图层缩放属性由 X 轴和 Y 轴两个参数组成，三维图层包括 X 轴、Y 轴和 Z 轴三个参数。在缩放图层时，通过图层缩放属性参数左侧的"约束比例"开关 ，可以进行等比或不等比缩放切换操作。
- 旋转：以锚点为基准旋转图层（快捷键【R】）。旋转属性由"圈数"和"度数"两个参数组成，如 就表示旋转了 2 圈又 60°。如果当前图层是三维图层，那么该图层有四个旋转属性，分别是"方向"（orientation）、"X 轴旋转"（X rotation）、"Y 轴旋转"（Y rotation）和"Z 轴旋转"（Z rotation）。
- 不透明度：以百分比的方式来调整图层的不透明度（快捷键【T】），范围为"0"（完全透明）～"100"（完全不透明）。

16.2.2　图层的编辑

1. 图层的建立

图层建立的方法除了 16.1 节中方法外，还可以利用素材产生图层、利用合成对象产生图层、预合成等。

1）利用素材产生图层

将项目窗口中导入的素材加入合成图像来组成合成图像的素材图层。这是 After Effects 中最基本的工作方式。当素材成为合成图像中的图层后，可以对其进行编辑合成。

利用素材产生图层有两种方法：

（1）在项目窗口中选中要编辑加工的素材，按住鼠标左键将素材拖入时间线窗口内生成图层。

（2）如果导入的素材为视频素材，可以为其设置入点和出点，以决定使用素材的哪一段作为合成图像中的图层。

在项目窗口中双击素材，将其在"素材"窗口中打开。拖动时间指示器至新的起始或结束位置，单击 (入点)按钮或 (出点)按钮；也可以将鼠标指针放置在素材窗口的起始端或结束端，当鼠标指针变成双向箭头时拖动来改变起始或结束位置，如图 1-16-14 所示。

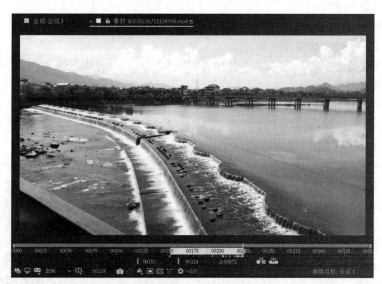

图 1-16-14　设置入点和出点

入点和出点设置完毕后，单击 (波纹插入编辑)按钮或 (叠加编辑)按钮将素材加入合成图像中。如果合成图像中没有任何图层，这两个按钮的加入结果没有区别。如果合成图像中已经包含若干图层，则两个按钮会产生不同的插入效果。

插入前时间线如图 1-16-15 所示，使用 (波纹插入编辑)按钮向合成图像加入素材时，凡是处于时间指示器之后的素材都会向后推移。如果时间指示器位于目标轨道中的素材之上，插入的新图层会把原图层分成两段直接插在其中，原图层的后半部分将会向后推移接在新图层之后，如图 1-16-16 所示。

图 1-16-15　波纹插入编辑前

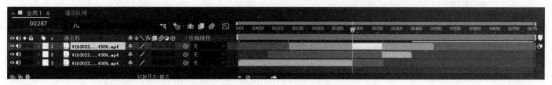

图 1-16-16　波纹插入编辑后

使用 ▦（叠加编辑）按钮加入素材，加入的新图层会在时间指示器处使合成图像覆盖重叠的图层，如图 1-16-17 所示。

图 1-16-17   叠加编辑后

2）利用合成对象产生图层

After Effects 允许在一个项目中建立多个合成图像，并且允许将合成图像作为一个图层加入另一个合成图像，这种方式称为嵌套。

当将合成图像 A 作为图层加入另一个合成图像 B 中后，对合成图像 A 所做的一切操作将会影响到合成图像 B 中由合成图像 A 产生的图层。而在合成图像 B 中对由合成图像 A 产生的图层所进行的操作，则不会影响合成图像 A。

3）预合成

After Effects 也可以在一个合成图像中对选定的图层进行嵌套，这种方式称为重组。重组时，所选择的图层合并为一个新的合成图像，这个新的合成图像代替了所选的图层。

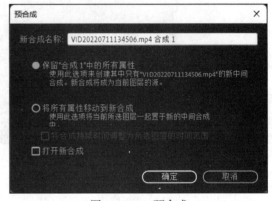

图 1-16-18   预合成

选择要进行重组的一个或若干个图层，选择"图层"→"预合成"命令，弹出"预合成"对话框，如图 1-16-18 所示。

- 新合成名称：在此文本框中可以给新合成命名。
- 保留"合成 1"中的所有属性：选中此单选按钮，将在预合成中保留所选图层的关键帧与属性，且预合成的尺寸与所选图层相同。该选项只对一个图层的重组有效。
- 将所有属性移动到新合成：选中此单选按钮，将所选图层的关键帧与属性应用到预合成，预合成与原合成图像尺寸相同。
- 打开新合成：选中此复选框，系统将打开一个新的合成图像，建立预合成。

2. 图层的基本编辑

1）选择图层

在时间轴面板中直接单击某图层的名称，或在"合成"面板中单击该图层中的任意素材图像，即可选中该层。如果需要选择多个连续的图层，可在时间轴面板中按住【Shift】键进行选择，除此之外，用户还可以按住【Ctrl】键选择不连续的图层。如果要选择全部图层，可以在菜单栏中选择"编辑"→"全选"命令或按【Ctrl+A】组合键，选择全部图层。

2）复制图层

选中要复制的图层，选择"编辑"→"重复"命令或按【Ctrl+D】组合键。当复制了一个图层后，复制图层自动添加到源图层的上方，并处于选中状态，复制图层将会保留源图层的一切信息，包括属性、效果、入点及出点等。

3）粘贴图层

若要重复使用相同的素材，选择"编辑"→"复制"命令或按【Ctrl+C】组合键进行复制；在需要的合成中，选择"编辑"→"粘贴"命令或按【Ctrl+V】组合键进行粘贴。粘贴的图层将位于当前选择图层的上方。

4）重命名图层

在制作合成过程中，对图层进行复制或分割等操作后，会产生名称相同或相近的图层。为方便区分这些重名的图层，用户可对图层进行重命名。在时间轴面板中选择一个图层，按【Enter】键，使图层的名称处于可编辑状态，输入一个新的名称，再按【Enter】键，完成重命名。也可以右击要重命名的图层名称，在弹出的快捷菜单中选择"重命名"命令，即可对图层重命名。

5）显示 / 隐藏图层

在制作过程中为方便观察位于下面的图层，通常要将上面的图层进行隐藏。下面介绍几种不同情况的图层隐藏：

（1）当用户想要暂时取消一个图层在"合成"面板中的显示时，可在时间轴面板中单击该图层前面的"视频"　按钮，该图标消失，在"合成"面板中该图层则不会显示；再次单击，该图标显示，图层也会在"合成"面板中显示。

（2）若将不需要的图层在时间轴面板中隐藏，单击要隐藏图层的"消隐"　按钮，按钮图标会转换为　；单击"隐藏"　按钮，这样图层将在时间轴面板中隐藏。

（3）当需要单独显示一个图层，而将其他图层全部隐藏时，在"独奏"　栏下相应的位置单击，出现　图标。这时"合成"面板中的其他图层已全部隐藏。在使用该方法隐藏其他图层时，摄像机图层、灯光图层和音频图层不会被隐藏。

6）替换图层

在时间轴面板中选择需要替换的图层，按住【Alt】键，使用鼠标左键从项目窗口中拖动替换素材，拖动至时间轴面板需要替换的图层上释放，即可替换掉原图层。

7）删除图层

删除图层的方法十分简单，在时间轴面板中，选择要删除的图层，选择"编辑"→"清除"命令或按【Delete】键删除。

8）分裂图层

选中图层，将"时间指示器"移动到要分裂的位置，选择"编辑"→"拆分图层"命令。分裂后，原来的图层将在"时间指示器"位置被分为两个图层。

9）注释图层

在进行复杂的合成制作时，为了分辨各图层的作用，可以为图层添加注释。在时间轴面板中单击　按钮，在弹出的下拉列表中选择"列数"→"注释"命令，打开"注释"栏。在"注释"栏下单击，可打开输入框，在其中输入相关信息，即可对该位置的图层进行注释。

16.2.3 图层的管理

在 After Effects 中对合成进行操作时每个导入合成图像的素材都会以图层的形式出现在合成中。当制作一个复杂效果时，往往会应用到大量的图层，为使制作更顺利，需要学会在时间轴面板中对图层进行移动标记、设置属性等管理操作。

1. 设置图层的持续时间

在时间轴面板中双击图层，打开图层窗口，在图层窗口中可以对图层的持续时间进行修改，设置新的开始和结束时间。还可以通过速度变化修改图层的持续时间。选中要编辑的图层，选

择"图层"→"时间"→"时间伸缩"命令，打
开图 1-16-19 所示的"时间伸缩"对话框。

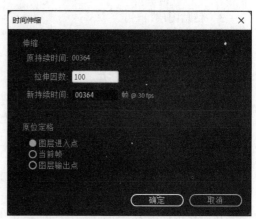

- 图层进入点：以图层的入点为基准，即入
  点不变，通过改变图层的出点位置来改变
  图层的持续时间。
- 当前帧：以当前"时间指示器"位置为基
  准，改变持续时间。
- 图层输出点：以图层的出点位置为基准，
  即出点不变，通过改变图层的入点位置来
  改变图层的持续时间。

图 1-16-19　"时间伸缩"对话框

2. 调整图层的顺序

新创建的图层一般位于所有图层的上方，但
有时根据场景的安排，需要将图层进行前后移动，这时就要调整图层的顺序。

在时间轴面板中，通过拖动可以调整层的顺序。选择某个图层后，按住鼠标左键将其拖动
到需要调整到的位置，当在移至的位置出现一条黑线后，释放鼠标即可调整图层的顺序。

除此之外，用户还可以在菜单栏中选择"图层"→"排列"命令，在此菜单中包含了四种
移动图层的命令：

- 图层移到顶层：Ctrl+Shift+]。
- 图层前移：Ctrl+]。
- 图层后移：Ctrl+[。
- 图层移到底层：Ctrl+Shift+[。

3. 自动排序图层

自动排序功能可以以所选图层的第一图
层为基准，自动对所选的图层进行衔接排序。
在时间轴面板选择需要自动排序的多个图层，
选择"动画"→"关键帧辅助"→"序列图
层"命令，弹出"序列图层"对话框，如
图 1-16-20 所示。

- 重叠：取消选中该复选框，图层与
  图层之间硬切排序；选中该复选框，
  图层与图层之间软切排序。

图 1-16-20　"序列图层"对话框

- 持续时间：可以在此文本框中输入图层与图层之间的重叠时间。
- 过渡：此下拉列表可以选择叠化渐变的不透明图层，系统将在图层与图层之间产生淡
  入淡出效果。

4. 为图层添加标记

标记功能对于声音来说有着特殊的意义，例如在某个高音处或鼓点处设置图层标记，在整
个创作过程中，可以快速而准确地了解某个时间位置发生了什么。图层标记有合成时间标记和
图层时间标记两种方式。

1）合成时间标记

合成时间标记是在时间轴面板中显示时间的位置创建的。在时间轴面板中，用鼠标左键

按住右侧的"合成标记素材箱" ▦ 按钮，并向右拖动至时间轴上，标记就会显示出数字 1，如图 1-16-21 所示。

图 1-16-21 合成时间标记

如果要删除标记，可以使用以下三种方法：

（1）选中创建的标记，将其拖动到创建标记的"合成标记素材箱"按钮上。

（2）右击要删除的标记，在弹出的快捷菜单中选择"删除此标记"命令，则会删除选定的标记。用户如果想删除所有的标记，可在弹出的快捷菜单中选择"删除所有标记"命令。

（3）按住【Ctrl】键，将鼠标指针放在需要删除的标记上，当指针变为剪刀的形状时，单击，即可将该标记删除。

2）图层时间标记

图层时间标记是在图层上添加的标记，它在图层上的显示方式为一个小三角形按钮。在图层上添加图层时间标记的方法如下：

选定要添加标记的图层，然后将时间指示器移动到需要添加标记的位置，在菜单栏中选择"图层"→"标记"→"添加标记"命令，或按小键盘上的【*】键，即可在该图层上添加标记，如图 1-16-22 所示。

图 1-16-22 图层时间标记

若要对标记时间进行精确定位，则可双击图层标记，或在标记上右击，在弹出的快捷菜单中选择"设置"命令，打开"图层标记"对话框，如图 1-16-23 所示，用户可以在该对话框的"时间"文本框中输入确切的时间，以更精确地修改图层标记时间的位置。

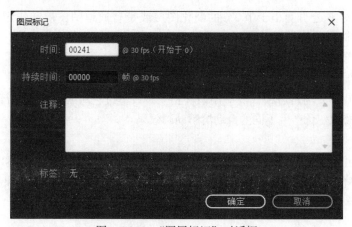

图 1-16-23 "图层标记"对话框

　　另外，可以给标记添加注释来更好地识别各个标记，在"注释"文本框中输入所要说明的文字，确定后即可为该标记添加注释。

　　如果想要锁定标记，可在要锁定标记的图标上右击，在弹出的快捷菜单中选择"锁定标记"命令即可。锁定标记后，用户不可以再对其进行设置、删除等操作。

16.2.4　图层的模式

　　在 After Effects 中进行合成制作时，可以通过切换图层模式来控制上图层与下图层的融合效果。当某一个图层选用某一个图层模式时，其根据图层模式的类型与下层图层进行融合，并产生相应的合成效果。在"模式"栏■■中可以选择图层模式的类型。

　　需要注意的是：不能利用图层模式设置关键帧动画，如果需要在某个时间改变层模式，则需要在该时间点将层分割，对分割后的层应用新的模式即可。

　　图层模式改变了图层上某些颜色的显示，选择的模式类型决定了图层的颜色如何显示，即图层模式是基于上下图层的颜色值的运算。下面介绍图层混合模式的类型。

　　1.　正常

　　如图 1-16-24 所示，在正常模式下，此图层的显示不受其他图层的影响，混合效果的显示与不透明度的设置有关。当不透明度为 100% 时，将正常显示当前图层的效果；当不透明度小于 100% 时，下面图层的像素会透过该图层显示出来，显示的程度取决于不透明度的设置与当前图层的颜色，如图 1-16-24（b）所示。

图1-16-24
彩图

（a）

（b）

图 1-16-24　正常模式与不透明度 35%

　　2.　溶解

　　溶解模式仅对不透明度小于 100% 的羽化图层或带有通道的图层起作用，不透明度及羽化值的大小将直接影响溶解模式的最终效果。如果素材本身没有羽化边缘，并且不透明度为100%，那么溶解模式不起任何作用，如图 1-16-25 所示。

　　3.　动态抖动溶解

　　动态抖动溶解模式与溶解模式的应用条件相同，只不过它对融合区域进行了随机动画，即它可以根据时间帧的变化产生不同的自动溶解动画效果。

　　4.　变暗

　　在变暗模式中，系统会查看每个通道中的颜色信息，并选择当前图层和下面图层中较暗的颜色作为结果色，比混合色亮的像素将被替换，而比混合色暗的像素保持不变，效果如图 1-16-26 所示。

图 1-16-25　溶解模式　　　　　　　图 1-16-26　变暗模式

图1-16-25
彩图

图1-16-26
彩图

5. 相乘

相乘模式为一种减色模式，将底色与图层颜色相乘，类似一种光线透过两张叠加在一起的幻灯片，会呈现一种较暗的效果。任何颜色与黑色相乘都产生黑色，与白色相乘则保持不变。改变透明度产生不同效果，如图 1-16-27 所示。

6. 颜色加深

颜色加深模式可以让底层的颜色变暗，有点类似于"相乘"混合模式。但不同的是，它会根据叠加的像素颜色相应地增加底层的对比度，其中和白色混合时没有效果。改变透明度会产生不同效果，如图 1-16-28 所示。

图 1-16-27　相乘模式　　　　　　　图 1-16-28　颜色加深模式

图1-16-27
彩图

图1-16-28
彩图

7. 经典颜色加深

经典颜色加深模式通过增加对比度，使基色变暗以反映混合色，优于"颜色加深"模式。

8. 线性加深

在线性加深模式下，可以查看每个通道中的颜色信息，并通过减小亮度使当前图层变暗以反映下一图层的颜色。下一图层与当前图层上的白色混合后不会产生变化，与黑色混合后将显示黑色。如图 1-16-29 所示。

9. 较深的颜色

较深的颜色模式用于显示两个图层中色彩暗的部分，如图 1-16-30 所示。

图 1-16-29　线性加深模式　　　　　图 1-16-30　较深的颜色模式

图1-16-29
彩图

图1-16-30
彩图

10. 相加

使用相加模式可将基色与图层颜色相加，得到更明亮的颜色。图层颜色为纯黑或基色为纯白时，都不会发生变化，如图 1-16-31 所示。

11. 变亮

图1-16-31
彩图

在变亮模式中，系统会查看每个通道中的颜色信息，并选择当前图层和下面图层中亮的颜色作为结果色。它与变暗模式正好相反，效果如图 1-16-32 所示。

图1-16-32
彩图

图 1-16-31　相加模式　　　　　　　　图 1-16-32　变亮模式

12. 屏幕

利用屏幕模式可制作出与"相乘"混合模式相反的效果，图像中的白色部分在结果中仍是白色，图像中的黑色部分在结果中显示出另一幅图像中相同位置的内容，效果如图 1-16-33 所示。

13. 颜色减淡

图1-16-33
彩图

在颜色减淡模式中，查看每个通道中的颜色信息，并通过减少对比度，使当前图层颜色变亮，以反映下面图层的颜色，如果与黑色混合将不会产生变化。该模式类似于滤色模式，效果如图 1-16-34 所示。

图1-16-34
彩图

图 1-16-33　屏幕模式　　　　　　　　图 1-16-34　颜色减淡

14. 经典颜色减淡

经典颜色减淡模式与颜色减淡模式几乎相同，只是更注意控制某些重点颜色的减淡。

15. 线性减淡

线性减淡模式用于查看每个通道中的颜色信息，并通过增加亮度，使当前图层变亮，以反映下面图层的颜色，下面图层与当前图层上的黑色混合后将不发生变化，效果如图 1-16-35 所示。

16. 较浅的颜色

较浅的颜色用于显示两个图层中亮度较大的色彩，如图 1-16-36 所示。

图1-16-35
彩图

<table>
</table>

图 1-16-35　线性减淡模式　　　　　　图 1-16-36　较浅的颜色模式

图1-16-36
彩图

17.　叠加

　　叠加模式可把当前颜色与下面图层颜色相混合，产生一种中间色。该模式主要用于调整图像的中间色调，而图像的高亮部分和阴影部分将保持不变，因此对黑色或白色像素着色时，"叠加"模式不起作用。效果如图 1-16-37 所示。

图1-16-37
彩图

18.　柔光

　　柔光模式可以产生一种类似柔和光线照射的效果。如果当前图层颜色比 50% 的灰色亮，则图像变亮，就像被减淡了一样；如果当前图层颜色比 50% 的灰色暗，则图像变暗，就像被加深了一样。如果当前图层中有纯黑色或纯白色，会产生较暗或较亮的区域，但不会产生纯黑色或纯白色，效果如图 1-16-38 所示。

图1-16-38
彩图

图 1-16-37　叠加模式　　　　　　　图 1-16-38　柔光模式

19.　强光

　　强光模式可以产生一种强光照射的效果，它与柔光模式相似，只是显示效果比柔光更强些。如果当前图层中有纯黑色或纯白色，将产生纯黑色或纯白色，效果如图 1-16-39 所示。

20.　线性光

　　线性光模式通过增加或减少亮度来减淡或加深显示颜色。首先将图层颜色进行对比，得出对比后的颜色，如果对比后的颜色比 50% 的灰色亮，则通过增加亮度使图像变亮；如果对比后的颜色比 50% 的灰色暗，则减少亮度使图像变暗，效果如图 1-16-40 所示。

图1-16-39
彩图

图1-16-40
彩图

图 1-16-39　强光模式　　　　　　　图 1-16-40　线性光模式

21. 亮光

亮光模式通过增加或减少对比度来减淡或加深显示颜色，首先将图层颜色进行对比，得出对比后的颜色，如果对比后的颜色比 50% 的灰色亮，则通过减少对比度使图像变亮；如果对比后的颜色比 50% 的灰色暗，则通过增加对比度使图像变暗，效果如图 1-16-41 所示。

22. 点光

图1-16-41
彩图

点光模式与 Photoshop 中的"颜色替换"命令相似。它首先将图层颜色进行对比，得出对比后的颜色，如果对比后的颜色比 50% 的灰色亮，则替换对比后暗的颜色，不改变其他颜色效果；如果对比后的颜色比 50% 的灰色暗，则替换对比后亮的颜色，不改变其他颜色效果，效果如图 1-16-42 所示。

图1-16-42
彩图

图 1-16-41　亮光模式　　　　　图 1-16-42　点光模式

23. 纯色混合

纯色混合模式可以将下面图层图像以强烈的颜色效果显示出来，在显示的颜色中，以全色的形式出现，不再出现中间的过渡颜色，效果如图 1-16-43 所示。

24. 差值

差值模式是将下面图层颜色的亮度值减去当前图层颜色的亮度值，如果结果为负，则取正值，产生反相效果。当不透明度为 100% 时，当前图层中的白色将反相，黑色则不会产生任何变化，效果如图 1-16-44 所示。

图1-16-43
彩图

图 1-16-43　纯色混合模式　　　　图 1-16-44　差值模式

25. 经典差值

图1-16-44
彩图

经典差值模式与差值模式几乎相同，只是在颜色反相上，将更注意控制某些重点颜色的反相处理。

26. 排除

排除模式与差值模式相似，但比差值模式更加柔和，效果如图 1-16-45 所示。

27. 相减

相减模式是将下面图层的颜色减去当前图层的颜色，如果当前图层的颜色为黑色，则将下层的颜色作为结果色，效果如图 1-16-46 所示。

图 1-16-45 排除模式

图 1-16-46 相减模式

图1-16-45
彩图

图1-16-46
彩图

28. 相除

相除模式是将当前图层的颜色除下面图层的颜色，如果当前图层的颜色为白色，则将下层的颜色作为结果色，效果如图 1-16-47 所示。

29. 色相

色相模式只对当前图层颜色的色相值进行着色，而其饱和度和亮度值保持不变，效果如图 1-16-48 所示。

图 1-16-47 相除模式

图 1-16-48 色相模式

图1-16-47
彩图

图1-16-48
彩图

30. 饱和度

饱和度模式与色相模式相似，只对当前图层颜色的饱和度进行着色，而色相值和亮度值保持不变。当下面图层颜色与当前图层颜色的饱和度值不同时，才进行着色处理，效果如图 1-16-49 所示。

31. 颜色

颜色模式能够对当前图层颜色的饱和度值和色相值同时进行着色，而使下面图层颜色的亮度值保持不变。这样可以保留图像中的灰阶，对于给单色图像上色和给彩色图像上色都非常有用，效果如图 1-16-50 所示。

图1-16-49
彩图

图1-16-50
彩图

图 1-16-49 饱和度模式

图 1-16-50 颜色模式

32. 发光度

发光度模式用基色的色相和饱和度以及混合色的亮度创建结果色。效果如图 1-16-51 所示。

33. 模板 Alpha

模板 Alpha 模式可以使模板层的 Alpha 通道影响下方的层。图层包含透明度信息，当应用"模板 Alpha"模式后，其下方的图层也具有相同的透明度信息，效果如图 1-16-52 所示。

图1-16-51
彩图

图 1-16-51　发光度模式　　　　　图 1-16-52　模板 Alpha 模式

图1-16-52
彩图

34. 模板亮度

模板亮度模式通过模板图层的像素亮度显示多个图层。使用该模式，图层中较暗的像素比较亮的像素更透明，效果如图 1-16-53 所示。

35. 轮廓 Alpha

轮廓 Alpha 模式下，下层图像将根据模板图层的 Alpha 通道生成图像的显示范围。效果如图 1-16-54 所示。

图1-16-53
彩图

图1-16-54
彩图

图 1-16-53　模板亮度模式　　　　　图 1-16-54　轮廓 Alpha 模式

36. 轮廓亮度

轮廓亮度模式下，图层中较亮的像素会比较暗的像素透明。效果如图 1-16-55 所示。

37. Alpha 添加

Alpha 添加模式下，底图层与目标图层的 Alpha 通道共同建立一个无痕迹的透明区域。效果如图 1-16-56 所示。

图1-16-55
彩图

图 1-16-55　轮廓亮度模式　　　　　图 1-16-56　Alpha 添加模式

38. 冷光预乘

冷光预乘模式可以将图层的透明区域像素和底层作用，使 Alpha 通道具有边缘透镜和光亮效果。效果如图 1-16-57 所示。

图1-16-57
彩图

图 1-16-57　冷光预乘模式

16.2.5　图层样式

图层样式功能为图层图像提供了添加效果的功能，通过使用该功能可以按照图层的形状添加一些效果，例如投影、外发光、浮雕等。选中时间轴面板中的图层，执行"图层"→"图层样式"→"全部显示"命令，将在相应图层中显示所有的图层样式，如图 1-16-58 所示。选择"图层"→"图层样式"→"全部移除"命令，可以将选中图层中的所有图层样式删除。

图 1-16-58　图层样式

无论添加哪种图层样式，均会包含"混合选项"样式。其中"填充不透明度"选项可以定义图层中原始部分的不透明度，对图层样式产生的效果不受该选项的影响，如图 1-16-59 所示。

填充不透明度 100%

填充不透明度 70%

图1-16-59
彩图

图 1-16-59　设置填充不透明度

而"红""绿"和"蓝"选项是该图像的通道选项。默认状态为打开，关闭任何一个通道选项，均会改变图像的显示效果，如图 1-16-60 所示。

图1-16-60
彩图

关闭红

关闭绿

关闭蓝

图 1-16-60　设置颜色通道

1. 投影

投影样式可以按照该图层中图像的边缘形状，为图像添加投影的效果。单击投影样式左侧显示样式按钮，即显示◉效果，当添加投影样式后，得到默认的阴影参数与效果，如图 1-16-61 所示。

图1-16-61
彩图

图 1-16-61　投影样式

投影样式中的各个选项，均能够改变阴影的显示效果：

- 混合模式：在该下拉列表中可以选择添加阴影效果的混合模式，默认情况下为"相乘"选项。
- 颜色：单击"颜色"按钮，在弹出的"颜色"对话框中可以选择阴影颜色，也可以单击右侧的"吸管工具"■按钮，在屏幕中选择相应的颜色。
- 不透明度：该选项可以控制阴影部分的不透明度。
- 使用全局光：通过单击该选项中的"关闭"按钮，将其打开，从而使用前面设置的全局光进行光照的设置。
- 角度：该选项可以定义光照的角度，从而控制阴影的角度。
- 距离：该选项可以定义图像和阴影之间的距离，数值越大，图像和背景的距离越大，反之越小。
- 扩展：该选项可以定义阴影边缘的羽化程度，数值越大羽化程度越低。
- 大小：该选项可以定义阴影的尺寸，数值越大阴影尺寸越大，反之越小。
- 杂色：该选项可以在阴影部分中添加杂色效果，数值越大效果越明显。
- 图层镂空投影：打开该选项后，对象将显示在它所投射阴影的前面。

2. 内阴影

内阴影样式可以按照该图层中图像的边缘形状，为图像添加内部投影的效果。当添加该样式后，得到默认的阴影参数与效果，如图 1-16-62 所示。该样式中的各个选项与投影样式基本相同，其设置方法也相同，只是得到的效果显示在图像内部。

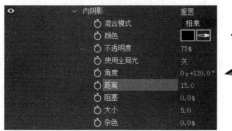

图 1-16-62 内阴影样式

3. 外发光 / 内发光

外发光样式可以按照该图层中图像的边缘形状，为其添加外部发光的效果；而内发光图层样式则是为图像添加内部发光效果。两者虽然效果相反，但是设置方法与投影样式基本相似，如图 1-16-63 所示。

图 1-16-63 外发光 / 内发光样式

4. 斜面和浮雕

斜边和浮雕样式可以按照该图层中图像的边缘形状，为其添加斜面和浮雕效果。当添加该样式后，得到默认的立体参数与效果，如图 1-16-64 所示。

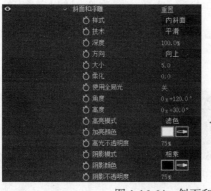

图 1-16-64 斜面和浮雕样式

斜边和浮雕样式中的各个选项，均能够改变立体的显示效果：

- 样式：在该下拉列表中可以选择不同的样式选项，分别是外斜边、内斜边、浮雕、枕状浮雕和描边浮雕。

- 技术：在该下拉列表中可以选择不同的选项，分别是平滑、雕刻清晰、雕刻柔和，来定义不同边缘处理方式。
- 深度：通过设置该选项参数，可以定义立体效果的明显程度。
- 方向：选择列表中的上或下选项，可以定义立体效果的方向。
- 大小：通过设置该选项参数，可以定义立体的尺寸。
- 柔化：通过设置该选项参数，可以定义立体边缘的柔化效果。
- 使用全局光：通过单击该选项中的"关闭"按钮，将其打开，从而使用前面设置的全局光进行光照的设置。
- 角度：通过设置该选项参数，可以定义光照的角度，从而控制投影的角度。
- 高度：通过设置该选项参数，可以定义光照的高度，从而控制投影的位置。
- 高亮模式/加亮颜色/高光不透明度：分别用来设置立体高光部分的混合模式、颜色以及不透明度。
- 阴影模式/阴影颜色/阴影不透明度：分别用来设置立体阴影部分的混合模式、颜色以及不透明度。

5. 光泽

光泽样式可以按照该图层中图像的形状为其添加光泽。当添加该样式后，设置"混合模式""距离""大小""反转"等选项，即可得到不同的光泽效果，如图 1-16-65 所示。

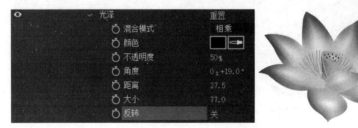

图 1-16-65　光泽样式

6. 颜色叠加

颜色叠加样式可以按照该图层中图像的形状为其添加相应的颜色。当添加该样式后，设置其中的"混合模式""颜色""不透明度"选项，可改变图像与颜色的混合效果，如图 1-16-66 所示。

图1-16-66
彩图

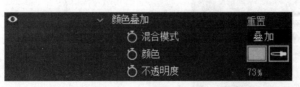

图 1-16-66　颜色叠加样式

7. 渐变叠加

渐变叠加样式则是为图像添加相应的渐变颜色，与颜色叠加样式唯一不同的是，颜色由单色变成了双色甚至多色渐变效果。在渐变叠加样式中，除了与颜色叠加样式相同的选项外，还包括"渐变平滑度""角度""样式""反向""与图层对齐""缩放""偏移"等设置渐变颜色的选项。当添加该样式后，设置其中的"混合模式""颜色""样式"选项，可改变图像与颜色的混合效果，如图 1-16-67 所示。

图 1-16-67 彩图

图 1-16-67　渐变叠加样式

8. 描边

描边样式可以按照该图层中图像的形状为其添加相应的描边。当添加该样式后，得到默认的描边参数与效果，如图 1-16-68 所示。"混合模式"和"不透明度"选项是用来设置描边与图像本身的融合效果。

图 1-16-68　描边样式

视频

例6.2 3D小球

【例 16.2】利用图层样式绘制 3D 小球，如图 1-16-69 所示。这是二维平面圆形，只是视觉上看上去像是球体，真正的球体需要通过插件来实现。

（1）新建项目，新建名为 3D 小球、1 920 像素 ×1 080 像素、方形像素、帧速率 30 帧 /s、白色背景的合成，如图 1-16-70 所示。

图 1-16-69　3D 小球效果

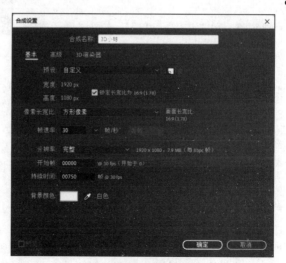

图 1-16-70　新建合成

（2）在工具栏中选择"椭圆工具"，按住【Shift】键，绘制一个红色的圆，如图 1-16-71 所示。

（3）选择"形状图层 1"，在菜单栏中选择"图层"→"图层样式"→"斜面和浮雕"命令，添加斜面和浮雕样式，在"斜面和浮雕"面板设置里开启全局光、大小 89、柔化 16、阴影颜色＃63081D，如图 1-16-72 所示。本案例只是通过颜色来将平面显示为球体，效果如图 1-16-69 所示。

图 1-16-71　绘制圆形　　　　　　　　图 1-16-72　斜面浮雕样式设置

16.2.6　图层的栏目属性

在时间轴面板中，图层的栏目属性有多种分类，在属性栏上右击，在弹出的快捷菜单中选择"列数"命令，在弹出的子菜单中可选择要显示的栏目，如图 1-16-73 所示。名称前有"√"标志的是已打开的栏目。

1. A/V 功能

A/V 功能栏中的工具按钮主要用于设置图层的显示和锁定，包括：视频、音频、独奏、锁定等功能图标。

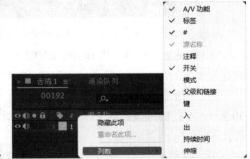

图 1-16-73　栏目菜单

- 视频◎：单击该图标可以让该图层显示或隐藏，并影响这一图层的显示或隐藏，在"合成"面板中将隐藏相应的图层。

- 音频◎：该图标仅在有音频的图层中出现，单击这个图标可让该图标显示或隐藏，同时也会打开或关闭该图层的音频输出，并影响这一音频图层中音频的使用或关闭。在时间轴面板中放置一个音频层，按小键盘上的【.】（小数点）键监听其声音，并在"音频"面板中查看其音量指示（选择"窗口"→"音频"命令，打开"音频"面板），如图 1-16-74 所示。单击音频图层前面的◎图标将其关闭，预览时将没有声音，同时也看不到音频指示。

- 独奏◎：如果想单独显示某一图层，单击某一层的◎图标后，合成预览面板中将会只显示这一图层。

- 锁定🔒：为了防止图层被误编辑，可以选择要锁定的图层，然后单击🔒图标，该图层便无法进行其他编辑操作，不能被选中。这就有效地避免了在制作过程中对图层可能产生的错误操作。

图 1-16-74　音频图层和"音频"面板

2. 标签、# 和源名称

标签、# 和源名称 都是用于显示层的相关信息，"标签"用于显示层在时间轴面板中的颜色，"#"用于显示层的序号，"源名称"则用于显示层的名称。

- 标签：在时间轴面板中，可使用不同颜色的标签来区分不同类型的图层。不同类型的图层有自己默认的颜色。可以自定义标签的颜色，在标签颜色的色块上单击，即可选择系统预置的标签颜色。也可为相同类型的图层设置不同的标签颜色。
- #：用于显示图层序号。图层的序号由上至下从 1 开始递增。图层的序号只代表该层当前位于第几层，与图层的内容无关。图层的顺序改变后，序号由上至下递增的顺序不变。
- 源名称：用于显示图层的来源名称。"源名称"图标与"图层名称"图标之间可互相转换。单击其中一个时，当前图标会转换成另一个。"源名称"用于显示图片、音乐素材图层原来的名称；"图层名称"用于显示图层新的名称。如果在"图层名称"状态下，素材图层没有经过重命名，则会在图层源名称上添加"[ ]"，如图 1-16-75 所示。

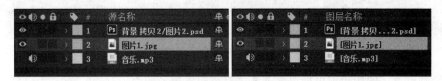

图 1-16-75　源名称与图层名称

3. 开关

开关栏 中的工具按钮主要用于设置图层的效果，各个工具按钮的功能在上册已有描述，这里就不再赘述。

4. 模式

模式 用于设置图层之间的叠加效果或蒙版设置等。

（1）模式：用于设置图层间的模式，不同的模式可产生不同的效果。详细见 16.2.4 节。

（2）保留基础透明度：使用该图标可将当前图层的下一层图像作为当前图层的透明遮罩。导入两个素材图片并在底层图片添加多边形蒙版后，单击顶部图层"保留基础透明度"栏下的按钮，此时图标状态为，其效果如图 1-16-76 所示。

图 1-16-76　遮罩显示图片

（3）轨道遮罩 TrkMat：在 After Effects 中可以使用轨道遮罩功能，通过一个遮罩图层的 Alpha 通道或亮度值定义其他图层的透明区域。其遮罩方式分为 Alpha 遮罩、Alpha 反转遮罩、亮度遮罩和亮度反转遮罩四种。

- Alpha 遮罩：在下层图层使用该项可将上层图层的 Alpha 通道作为图像层的透明蒙版，同时上层图层的显示状态也被关闭，如图 1-16-77 所示。

图 1-16-77 Alpha 遮罩

- Alpha 反转遮罩：使用该项可将上层图层作为图像层的透明蒙版，同时上层图层的显示状态也被关闭，如图 1-16-78 所示。

图 1-16-78 Alpha 反转遮罩

- 亮度遮罩：使用该项可通过亮度来设置透明区域，如图 1-16-79 所示。

图 1-16-79 亮度遮罩

- 亮度反转遮罩：使用该项可反转亮度蒙版的透明区域，如图 1-16-80 所示。

图 1-16-80 亮度反转遮罩

5. 注释与键

注释栏用来对图层进行备注说明，方便区分图层，起辅助作用。

在键栏中，可以设置图层参数的关键帧。当图层中的参数设置项中有多个关键帧时，可以使用向前或向后的指示图标，跳转到前一关键帧或后一关键帧，如图 1-16-81 所示。

图 1-16-81　关键帧

6. 父级和链接

父级和链接功能可以使一个子级图层继承父级图层的属性，当父级图层的属性改变时，子级图层的属性也会产生相应的变化。

当在时间轴面板中有多个图层时，选择一个图层、单击"父级"栏下该图层的"无"按钮、在弹出的下拉列表中选择一个图层作为该图层的父层。选择一个图层作为父层后，在"父级"栏下会显示该父层的名称。使用图标也可以设置图层间的父子层关系，操作方法：鼠标左键按住子级图层的图标，拖到父级的图层上即可。

具体内容后续章节讲述。

7. 其他功能设置

（1）展开或折叠按钮，用于展开或折叠各类窗格。该按钮组位于时间轴面板左下角。

● "图层开关"窗格：用于打开或关闭"开关"栏。

● "转换控制"窗格：用于打开"转换控制"栏。

● "入点"/"出点"/"持续时间"/"伸缩"窗格：用于打开"入点"/"出点"/"持续时间"/"伸缩"窗格。

（2）切换开关/模式：该按钮位于时间轴面板底部，用于切换"开关"栏和"模式"栏，单击此图标后，将打开其中一个栏并关闭另一个栏。

（3）"放大到单帧级别或缩小到整个合成"：该按钮位于时间轴面板底部，用于对时间轴进行缩放。单击左侧的图标或将滑块向左移，将时间轴缩小到整个合成，可以查看时间轴面板中素材的全局时间。相反，单击右侧的图标或将滑块向右移，将时间轴放大到单帧级别，可以查看时间轴面板中素材的局部时间点。

（4）"合成标记容器"按钮：该按钮位于时间轴面板右侧，向左拖动可获得一个新标记。可以用添加标记的方式，在时间轴面板中标记时间点，辅助制作合成时进行入点、出点、对齐或关键帧设置时间点的确定。

（5）"合成"按钮：该按钮位于时间轴面板右侧，单击该按钮，可激活"合成"面板，将其显示在最前方。

（6）"时间导航"滑块：用于调节时间范围。时间导航调节条在时间轴面板中的时间标尺上面，可以用来调整时间轴的某一时间区域的显示。在时间范围调节条的两端有"时间导航开始"■和"时间导航结束"■滑块，可以用鼠标向左右拖动，将其向两端拖至最大时，将显示这个合成时间轴的全部时间范围，如图1-16-82所示。当将时间范围调节条的左端向右拖动，或者将右端向左拖动时，可以查看时间轴中的局部时间区域，用来进行局部的操作。

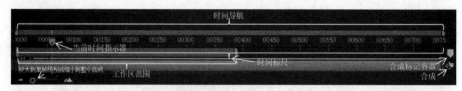

图 1-16-82　时间标尺

（7）"工作区"范围：用于调整工作区范围。工作区范围在时间轴面板的时间标尺下面，与上面介绍的时间范围在操作方法上相似，但两者的作用不同。为了方便操作，时间范围对显示区域的大小进行控制，而工作区范围则影响这个合成时间轴中最终效果输出时的视频长度。例如，在一个长度为750帧的合成中，将工作区范围设置为从第0帧至第385帧。这样在最终的渲染输出时，会以工作区范围的长度为准，输出一个长度为3 850帧的视频文件，如图1-16-82所示。

（8）"当前时间指示器"■：用来在时间轴面板中进行时间的定位，辅助合成制作。可以在时间轴面板的当前时间的显示处改变当前时间码■ 00385，来移动"当前时间指示器"的位置；也可以直接用鼠标在时间轴面板的时间标尺上进行拖动，改变时间位置，同时时间码处会显示当前的时间。

16.2.7　继承关系

父级（parent），也称"继承"或"父子关系"。在动画制作过程中，"父级"是必不可少的功能之一。单击时间轴面板上方的"功能卷展栏"按钮■，选择"列数"→"父级和链接"命令，即可开启父级设置。也可右击时间轴面板中的"层标题栏"，选择"列数"→"父级和链接"命令开启。

开启"父级"后，拖动继承层的"父级连接器"■到被继承层上，即可与被继承层建立父子继承关系。如图1-16-83所示，继承层（深灰色 纯色1）为子级层，被继承层（空1）为父级层。也可以单击右侧"父级"下拉按钮，在弹出的下拉列表中选择被继承层，同样可以建立父子继承关系。

图 1-16-83　父级连接器

完成继承后，子级层"变换"中的属性（"不透明度"属性除外）由"世界坐标参数"变更为相对于父级层的"相对坐标参数"，当父级层"变换"中的属性（"不透明度"属性除外）发生变化时，在"合成"窗口中子级层也会相对于父级层产生变化，而子级层的变换属性发生变化时，父级层不会受到任何影响。每个图层都可同时拥有多个子级图层，但作为子级的图层，其直接父级的图层只能有一个。同时父级图层也可作为其他图层的子级，但不可作为其子级图层的直接或间接子级。

16.3　3D 图层及操作

真实世界是三维空间，要制作有空间层次感的场景动画，需要在三维空间中完成。平面的二维空间包含 X 轴（横向）与 Y 轴（纵向）两个维度，三维空间在此基础上增加了 Z 轴（深度）维度。在 After Effects 中，将图层设置为 3D 图层模式，通过调整图层的三维变换属性，与不同的光照效果和摄像机运动相结合，即可创作出包含空间运动、光影、透视以及聚焦等效果的 3D 动画作品。

16.3.1　3D 图层

三维图层是在二维图层基础上创建的，即在时间轴面板的"开关"栏下，单击图层右侧的"3D 图层"开关 按钮，则可开启或关闭该图层的三维属性，如图 1-16-84 所示。

图 1-16-84　3D 图层

1. 3D 图层的变换属性

当设置了"3D 图层"，该图层在合成视图面板中的中心点坐标轴会转换为三维坐标轴，图层的变换属性中的"锚点"（anchor point）、"位置"（position）、"缩放"（scale）属性会增加新的轴向（Z 轴）数值，"旋转"（rotation）属性也被分为 X、Y、Z 3 个轴向，同时新增"方向"（orientation）属性，该属性可以调整 3D 图层的指定角度。通过调整"方向"属性可为图层设定起始或目标角度，再使用 3 个轴向的"旋转"属性为图层设定旋转路线，就可以更为方便地制作旋转动画，如图 1-16-85 所示。

图 1-16-85　变换属性与坐标轴

2. 3D 图层的材质属性

"材质选项"（material options）属性用来设置三维图层与灯光、阴影以及摄像机交互的方式，如图 1-16-86 所示。

- 投影（casts shadows）：指定图层是否在其他图层上投影，需结合灯光使用。
- 透光率（light transmission）：将图层颜色投射在其他图层上作为阴影。

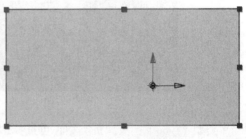

图 1-16-86　材质属性

- 接受阴影（accepts shadows）：指定图层是否显示被其他图层投射的投影。
- 接受灯光（accepts lights）：指定灯光是否影响该图层的亮度及颜色。
- 环境（ambient）：图层的环境反射，可调整图层的环境亮度。
- 漫射（diffuse）：图层的漫反射。
- 镜面强度（specular intensity）：图层的镜面反射强度。
- 镜面反光度（specular shininess）：镜面高光的大小。
- 金属质感（metal）：指定图层高光颜色中图层颜色与光照颜色的比例。

16.3.2　摄像机

在 After Effects 中，通过摄像机可以从任何角度和距离查看三维图层，也可以利用摄像机的特性来进行镜头的运动与切换，还可以使用摄像机为 3D 图层制作景深效果等。

1. 摄像机基本参数

摄像机的创建方法与其他图层的创建方法类似，可以在时间线面板空白处右击，在弹出的快捷菜单中选择"新建"→"摄像机"命令，或在菜单栏中选择"图层"→"新建"→"摄像机"命令，也可以在合成中按【Ctrl+Alt+ Shift+C】组合键创建摄像机。在"摄像机设置"对话框中，可以根据已知条件或基本需求，设定摄像机的基本参数，如图 1-16-87 所示。

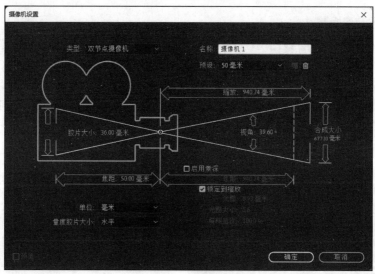

图 1-16-87　摄像机设置

- 类型（type）：摄像机类型，可选择"单节点摄像机"或"双节点摄像机"。
- 名称（name）：摄像机的名称。
- 预设（preset）：摄像机的常用类型预设。
- 缩放（zoom）：从镜头到图像平面的距离。
- 视角（angle of view）：在图像中捕获的场景的宽度。
- 启用景深（enable depth of field）：启用摄像机聚焦范围外的模糊效果。
- 焦距（焦点距离，focus distance）：从摄像机到平面的完全聚焦的距离。
- 锁定到缩放（lock to zoom）：使"焦距"值与"缩放"值匹配。
- 光圈（aperture）：镜头孔径大小，影响景深效果。
- 光圈大小（f-stop）：描述光圈大小的常见单位。

- 模糊层次（blur level）：图像中景深模糊的程度。
- 胶片大小（film size）：胶片曝光区域的大小，与合成大小相关。
- 焦距（焦点长度，focal length）：从胶片平面到摄像机镜头的距离。
- 单位（units）：摄像机设置值所采用的测量单位。
- 量度胶片大小（measure film size）：用于描绘胶片大小的尺寸。

在摄像机创建完成后，可以通过调整摄像机的"摄像机设置"属性进行摄像机参数的设置与修改。在 Atter Effects 中，摄像机类型包含"单节点摄像机"和"双节点摄像机"，两者之间的区别在于"单节点摄像机"不包含目标点，"双节点摄像机"包含目标点，在"双节点摄像机"的变换属性中，可以调节"目标点"来改变摄像机的视角，如图 1-16-88 所示。

通过单击合成视图面板底部的"3D 视图弹出式菜单"，可以为"合成"窗口设置活动摄像机、摄像机、正面、左侧、顶部、背面、右侧、底部及多种自定义视图等视图显示方式。默认状态下，合成显示为活动摄像机，如图 1-16-89 所示。

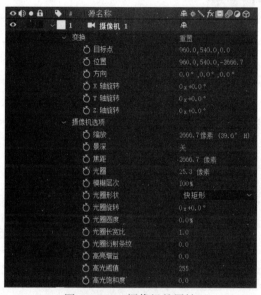

图 1-16-88 摄像机的属性

图 1-16-89 3D 视图弹出式菜单

2. 摄像机动画

摄像机的运动可以使画面的景别发生变化。景别分为远景、中景、近景、特写等，使用 After Effects 制作摄像机动画可以模拟摄像机拍摄时的真实运动。在制作摄像机动画的过程中，通常需要切换多视图调整，以方便通过其他视图观察摄像机的位置状态，并能够在画面中进行调节。如图 1-16-90 所示，在顶视图中可以查看摄像机的位置信息。

通过使用"空对象"图层并开启该图层的 3D 开关，让摄像机作为空对象的子集来控制摄像机的运动，可以更为方便地制作摄像机动画，如图 1-16-91 所示。借助空对象，可以单独调节摄像机的角度而不会影响整体的运动。例如使摄像机围绕被摄图层进行旋转，观察动画，只要调节"空对象"图层的旋转属性，就可以使摄像机围绕被摄图层旋转，如图 1-16-92 所示。

图 1-16-90 顶视图中摄像机

图 1-16-91　空对象图层控制摄像机

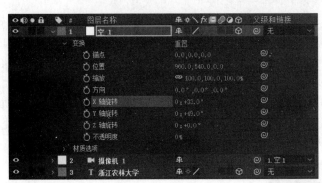

图 1-16-92　围绕拍摄

3. 景深

景深（ depth of field ）是图像与摄像机聚焦的距离范围，位于距离范围之外的图像将变得模糊。光圈、镜头及被摄图层的距离是影响景深效果的重要因素。单击"景深"右侧的"关"，变更为"开"，即可开启摄像机景深，可通过调节"焦距""光圈""模糊层次"等属性改变景深效果，如图 1-16-88 所示。

- 光圈形状（ iris shape ）：图层产生景深模糊时，图层像素的模糊形状。
- 光圈旋转（ iris rotation ）：光圈形状的旋转角度。
- 光圈圆度（ iris roundness ）：光圈形状的圆度。
- 光圈长宽比（ iris aspect ratio ）：光圈形状的长宽比。
- 光圈衍射条纹（ iris diffraction fringe ）：模拟物体在穿过光圈时的偏离变形。
- 高亮增益（ highlight gain ）：提升景深模糊产生的高亮光斑的亮度。
- 高光阈值（ highlight threshold ）：设定高光区域的范围。
- 高光饱和度（ highlight saturation ）：高光颜色中被摄图层颜色与光照颜色的比例。

16.3.3　灯光

After Effects 的灯光层可以模拟现实世界的各种光源，使三维场景表现更加真实。通过灯光的设置可以使图层产生投影。有些插件也可使用灯光作为载体，如"Particular"（粒子）插件可以将灯光作为发射器来使用。灯光有多种应用方式，灵活运用灯光层可以提升作品质感和提高制作效率。要注意的是使用灯光时，被照射层下方要有三维的投影层。

1. 灯光的类型

灯光图层包含四种灯光类型，分别为平行光、聚光、点光、环境光，如图 1-16-93 所示。

- 平行光（ parallel ）：无限远的光源处发出无约束的定

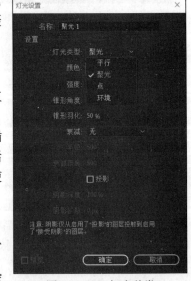

图 1-16-93　灯光种类

向光，类似太阳等光源的光线。

- 聚光（spot）：从受锥形物约束的光源发出的光线，类似舞台灯、手电筒等。
- 点光（point）：无约束的全向光，类似灯泡、蜡烛等。
- 环境光（ambient）：环境光没有光源，但用于提高场景的总体亮度且不产生投影。

2. 投影与光照衰减

灯光产生投影，需要同时设置两个属性，分别为灯光图层的"灯光选项"（light options）中的投影（casts shadows）和被照射图层"材质选项"（material options）中的投影，将这两个属性从"关"设置为"开"即可开启该光照作用于该图层产生的投影，如图 1-16-94 所示。

图 1-16-94　灯光投影效果

此时，可以通过调节该灯光的"灯光选项"中的"阴影深度"（shadow darkness）和"阴影扩散"（shadow diffusion）来控制阴影效果。

现实中的光照有衰减变化，灯光与被照射物体的距离远近影响被照射物体的亮度，这种衰减效果在 After Effects 的灯光中也可以实现。单击灯光图层"灯光选项"中的"衰减"（falloff）属性，将"衰减"设置为"平滑"（smooth）或"反向正方形已固定"（inverse square clamped），然后通过调整"半径"（radius）和"衰减距离"（falloff distance）属性来控制衰减的程度，如图 1-16-95 所示。

图 1-16-95　灯光衰减效果

16.4　应用举例

【案例】通过形状图层设计图标，并利用关键帧和 3D 图层制作图标切换动效，具体静态效果如图 1-16-96 所示。

图 1-16-96　图标切换动效

视频

16.4 应用举例-图标切换动效1

视频

16.4 应用举例-图标切换动效2

【设计思路】利用形状图层设计图标，利用关键帧制作动效，利用 3D 图层实现旋转，实现纵向转动。

【设计目标】通过本案例，掌握形状图层、3D 图层等的应用和初步了解图层、关键帧操作等的相关知识。

【操作步骤】

（1）新建项目，新建合成，宽度、高度为 1 920 像素 ×1 080 像素，方形像素，30 帧 /s，白色背景，名为"图标切换动效"；新建"品蓝色"#3399F2 的纯色图层，作为背景。

（2）利用"圆角矩形工具"绘制线段，填充为白色；利用"锚点工具"调整锚点到矩形中心，如图 1-16-97 所示。

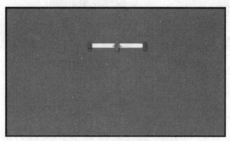

图 1-16-97　绘制圆角矩形

（3）选择"形状图层 1"，按【Ctrl+D】组合键 2 次，复制两个图层；选择 3 个图层，按【P】键，展开"位置"属性，修改 3 个图层的 Y 轴坐标，依次错开 100 个像素，如图 1-16-98 所示。

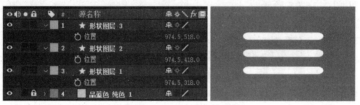

图 1-16-98　复制线段

（4）分别选择各图层，将"时间指示器"定位到 0 帧处，分别单击"位置"属性前的"码表"按钮，添加关键帧；将"时间指示器"定位到 15 帧处，单击"添加 / 移除"按钮，分别给三个图层添加关键帧，调整"形状图层 1"和"形状图层 3"的 Y 轴坐标为 418，如图 1-16-99 所示。

图 1-16-99　添加关键帧

（5）选择三个形状图层，在菜单栏中选择"图层"→"预合成"命令，预合成为"预合成 1"，此时观察锚点位置，若不在矩形中心，则利用"锚点工具"调整到矩形中心位置；选择"预合成 1"图层，按【R】键，展开"旋转"属性，将"时间指示器"定位到 20 帧处，添加关键帧；将"时间指示器"定位到 35 帧处，添加关键帧，设置旋转属性为 -180°，将"时间指示器"定位到 50 帧处，添加关键帧，设置旋转属性为 -2$_x$-135°，如图 1-16-100 所示。

图 1-16-100 "预合成 1"旋转效果

（6）选择"预合成 1"，按【Ctrl+D】组合键，复制图层；按【R】键，展开"旋转"属性，单击"码表" ■按钮，取消所有关键帧，将"时间指示器"定位到 55 帧处，按【Alt+[】组合键，设置合成入点，并添加关键帧，下方的合成也添加关键帧；将"时间指示器"定位到 65 帧处，两层都添加关键帧，设置下方图层旋转属性为 $-2_x-145°$，上方图层旋转属性为 $-2_x-235°$（若上方的"预合成 1"旋转出现错误，可在旋转属性 0 帧处添加关键帧，设置旋转角度为 0°），如图 1-16-101 所示。

图 1-16-101 设置交叉线段效果

（7）将"时间指示器"定位到 70 帧处，两层都添加关键帧，设置下方图层旋转属性为 $-2_x-135°$，上方图层旋转属性为 $-2_x-225°$，选择 55 ～ 70 帧的 6 个关键帧，按【F9】键，转换为缓动关键帧，如图 1-16-102 所示。

图 1-16-102 调回旋转角度

（8）接下来绘制圆环。选择"椭圆工具"，绘制一个椭圆，关闭填充色，白色，描边 30 像素，如图 1-16-103 所示。

（9）在时间轴面板中将"形状图层 1"展开属性，单击"添加"按钮，添加"修剪路径"，展开"内容"→"椭圆 1"→"修剪路径"，设置偏移属性为 45°；将"时间指示器"定位到 70 帧处，"结束"属性添加关键帧，值 0%；将"时间指示器"定位到 80 帧处，"结束"属性添加关键帧，值 100%。图 1-16-104 所示为 75 帧处效果。

图 1-16-103 绘制圆环

图 1-16-104 修剪路径

（10）选择"形状图层 1"，按【Ctrl+D】组合键，复制一层；选择两个预合成 1 图层和其中一个形状图层 1，按【Ctrl+Shift+C】组合键，把三个图层预合成为"预合成 2"，选择"形状图层 1"，利用钢笔工具绘制一个"√"符号，如图 1-16-105 所示。

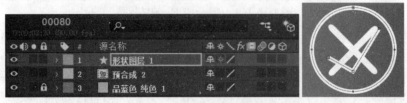

图 1-16-105　绘制"√"符号

（11）按【Ctrl+Shift+C】组合键，把"形状图层 1"转换为预合成；单击"形状图层 1 合成 1"和"预合成 2"的"3D 图层"按钮，开启 3D 图层功能，如图 1-16-106 所示。

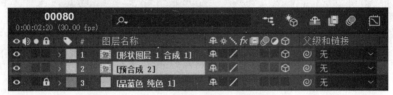

图 1-16-106　开启 3D

（12）选择"形状图层 1 合成 1"和"预合成 2"，按【R】键，展开旋转属性，将"时间指示器"定位到 85 帧，为"预合成 2"的"Y 轴旋转"添加关键帧；将"时间指示器"定位到 95 帧，为"预合成 2"的"Y 轴旋转"添加关键帧，修改"Y 轴旋转"为 90°；单击"形状图层 1 合成 1"的"Y 轴旋转"的"码表"按钮，添加关键帧，修改"Y 轴旋转"为 -90°；将"时间指示器"定位到 105 帧，修改"形状图层 1 合成 1"的"Y 轴旋转"为 0°，如图 1-16-107 所示。

图 1-16-107　设置"预合成 2"的 Y 轴属性

（13）在时间轴面板中，新建一个颜色为"#68D79A"的纯色层，复制一层"品蓝色 纯色 1"图层，图层位置如图 1-16-108 所示。

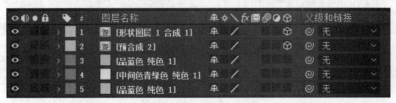

图 1-16-108　新建纯色层

（14）选择下方 3 个纯色层，按【T】键，展开"不透明度"属性；将"时间指示器"定位到 20 帧，给上方的"品蓝色 纯色 1"图层"不透明度"添加关键帧；将"时间指示器"定位到 50 帧，再添加关键帧，并设置不透明度为 0%；将"时间指示器"定位到 70 帧，给"中间色青绿色 纯色 1"图层"不透明度"添加关键帧；将"时间指示器"定位到 100 帧，再添加关键帧，并设置不透明度为 0%，如图 1-16-109 所示。

图 1-16-109　设置不透明度

（15）将"时间指示器"定位到 120 帧处，按【N】键，设置"工作区域"为 120 帧，保存文件。

第 17 章
关键帧动画

学习目标

◎ 了解图层基础知识。

◎ 了解图层的五大变换属性。

◎ 掌握图层的编辑、管理、模式的操作。

◎ 熟练掌握 3D 图层及其摄像机、灯光的使用。

学习重点

◎ 图层类型。

◎ 图层的编辑、管理、模式的操作。

◎ 3D 图层及其摄像机、灯光的使用。

关键帧技术是计算机动画中运用广泛的基本方法。在 After Effects 中，制作动画主要是使用关键帧配合动画曲线编辑器来完成的。所有影响画面图像变化的参数都可以作为关键帧，如位置、旋转、缩放等。本章对 After Effects 图层的基本操作和关键帧动画基础知识进行讲解。通过本章的学习，读者可以对 After Effects 图层的五大变换属性、继承、关键帧动画和动画图表编辑器有一个大体的了解，有助于在制作动画过程中应用相应的知识点，完成图层设置及动画制作任务。为深入学习 After Effects 奠定基础。

17.1　关键帧的类型

帧（frame）是计算机动画的一个术语。帧是动画中单个图像的最小单位，相当于电影中的每一帧。在动画软件的时间轴上，帧被表示为网格或标记。关键帧（keyframe）相当于二维动画中的原始绘图，指角色或物体的关键动作在运动或变化的框架。关键帧之间的动画可以由软件自动创建，这种由软件自动生成的帧称为过渡帧或中间帧。

After Effects 共有七种类型的关键帧，而每一种关键帧类型出现的场景各不相同，产生的效果也有所差异，这七种关键帧包括：普通关键帧（线性关键帧）、缓动关键帧、缓入关键帧、缓出关键帧、平滑关键帧、定格关键帧、漂浮穿梭时间（浮点型关键帧），如图 1-17-1 所示。

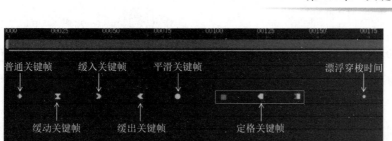

图 1-17-1 各类关键帧

1. 普通关键帧

普通关键帧即菱形关键帧，又称线性关键帧，这是匀速移动时最常见的关键帧类型，可以在这两个关键帧之间产生一致匀速的变化。关键帧标记为■，如图 1-17-2 所示。

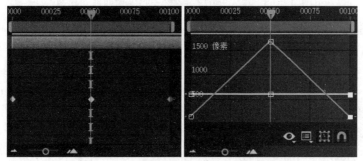

图 1-17-2 普通关键帧与贝塞尔曲线对比图

2. 缓动关键帧

缓动关键帧能够使动画的运动变得更加平滑和自然，并使其更加符合现实的运动性质，其运动特点是在起始位置时动画速度较慢，到达中间位置时速度较快，动画结束时速度较慢，关键帧标记为■。

选中要转换的普通关键帧，选择"动画"→"关键帧辅助"→"缓动"（快捷键【F9】）命令，即可将普通关键帧调整为缓动关键帧，如图 1-17-3 所示。转换后可以在贝塞尔曲线图表中清晰地发现，在入点和出点处它有一个渐渐加速和渐渐减速的过程。缓动关键帧也是动效设计中最为常用的一种关键帧类型。

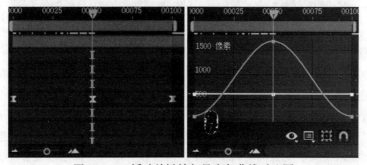

图 1-17-3 缓动关键帧与贝塞尔曲线对比图

3. 缓入关键帧

缓入关键帧动画起始时运动是匀速的，运动结束时处于减速状态，形成一种匀速到减速的过程动画，关键帧标记为 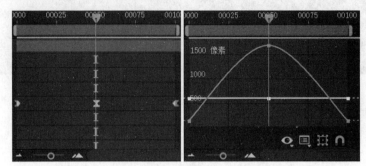。

选中要转换的关键帧，选择"动画"→"关键帧辅助"→"缓入"（快捷键【Shift+F9】）命令，即可将关键帧调整为缓入关键帧，如图 1-17-4 所示。

图 1-17-4　缓入 / 缓出关键帧与贝塞尔曲线对比图

4. 缓出关键帧

缓出关键帧动画起始时运动较快，结束时运动处于匀速状态，其运动特点是一种快速到匀速的过程动画，关键帧标记为 。

选中要转换的关键帧，选择"动画"→"关键帧辅助"→"缓出"（快捷键【Ctrl+Shift+F9】）命令，即可将关键帧调整为缓出关键帧，如图 1-17-4 所示。

5. 平滑关键帧

平滑关键帧也就是平时看到的圆形关键帧，一般会在元素速度转变的折点处应用，平滑关键帧能够使动画曲线变得平滑可控，让动画的转变衔接更加自然流畅，关键帧标记为 。实现方法是按住【Ctrl】键单击普通关键帧即可，如图 1-17-5 所示。

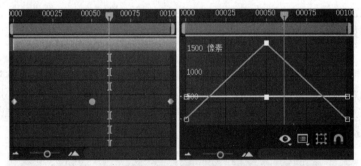

图 1-17-5　平滑关键帧与贝塞尔曲线对比图

6. 定格关键帧

定格关键帧分为三个类型，其中一种是文本图层改变源文本的正方形关键帧（操作方法：在文本图层的图层属性，"源文本"插入即可，关键帧标记为 ），另外两种分别是由线性关键帧和缓动关键帧转换而来（操作方法：在线性关键帧或缓动关键帧右击，在弹出的快捷菜单中选择"切换定格关键帧"命令即可，关键帧标记为 或 ）。而正方形关键帧比较特殊，是硬性变化的关键帧，在文字变换的动画中常用，可以在一个文字图层改变多个文字源文本，以实现不用多个图层就能做出不一样的文字变换效果，如图 1-17-6 所示。

7. 漂浮穿梭时间

漂浮穿梭时间，即浮点型关键帧，根据离选定关键帧前后最近的关键帧的位置，自动变化选定关键帧在时间上的位置，从而平滑选定关键帧之间的变化速率，关键帧标记为█，如图 1-17-7 所示。

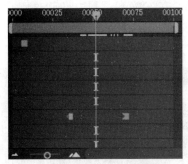

图 1-17-6 定格关键帧

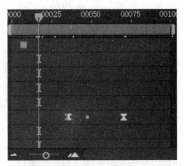

图 1-17-7 漂浮穿梭时间

> **注意：** 在做动效设计时，要时刻注意运动元素是否符合运动规律，只有符合现实世界中的运动规律，才会让动效更容易被用户所接受。同时，动效设计离不开关键帧。

 17.2 编辑关键帧

After Effects 通过关键帧创建和控制动画，即在不同的时间点对对象属性进行变化，而时间点间的变化则由计算机来完成。当对一个图层的某个参数设置一个关键帧时，表示该图层的某个参数在当前时间有了一个固定值，而在另一个时间点设置了不同的参数后，在这一段时间中，该参数的值会由前一个关键帧向后一个关键帧变化。After Effects 通过计算会自动生成两个关键帧之间参数变化时的过渡画面，当这些画面连续播放时，就形成了视频动画的效果。

17.2.1 添加关键帧

在 After Effects 中，关键帧的添加和编辑是在时间轴面板中进行的，本质上是为图层的属性设置动画。在可以设置关键帧属性的效果和参数左侧的码表（时间变化秒表），单击"码表"█按钮，即打开关键帧记录，并在当前的时间位置设置了一个关键帧，此时"添加或删除关键帧"█、"转到上一关键帧"█、"转到下一关键帧"█按钮才会出现，如图 1-17-8 所示。

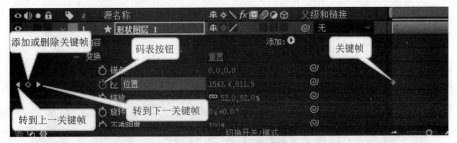

图 1-17-8 添加关键帧

1. 锚点设置

单击时间轴面板中图层名称左边的小三角█，可以打开各属性的参数控制。"锚点"就属于属性参数下"变换"控制。

"锚点"是通过改变参数的数值来定位素材的中心点，在下面的旋转、缩放时将以该中心点为中心执行。其参数的设置方法有多种。

（1）单击蓝色显示的参数值，可以将该参数值激活，在该激活区域输入所需的数值，然后单击时间轴面板的空白区域或按【Enter】键确认。

（2）将鼠标指针放置在蓝色显示的参数上，当鼠标指针变为双向箭头时，按住鼠标左键拖动，向左拖动减小参数值，向右拖动增大参数值。

（3）在属性名称上右击，在弹出的快捷菜单中选择"编辑值"命令，或在蓝色显示的参数上右击，从弹出的快捷菜单中选择"编辑值"命令，打开图 1-17-9 所示的"锚点"对话框，在该对话框中选择"单位"，输入所需的数值，确定后进行调整。

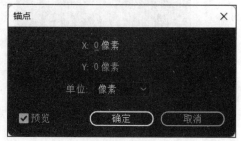

图 1-17-9 "锚点"对话框

2. 创建运动动画

运动动画一般通过位置来设置，位置是通过调节参数的大小来控制对象的位置，达到想要的效果。创建图层位置关键帧动画的具体操作步骤如下：

（1）利用上一章中"3D 小球"，把小球移到合成的左侧，将"时间指示器"定位到 0 帧处，单击"位置"属性左侧"码表" 按钮，打开关键帧，如图 1-17-10 所示。

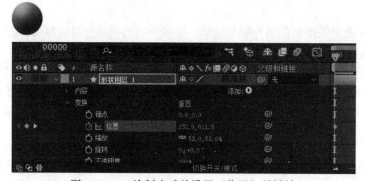

图 1-17-10 绘制小球并设置"位置"关键帧

（2）将"时间指示器"定位到 50 帧处，单击"位置"属性左侧"添加或删除关键帧" 按钮，添加关键帧，控制 X 轴参数，使小球运动到右侧，如图 1-17-11 所示。

图 1-17-11 小球右侧位置

（3）将"时间指示器"定位到 100 帧处，按【Ctrl+C】组合键，复制 0 帧处关键帧，按【Ctrl+V】组合键，粘贴 0 帧关键帧到第 100 帧处，这样 100 帧处与 0 帧处效果一样。

（4）调整"工作区域结尾" 按钮，使播放时间控制在 100 帧左右，此时完成了一个小球来回摆动的效果。

3. 创建缩放动画

缩放是通过调节参数的大小来控制素材的大小，达到想要的效果。值得注意的是，当参数值前边出现一个"约束比例" 图标时，表示可以同时改变相互连接的参数值，并且锁定它们之间的比例，单击该图标使其消失便可以取消参数锁定。

4. 创建旋转动画

旋转是指以锚点为中心，通过调节参数来旋转素材。但要注意的是，改变"圈数" 数值的大小，将以圆周为单位来调节角度的变化，"圈数"增加或减少 1，表示角度改变 360°；改变"度数" 数值的大小，将以度为单位来调节角度的变化，每增加 360°，"圈数"参数值就递增一个数值。

5. 创建淡入/淡出动画

通过改变素材的不透明度，可达到淡入/淡出的效果。

创建图层淡入淡出动画的具体操作步骤如下：

（1）将"图片 03.jpg"导入时间轴面板中，将"时间指示器"定位到 0 帧处，单击"不透明度"属性左侧的"码表" 按钮，打开关键帧，设置"不透明度"参数为 0，如图 1-17-12 所示。

图 1-17-12 0 帧处不透明度

（2）将"时间指示器"定位到 50 帧处，单击"添加或删除关键帧" 按钮，添加关键帧，设置"不透明度"参数为 100，如图 1-17-13 所示。

图 1-17-13 50 帧处不透明度

（3）将"时间指示器"定位到 100 帧处，单击"添加或删除关键帧" 按钮，添加关键帧，设置"不透明度"参数为 0，如图 1-17-14 所示。调整"工作区域结尾" 按钮，使播放时间控制在 100 帧左右，此时完成一张图片淡入淡出的效果，如图 1-17-15 所示。

图 1-17-14　100 帧处不透明度

10 帧处　　　　　　　　　　　50 帧处　　　　　　　　　　　90 帧处

图 1-17-15　淡入淡出效果

17.2.2　编辑关键帧

1. 选择关键帧

根据选择关键帧的情况不同，可以有多种选择方法。

（1）在时间轴面板中单击要选择的关键帧，关键帧图标变成■状态，表示已选中。

（2）如果要选择多个关键帧，按住【Shift】键单击要选择的关键帧即可。也可使用鼠标框选。

（3）单击图层的一个属性名称，可将该属性的所有关键帧选中。

创建关键帧后，在"合成"面板中可以看到一条线段，并且在线上会出现控制点，这些控制点就是设置的关键帧，只要单击这些控制点，就可以选择相对应的关键帧。选中的控制点以实心方块显示，未选中的控制点则以空心方块显示，如图 1-17-16 所示。

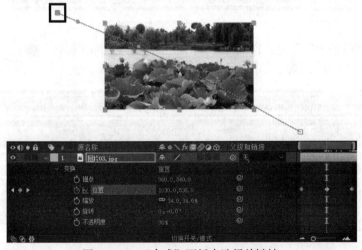

图 1-17-16　"合成"面板中选择关键帧

2. 移动关键帧

移动单个关键帧：选中要移动的关键帧，按住鼠标左键，将其拖至目标位置。

移动多个关键帧：选中要移动的多个关键帧，按住鼠标左键，将其拖至目标位置。移动多个关键帧时，所移动的关键帧保持其相对位置不变。

为了将关键帧精确地移动到目标位置，通常先移动时间轴面板中"时间指示器"滑块的位置，借助"时间指示器"来精确移动关键帧。

- 按【Page Up】（向前）或【Page Down】（向后）键，逐帧进行精确调整。
- 按【Shift+Page Up】或【Shift+Page Down】组合键，间隔 10 帧进行调整。
- 按【Home】或【End】键，可将"时间指示器"快速地移至时间开始处或结束处。

3. 复制关键帧

如果要对多个图层设置相同的运动效果，可以先设置好一个图层的关键帧，然后对关键帧进行复制，将复制的关键帧粘贴给其他层。这样可以节省再次设置关键帧的时间，提高工作效率。

复制关键帧：选中要复制的关键帧，选择"编辑"→"复制"（快捷键：【Ctrl+C】）命令，然后将时间指示器移动到目标位置，选择"编辑"→"粘贴"（快捷键：【Ctrl+V】）命令，目标位置显示复制的关键帧。可以在同图层或不同图层的相同属性上进行关键帧复制，也可以在使用同类数据的不同属性间进行关键帧复制。

> **注意：** 在粘贴关键帧时，关键帧会粘贴在"时间指示器"的位置。所以，一定要先将"时间指示器"移至正确的位置，然后粘贴。

4. 删除关键帧

当某个或某些关键帧不需要，或误添加，则可删除关键帧：

（1）按钮删除：选中要删除的关键帧，单击"添加或删除关键帧" ◀◆▶（中间）按钮，即可删除。

（2）键盘删除：选中要删除的关键帧，按【Delete】键即可删除。

（3）菜单删除：选中要删除的关键帧，选择菜单栏中"编辑"→"清除"命令，即可删除。

5. 改变关键帧的显示方式

关键帧不但可以显示为方形，还可以显示为阿拉伯数字。在时间轴面板的左上角单击"面板菜单" ▤ 按钮，在弹出的菜单中选择"使用关键帧索引"命令，便将关键帧以数字的形式显示，如图 1-17-17 所示。

图 1-17-17 索引形式显示关键帧

使用数字形式显示关键帧时，关键帧会以数字顺序命名，即第一个关键帧为1，依次往后排。当在两个关键帧之间添加一个关键帧后，该关键帧后面的关键帧会重新进行排序命名。

【例 17.1】制作小球融合动效。

视 频

例17.1 小球融合动效

（1）新建项目，新建合成，宽度、高度为1 920像素×1 080像素，方形像素，30帧/s，黑色背景，名为"小球融合动效"。

（2）利用"圆角矩形工具"绘制一个正圆角矩形，填白色，关闭描边，选择"窗口""对齐"，打开"对齐"面板，单击"水平对齐"和"垂直对齐"，使圆角矩形居中，如图 1-17-18 所示。

（3）利用"椭圆工具"，按住【Shift】键，绘制一个圆，填黄色，关闭描边，如图 1-17-19 所示。

图 1-17-18　绘制圆角矩形

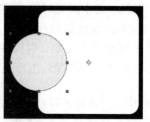

图 1-17-19　绘制圆

（4）利用"锚点工具"调整锚点到圆的中心位置，如图 1-17-20 所示。重命名两个图层分别为"圆角矩形"和"圆"，如图 1-17-21 所示。

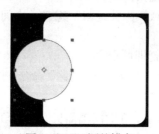

图 1-17-20　调整锚点

图 1-17-21　重命名图层

（5）选择"圆"图层，按【P】键，展开"位置"属性，将"时间指示器"定位到0 s处，单击位置左侧的"码表" 按钮，添加关键帧；将"时间指示器"定位到1 s处，单击位置左侧的"添加/移除" 按钮，添加关键帧，并把圆移到圆角矩形的上边界；将"时间指示器"定位到2 s处，单击位置左侧的"添加/移除" 按钮，添加关键帧，并把圆移到圆角矩形的右边界；将"时间指示器"定位到3 s处，单击位置左侧的"添加/移除" 按钮，添加关键帧，并把圆移到圆角矩形的下边界；将"时间指示器"定位到4 s处，选择第1个关键帧（0 s处关键帧），按【Ctrl+C】组合键复制关键帧，按【Ctrl+V】组合键粘贴关键帧，此时第4个关键帧与第1个关键帧位置相同，如图 1-17-22 所示。效果如图 1-17-23 所示。

图 1-17-22　插入关键帧

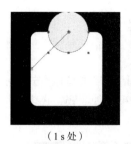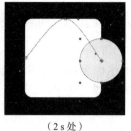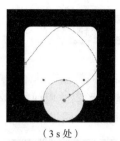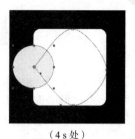

（1 s处）　　　　　（2 s处）　　　　　（3 s处）　　　　　（4 s处）

图 1-17-23　各帧效果

（6）在菜单栏中选择"图层"→"新建"→"调整图层"命令，新建"调整图层 1"；选择"调整图层 1"，在菜单栏中选择"效果"→"模糊和锐化"→"快速方框模糊"命令，添加"快速方框模糊"特效；在"效果控件"面板中，设置快速方框模糊的模糊半径为 20，如图 1-17-24 所示。

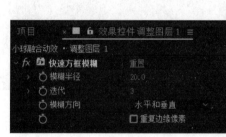

图 1-17-24　快速方框模糊

（7）在菜单栏中选择"效果"→"遮罩"→"简单阻塞工具"命令，添加"简单阻塞工具"特效；在"效果控件"面板中，设置简单阻塞工具的阻塞遮罩为 15，如图 1-17-25 所示。

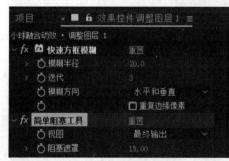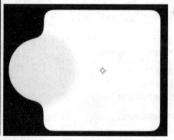

图 1-17-25　简单阻塞工具

（8）将"时间指示器"定位到 4 s 处，按【N】键，裁剪"工作区域"，设置渲染视频为 4 s。最终时间轴面板效果如图 1-17-26 所示。

图 1-17-26　最终时间轴面板效果

17.3　动画图表编辑器

图表编辑器（graph editor）是图层动画属性的图形表示，可将动画运用二维坐标方式显示出来，通过调整曲线的形态来形象地表现各种动画效果。为了使动画效果更加顺畅，还需使用图表编辑器予以细节上的调整，如图 1-17-27 所示。

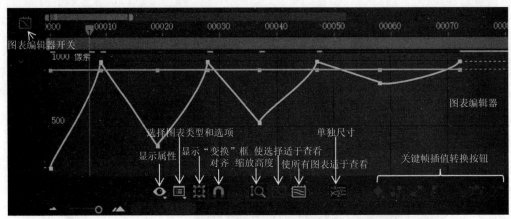

图 1-17-27　图表编辑器

17.3.1　临时插值与属性变化方式

在图表视图区域中，可以看到关键帧对层的属性值与动画运动速率在时间轴上的变化。右击图表视图区域空白区域，可对视图显示内容进行设置，如图 1-17-28 所示。

也可以通过图表编辑器下方的工具对视图显示内容进行以上设置。当图表视图内容为"编辑值图表"时，图表纵轴和运动曲线以数值变化显示，如图 1-17-27 所示；当图表视图内容为"编辑速度图表"时，图表纵轴和运动曲线以速率值变化显示，如图 1-17-29 所示。

图 1-17-28　图表视图设置

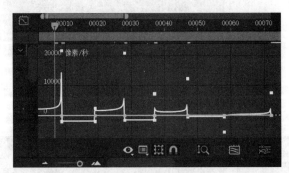

图 1-17-29　编辑速度图表

17.3.2　插值转换与曲线编辑

在选择关键帧后，可使用"图表编辑器"下方的工具对关键帧插值进行相应设定，从左到右依次为：编辑选定关键帧、选定关键帧转换为定格、选定关键帧转换为线性、选定关键帧转换为自动贝塞尔曲线、缓动、缓入和缓出。

通过拖动图表视图内关键帧的手柄，可手动调整关键帧插值的变化，使动画效果更加贴合视觉需求，如图 1-17-30 所示。

"编辑值图表"模式与"编辑速度图表"模式在调整动画曲线的方式上有一定的区别。例如，在"编辑值图表"模式下则可以改变手柄角度等，而在"编辑速度图表"模式下所有关键帧的手柄均为平行调整。但两种模式均可通过调整动画曲线达到相同的动画效果，如图 1-17-31 所示。

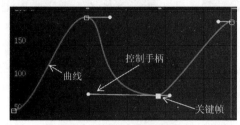

图 1-17-30　编辑值图表

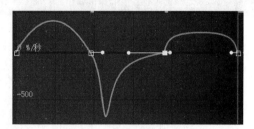

图 1-17-31　编辑速度图表

17.3.3　关键帧插值

After Effects 基于曲线进行插值控制。通过调节关键帧的控制手柄，对插值的属性进行调节。在不同时间插值的关键帧在时间轴面板中的图标也不相同，在 17.1 节有各类关键帧描述。在"合成"面板中可以通过调节关键帧的控制手柄来改变运动路径的平滑度，如图 1-17-32 所示。

1. 改变插值

在时间轴面板中线性插值的关键帧上右击，在弹出的快捷菜单中选择"关键帧插值"命令，打开"关键帧插值"对话框，如图 1-17-33 所示。

图 1-17-32　"合成"面板中调节控制手柄

图 1-17-33　"关键帧插值"对话框

在"临时插值"与"空间插值"的下拉列表中可选择不同的插值方式。如图 1-17-34 所示为不同的关键帧插值方式。

- 当前设置：保留已应用在所选关键帧上的插值。
- 线性：线性插值。
- 贝塞尔曲线：贝塞尔插值。
- 连续贝塞尔曲线：连续曲线插值。
- 自动贝塞尔曲线：自动曲线插值。
- 定格：静止插值。

在"漂浮"下拉列表中可选择关键帧的空间或时间插值方法，如图 1-17-35 所示。

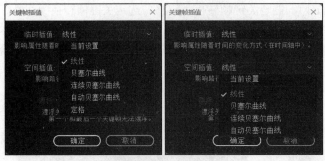

图 1-17-34 插值方式

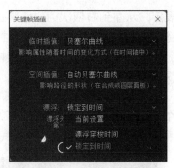

图 1-17-35 "漂浮"下拉列表

- 当前设置：保留当前设置。
- 漂浮穿梭时间：以当前关键帧的相邻关键帧为基准，通过自动变化它们在时间轴上的位置平滑当前关键帧的变化率。
- 锁定到时间：保持当前关键帧在时间上的位置，只能手动进行移动。

使用选取工具，按住【Ctrl】键单击关键帧，即可改变当前关键帧的插值。但插值的变化取决于当前关键帧的插值方法。如果关键帧使用线性插值，则变为自动曲线插值；如果关键帧使用曲线、连续曲线或自动曲线插值，则变为线性插值。

2. 插值类型

1）线性插值

线性插值是 After Effects 默认的时间插值方式，可使关键帧产生相同的变化率，不存在加速和减速，具有较强的变化节奏，相对比较机械，一般对匀速运动的物体使用这种插值类型。如果一个层上所有的关键帧都是线性插值，则从第一个关键帧开始匀速变化到第二个关键帧。线性插值在时间轴面板的关键帧标志为"普通关键帧"◆，在"图表编辑器"中可观察到线性插值关键帧之间的连接线段显示为直线，如图 1-17-36 所示。

2）贝塞尔曲线插值和连续贝塞尔曲线插值

这两种插值在时间轴面板的关键帧标志都为"缓动关键帧"⊠。它们的区别在于贝塞尔曲线插值的手柄只能调节一侧的曲线，而连续贝塞尔曲线插值的手柄能调节两侧的曲线。

贝塞尔曲线插值方法可以通过调节手柄，使关键帧间产生一个平稳的过渡。通过调节手柄可以改变物体运动速度。连续贝塞尔曲线插值在穿过一个关键帧时，产生一个平稳的变化率，如图 1-17-37 所示。

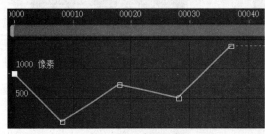

图 1-17-36 线性插值

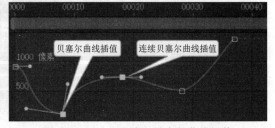

图 1-17-37 （连续）贝塞尔曲线插值

3）自动贝塞尔曲线插值

自动贝塞尔曲线插值在时间轴面板的关键帧标志为"平滑关键帧"●。它可以在不同的关键帧插值之间保持平滑的过渡。当改变自动贝塞尔曲线插值关键帧的参数值时，After Effects 会自动调节曲线手柄位置，来保证关键帧之间的平滑过渡。如果以手动方法调节自动贝塞尔曲线插值，关键帧插值变为连续贝塞尔曲线插值，如图 1-17-38 所示。

　　4）定格插值

　　定格插值在时间轴面板的关键帧标志为"定格关键帧" ■。定格插值依时间改变关键帧的值，关键帧之间没有任何过渡。使用定格插值，第一个关键帧保持其值不变，直至下一个关键帧，突然进行改变，如图 1-17-39 所示。

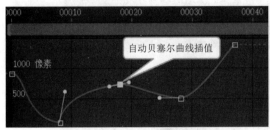
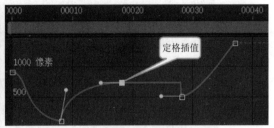

图 1-17-38　自动贝塞尔曲线插值　　　　　　　　图 1-17-39　定格插值

17.4　动 画 控 制

　　After Effects 通过关键帧创建和控制动画，即在不同的时间点对对象属性进行变化，而时间点间的变化则由计算机来完成。关键帧插值操作，是动画控制的一种方式，除此之外，还有其他类型的动画控制。下面对其他类型动画控制加以分析。

17.4.1　使用关键帧辅助

　　关键帧辅助可以优化关键帧，对关键帧动画的过渡进行控制，以减缓关键帧进入或离开的速度，使动画更加平滑、自然。

　　1. 柔缓曲线

　　"缓动"命令可以设置关键帧进入和离开时的平滑速度，可以使关键帧缓入缓出。具体操作如下：选择需要柔化的关键帧，在其中选择任意一个关键帧右击，在弹出的快捷菜单中选择"关键帧辅助"→"缓动"命令，完成关键帧的转换，如图 1-17-40 所示。

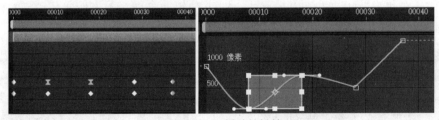

图 1-17-40　缓动关键帧

　　2. 柔缓曲线入点

　　"缓入"命令只影响关键帧进入时的流畅速度，可以使进入的关键帧速度变缓。具体操作如下：选择需要柔化的关键帧，在其中选择任意一个关键帧右击，在弹出的快捷菜单中选择"关键帧辅助"→"缓入"命令，完成关键帧的转换，如图 1-17-41 所示。

　　3. 柔缓曲线出点

　　"缓出"命令只影响关键帧离开时的流畅速度可以使离开的关键帧速度变缓。具体操作如下：

选择需要柔化的关键帧，在其中选择任意一个关键帧右击，在弹出的快捷菜单中选择"关键帧辅助"→"缓出"命令，完成关键帧的转换，如图 1-17-42 所示。

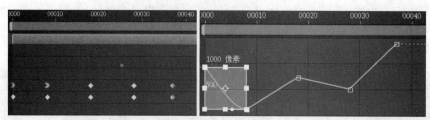

图 1-17-41　缓入关键字

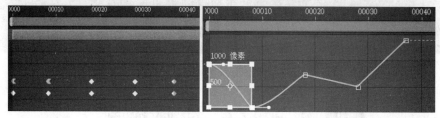

图 1-17-42　缓出关键字

17.4.2　速度控制

在"图表编辑器"中可以观察层的运动速度，并能够对其进行调整。观察"图表编辑器"中的曲线，线的位置高表示速度快，位置低表示速度慢，如图 1-17-43 所示。

在"合成"面板中，可通过观察运动路径上点的间隔了解速度的变化。路径上两个关键帧之间的点越密集，表示速度越慢；点越稀疏，表示速度越快。

调整速度的方法如下：

1）调节关键帧间距

调节两个关键帧间的空间距离或时间距离可以改变动画速度。在"合成"面板中调整两个关键帧间的距离，距离越大，速度越快；距离越小，速度越慢。在时间轴面板中调整两个关键帧间的距离，距离越大速度越慢；距离越小，速度越快。

2）控制手柄

在"图表编辑器"中可调节关键帧控制点上的缓冲手柄，产生加速、减速等效果，如图 1-17-44 所示。

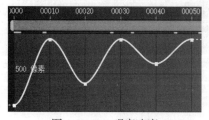

图 1-17-43　观察速度

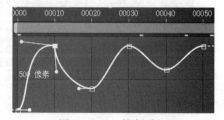

图 1-17-44　控制手柄

拖动关键帧控制点上的缓冲手柄，即可调节该关键帧的速度。向上调节增大速度，向下调节减小速度。左右方向调节手柄，可以扩大或减小缓冲手柄对相邻关键帧产生的影响。

3）指定参数

在时间轴面板中右击要调整速度的关键帧，在弹出的快捷菜单中选择"关键帧速度"命令，打开"关键帧速度"对话框，如图 1-17-45 所示。在该对话框中可以设置关键帧速率，当设置某个项目参数时，在时间轴面板中关键帧的图标也会发生变化。

图 1-17-45 "关键帧速度"对话框

- 进来速度：引入关键帧的速度。
- 输出速度：引出关键帧的速度。
- 影响：控制对前面关键帧（进入插值）或后面关键帧（离开插值）的影响程度。
- 连续：保持相等的进入和离开速度产生平稳过渡。

17.4.3 时间控制

选择要进行调整的层并右击，在弹出的快捷菜单中选择"时间"命令，在其下的子菜单中包含对当前层的六种时间控制命令，这里只介绍常用的两种。

1. 时间反向图层

应用"时间反向图层"命令，可对当前层实现反转，即影片倒播。在时间轴面板中设置了反转的层会有斜线显示。执行"启用时间重映射"命令后会发现当"时间指示器"在 0 帧的时间位置时，"时间滑块"显示为图层的最后一帧，如图 1-17-46 所示。

图 1-17-46 时间反向

2. 时间收缩

应用"时间伸缩"命令，可打开"时间伸缩"对话框，如图 1-17-47 所示。在该对话框中显示了当前动画的播放时间和伸缩比例。"拉伸因数"可按百分比设置层的持续时间。当参数大于 100% 时，层的持续时间变长，速度变慢；当参数小于 100% 时，层的持续时间变短，速度变快。设置"新持续时间"参数，可为当前层设置一个精确的持续时间。

图 1-17-47 "时间伸缩"对话框

17.4.4 动态草图

可以利用 After Effects 提供的动态草图功能在指定的时间区域内绘制运动路径。系统在绘制同时记录图层的位置和绘制路径的速度。当运动路径建立以后，After Effects 使用合成图像指定的帧速率，为每一帧产生一个关键帧。

绘制运动路径的方法如下：

（1）在时间轴窗口或合成窗口中选择要绘制路径的图层。

（2）选择"窗口"→"动态草图"命令，打开"动态草图"面板，如图 1-17-48 所示。

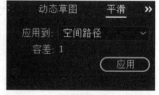

图 1-17-48 "动态草图"面板

- 捕捉速度为：指定一个百分比确定记录的速度与绘制路径的速度在回放时的关系。该值高于 100% 则回放速度快于绘制速度；低于 100% 则回放速度慢于绘制速度；设置为 100% 时，绘制与回放速度相同。
- 平滑：对复杂的关键帧进行平滑，消除多余的关键帧。
- 显示：选中"线框图"复选框，则在绘制运动路径时，显示图层的边框；选中"背景"复选框，则在绘制路径时显示合成图像窗口内容。
- 开始：绘制运动路径的开始时间，即时间线窗口中时间线的开始时间。
- 持续时间：绘制运动路径的持续时间。

（3）单击"开始捕捉"按钮，在合成窗口中按住鼠标左键拖动图层产生运动路径，释放鼠标左键结束路径绘制。

17.4.5　平滑运动

对于关键帧的运动和速度平滑可以使用平滑器工具进行控制。平滑器对图层的空间和时间曲线进行平滑。为图层的空间属性（如位置）应用平滑器，则平滑图层的空间曲线为图层的时间属性（如不透明度）应用平滑器，则平滑图层的时间曲线变得平滑。

平滑器常常用于对复杂的关键帧进行平滑，如使用"动态草图"工具自动生成的曲线会产生复杂的关键帧。使用平滑器可以消除多余的关键帧，对曲线进行平滑。

（1）在时间轴面板中选择要平滑曲线的关键帧。

（2）选择"窗口"→"平滑器"命令，打开"平滑"面板，如图 1-17-49 所示。

- 应用到：控制平滑器应用到何种曲线，系统根据选择的关键帧属性自动选择曲线类型。
- 容差：容差越高，产生的曲线越平滑，但过高的值会导致曲线变形。

图 1-17-49 "平滑"面板

（3）单击"应用"按钮，平滑曲线。可以对平滑结果反复进行平滑操作，使关键帧曲线调至最平滑，如图 1-17-50（a）所示为使用动态草图自动产生的曲线，图 1-17-50（b）为容差为 5，使用平滑器后的曲线。

（a）

（b）

图 1-17-50　平滑效果

17.4.6　增加动画随机性

通过摇摆器工具可以对依时间变化的属性增加随机性。摇摆器根据关键帧属性及指定的选项,通过对属性增加关键帧或在已有的关键帧中进行随机插值,使原来的属性值产生一定的偏差,使图层产生更为自然的运动。

（1）选择要增加随机性的关键帧,至少要选择两个关键帧。

（2）选择"窗口"→"摇摆器"命令,打开"摇摆器"选项卡,如图 1-17-51 所示。

图 1-17-51　"摇摆器"面板

- 应用到:控制摇摆器变化的曲线类型。
- 杂色类型:也就是变化类型。可以选择"平滑"产生平缓的变化或选择"锯齿"产生强烈的变化。
- 维数:控制要影响的属性单元,选择 X 则在 X 轴对选择属性随机化;选择 Y 则在 Y 轴对选择属性随机化;选择"所有相同"则对 X、Y 轴进行相同的变化;选择"全部独立"则对 X、Y 轴独立进行变化。
- 频率:控制目标关键帧的频率,即每秒增加多少关键帧。
- 数量级:设置变化的最大尺寸,低值产生较小的变化,高值产生较大的变化。

（3）单击"应用"按钮应用随机动画。图 1-17-52 是平滑后,应用随机动画后的效果。

图 1-17-52　随机动画

17.5　应用举例

【案例】通过文本图层设计数字叠加,并利用径向擦除和关键帧制作时间倒计时动效,具体静态效果如图 1-17-53 所示。

图 1-17-53　时间倒计时动效

【设计思路】利用文本图层设计数字叠加，利用径向擦除和关键帧制作时间倒计时动效。

【设计目标】掌握文本图层、关键帧等的应用和初步了解径向擦除特效操作等的相关知识。

【操作步骤】

（1）新建项目，新建合成，宽度、高度为 1 920 像素 ×1 080 像素，方形像素，30 帧 /s，白色背景，持续时间 25 s，名为"时间倒计时动效"。

（2）选择"横排文字工具" ，设置字体"华文细黑"、字体大小"700 像素"、文字填充颜色"#ADEB35"、仿粗体，输入数字 5，如图 1-17-54 所示。

（3）在"合成"窗口，选择文本，在菜单栏中选择"窗口"→"对齐"命令，打开"对齐"面板，单击"水平居中" 和"垂直居中" ，是数字在合成中居中。

（4）在菜单栏中选择"效果"→"过度"→"径向擦除"命令，给"5"图层添加"径向擦除"特效，如图 1-17-55 所示。

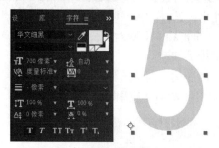
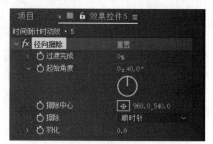

图 1-17-54　输入数字 5　　　　　　　　图 1-17-55　添加"径向擦除"

（5）展开图层属性，选择"效果"→"径向擦除"→"过度完成"命令。将"时间指示器"定位到 5 帧处，单击"过度完成"前面的"码表" 按钮，添加关键帧，设置过度完成为 0%；将"时间指示器"定位到 1 s 处，单击"添加 / 移除"按钮，添加关键帧，设置过度完成为 100%，如图 1-17-56 所示。

图 1-17-56　添加关键帧

（6）选择"5"图层，按【Ctrl+D】组合键 5 次，复制 5 个图层，分别重命名修改图层名称，从上到下为 0 到 5，如图 1-17-57 所示。

图 1-17-57　图层顺序

（7）选择"0"图层，选择"横排文字工具"，在"字符"面板中设置填充颜色为

"#DC20E5"，利用"横排文字工具"修改数字为0；单击图层"0"前面的"视频"  按钮，隐藏此图层，选择"1"图层，选择"横排文字工具"，在"字符"面板中设置填充颜色为"#EB358C"，利用"横排文字工具"修改数字为1；同样方法，修改图层"2"-"4"，颜色分别为"#35A3EB""#35EB95""#5A35EB"；开启所有图层的"视频"按钮，如图1-17-58所示。

图 1-17-58　调整图层数字

（8）此时发现由于动效叠加在一起。选择所有图层（注意：一定要按照5～0的顺序选择），在菜单栏中选择"动画""关键帧辅助""序列图层"命令，打开"序列图层"对话框，设置持续时间24 s，此时，所有图层错层1 s，如图1-17-59所示。

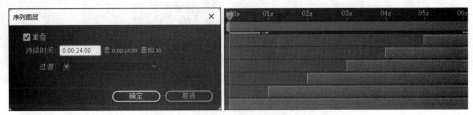

图 1-17-59　设置序列图层

（9）选择"椭圆工具"，关闭填充颜色，描边颜色为"#F0EB51"，大小为"50像素"，绘制一个圆，绘制同时按【Shift】键，则绘制的是正圆；在"对齐"面板，单击"水平居中"  和"垂直居中" ，则圆在合成中居中，如图1-17-60所示。

（10）在菜单栏中选择"效果"→"过度"→"径向擦除"命令，给"形状图层1"图层添加"径向擦除"特效；展开属性，将"时间指示器"定位到5帧处，"过渡完成"属性添加关键帧，设置过度完成为0%；将"时间指示器"定位到1 s处，添加关键帧，"过渡完成"属性设置为100%；将"时间指示器"定位到1 s 5帧处，添加关键帧，"过渡完成"属性设置为100%；将　　　　　　　图 1-17-60　绘制圆
"时间指示器"定位到2 s处，添加关键帧，"过渡完成"属性设置为0%，如图1-17-61所示。

图 1-17-61　添加过渡完成关键帧

（11）将"时间指示器"定位到5帧处，"擦除"属性添加关键帧，设置擦除顺时针；将"时间指示器"定位到1 s处，"擦除"属性添加关键帧，设置擦除顺时针；将"时间指示器"定位

到 1 s 5 帧处，"擦除"属性添加关键帧，设置擦除逆时针；将"时间指示器"定位到 2 s 处，"擦除"属性添加关键帧，设置擦除逆时针，如图 1-17-62 所示。

图 1-17-62　添加擦除关键帧

（12）全选 8 个关键帧，按【Ctrl+C】组合键，复制关键帧，将"时间指示器"定位到 2 s 5 帧处，按【Ctrl+V】组合键，粘贴关键帧，此时数字 3、2 动效与 5、4 相同；将"时间指示器"定位到 4 s 5 帧处，按【Ctrl+V】组合键，粘贴关键帧，此时数字 1、0 动效与 5、4 相同，如图 1-17-63 所示。

图 1-17-63　复制关键帧

（13）选择"形状图层 1"，选择"矩形工具"，在"形状图层 1"上绘制一个矩形蒙版，绘制的矩形蒙版框住圆环，展开蒙版属性。将"时间指示器"定位到 6 s 处，蒙版不透明度处添加关键帧，设置不透明度 100%；将"时间指示器"定位到 6 s 1 帧处，蒙版不透明度处添加关键帧，设置不透明度 0%，如图 1-17-64 所示。

图 1-17-64　添加蒙版

（14）导入"5-0 倒计时 .mp3"音频，并拖到时间轴面板上。将"时间指示器"定位到 6 s 15 帧处，按【N】键，裁剪"工作区域"，则视频渲染为 6 s 15 帧，如图 1-17-65 所示。

图 1-17-65　裁剪"工作区域"

第 *18* 章
蒙版与遮罩

 学习目标

◎了解蒙版基础知识和蒙版工具的使用。
◎掌握蒙版的创建、编辑、管理操作。
◎掌握遮罩动画的制作。

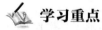 学习重点

◎蒙版工具的使用。
◎蒙版的创建、编辑、管理操作。
◎遮罩动画的制作。

After Effects 中的蒙版可用来改变图层特效和属性的路径，常用于修改图层的 Alpha 通道，即修改图层像素的透明度，也可以作为文本动画的路径。蒙版的路径分为"开放"和"封闭"两种，"开放"路径的起点与终点不同，"封闭"路径则是可循环路径且可为图层创建透明区域。一个图层可以包含多个蒙版。蒙版在时间轴面板中的排列顺序会影响蒙版之间的交互，可通过鼠标拖动蒙版改变蒙版之间的排列顺序，也可设置蒙版的"混合模式"。

18.1 创 建 蒙 版

18.1.1 蒙版概述

After Effects 中的蒙版实际是用路径工具绘制一条路径或者是轮廓图。蒙版最常见的用法是修改图层的 Alpha 通道，以确定每个像素的图层的透明度。蒙版的另一常见用法是对文本设置动画的路径。

闭合路径蒙版可以为图层创建透明区域。开放路径无法为图层创建透明区域，但可用作效果参数。可以将开放或闭合蒙版路径用作输入的效果，包括描边、路径文本、音频波形、音频频谱以及勾画。可以将闭合蒙版（而不是开放蒙版）用作输入的效果，包括填充、涂抹、改变形状、粒子运动场以及内部/外部键。

蒙版属于特定图层。每个图层可以包含多个蒙版。用户可以使用形状工具在常见几何形状（包括多边形、椭圆形和星形）中绘制蒙版，或者使用"钢笔工具"来绘制任意路径。

虽然蒙版路径的编辑和插值可提供一些额外功能，但绘制蒙版路径与在形状图层上绘制形状路径基本相同。用户可以使用表达式将蒙版路径链接到形状路径，这使用户能够将蒙版的优点融入形状图层，反之亦然。

18.1.2 蒙版创建工具

After Effects 中使用形状工具（包括矩形工具、圆角矩形工具、多边形工具和星形工具）和钢笔工具绘制蒙版，当然这两类工具还可用于绘制图形（形状）。要注意的是：蒙版操作如先选中某图层时绘制形状，则为当前选中的图层创建蒙版；未选中任何图层时绘制形状，则会创建一个形状图层。当然也可以先新建形状图层再在其上绘制形状。钢笔工具常用于绘制不规则形状或蒙版。

1. 矩形工具

矩形工具■可以在图层上创建矩形（正方形）蒙版。选择要创建蒙版的层，拖动即可绘制一个矩形蒙版区域；双击工具栏中的矩形工具，可快速创建一个与层素材大小相同的矩形蒙版；按住【Shift】键拖动，即可创建一个正方形蒙版。在矩形（正方形）蒙版区域中将显示当前层的图像，矩形（正方形）以外的部分将隐藏。

2. 圆角矩形工具

圆角矩形工具■可以在图层上创建圆角矩形（圆角正方形）蒙版。圆角矩形工具操作与矩形工具相同。

3. 椭圆工具

椭圆工具◎可以在图层上创建椭圆（圆形）蒙版。选择要创建蒙版的层，拖动即可绘制一个椭圆蒙版区域；双击工具栏中的椭圆工具，可快速创建一个沿层的边最大限度的椭圆形蒙版；按住【Shift】键拖动，即可创建一个正圆形蒙版。在椭圆形蒙版区域中将显示当前层的图像，椭圆形以外的部分变成透明。

4. 多边形工具

多边形工具◎可以在图层上创建多边形蒙版。选择要创建蒙版的层，拖动即可绘制一个正五边形（默认）蒙版区域。在正五边形蒙版区域中将显示当前层的图像，正五边形以外的部分变成透明。

5. 星形工具

星形工具★可以在图层上创建星形蒙版。星形工具操作与多边形工具相同。

6. 钢笔工具

钢笔工具✎可以在图层上创建任意形状蒙版。钢笔工具不但可以绘制封闭的蒙版，还可以绘制开放的蒙版。钢笔工具具有很强的灵活性，可以绘制直线，也可以绘制曲线，可以绘制直角多边形，也可以绘制弯曲的任意形状。

18.1.3 创建蒙版

1. 创建规则蒙版

在"工具栏"中选择矩形工具、椭圆工具、多边形工具或星形工具，在时间轴面板中找到目标图层，在建立蒙版的起始位置按住鼠标左键，拖动句柄至结束位置产生蒙版。

（1）矩形工具█：在"工具栏"中选中此工具后，到"合成"面板或"图层预览"窗口中，按住鼠标左键并拖动鼠标即可，如图 1-18-1 所示。

- 拖动的同时按住【Shift】键可以产生正方形蒙版。
- 拖动的同时按住【Ctrl】键可以绘制以鼠标单击处为中心的矩形蒙版。
- 拖动的同时按住【Shift+Ctrl】组合键可以产生以鼠标单击处为中心的正方形蒙版。
- 在工具面板双击此工具，可以依据图层的大小产生一个矩形蒙版。

（2）圆角矩形工具█：功能与矩形蒙版工具非常接近，只是多了圆角大小的设置。在创建过程中，也就是按住鼠标左键并拖动鼠标时，通过"↑""↓"键或滑动鼠标滑轮来调整圆角的大小，调整合适后再松开鼠标，完成圆角矩形的创建，如图 1-18-2 所示。

图 1-18-1　矩形蒙版　　　　　　　　　　图 1-18-2　圆角矩形蒙版

（3）椭圆工具█：在"工具栏"中"形状"工具组上按住鼠标左键，在弹出的工具栏中选择此工具后，到"合成"面板或"图层预览"窗口中，按住鼠标左键并拖动鼠标即可。

- 拖动的同时按住【Shift】键可以产生正圆形蒙版。
- 拖动的同时按住【Ctrl】键可以以鼠标单击处为中心，创建椭圆蒙版。
- 拖动的同时按住【Shift+Ctrl】组合键可以产生以鼠标单击处为中心的正圆形蒙版。
- 在工具面板双击此工具，可以依据图层的大小产生一个椭圆蒙版。

（4）多边形工具█：同圆角矩形工具一样，在创建过程中通过"↑""↓"键或者滑动鼠标滑轮来调整多边形的边数，通过"←""→"键可以调整多边形尖角的圆滑度，调整合适后再松开鼠标，完成多边形的创建，如图 1-18-3 所示。

图 1-18-3　多边形蒙版

（5）星形工具：在创建过程中通过"↑""↓"键或者滑动鼠标滑轮来调整星形的角数，通过"←""→"键可以调整星形尖角的圆滑度，调整合适后再松开鼠标，完成星形的创建，如图 1-18-4 所示。

图 1-18-4 星形蒙版

2. 创建不规则形状蒙版

钢笔工具：可以创建各种异形蒙版或者各种路径，自由度比较大，使用率也是最高的。在"工具栏"中选中此工具后，到"合成"或"图层预览"窗口中，依次在画面各个位置单击形成路径，最后再次单击起点，或者双击形成封闭的异形蒙版。如果在某个位置点按住鼠标左键并拖动鼠标，就可以直接绘制贝塞尔曲线。

通过路径创建蒙版时，路径上的控制点越多，蒙版形状越精细，但过多的控制点不利于修改。建议路径上的控制点在不影响效果的情况下，尽量减少，以达到制作高效路径的目的。

3. "新建蒙版"命令创建蒙版

在准备建立蒙版的图层上右击，在弹出的快捷菜单中选择"蒙版"→"新建蒙版"命令，系统会自动沿图层的边缘建立一个矩形蒙版。

选择建立蒙版的图层，按【M】键展开蒙版的蒙版路径属性，如图 1-18-5 所示，单击该属性右侧的"形状…"按钮，弹出"蒙版形状"对话框，或在蒙版上右击，在弹出的快捷菜单中选择"蒙版"→"蒙版形状"命令，弹出"蒙版形状"对话框，如图 1-18-6 所示。

图 1-18-5 蒙版路径属性　　　　　　图 1-18-6 "蒙版形状"对话框

- 定界框：对蒙版进行定位，设置距离顶部、左侧、右侧、底部的距离。
- 单位：可以设置为像素、英寸、毫米和源的百分比。
- 形状：选中"重置为"复选框，即可以恢复矩形或椭圆形蒙版。

4. "自动追踪"命令创建蒙版

通过选择菜单中"图层"→"自动追踪…"命令，可以依据图层的 Alpha 通道，红、绿、蓝三色通道或者明亮度信息自动生成路径蒙版，因此产生的蒙版的复杂程度依据源素材质量和

"自动追踪"对话框参数具体设置而定，如图 1-18-7 所示。

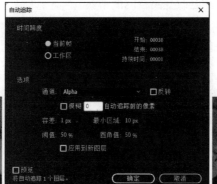

图 1-18-7　自动追踪

- 时间跨度：当前帧选项仅对当前帧进行操作；工作区选项对整个工作区间进行操作。
- 选项：自动生成蒙版的相关设置区。"通道"选项可以选择作为自动勾画依据通道；"反转"选项可以取前面选择的通道的反值；"模糊"选项是在自动勾画侦测前，对源画面进行虚化处理，使勾画结果变得平滑一些；"容差"选项允许值设置，是决定分析时，判断的误差与界限范围；"最小区域"为最小区域设置，例如，设置为 10 像素，所形成的蒙版都将大于 10 像素；"阈值"为阈值设置，单位为百分比，高于此阈值的为不透明区域，低于此阈值的为透明区域；"圆角值"选项为自动勾画时对锐角进行什么程度的圆滑处理；"应用到新图层"选项为将自动勾画结果作用到新建的纯色图层中。
- 预览：指定是否预览设置结果。

5. 第三方软件创建蒙版

After Effects 允许用户从其他软件中引入路径。用户可以利用这些应用软件中特殊的路径编辑工具为 After Effects 制作多种路径。

从 Photoshop 或 Illustrator 中引用蒙版的方法：运行 Photoshop 或 Illustrator，并创建路径。选中要复制到 After Effects 中的所有锚点，选择"编辑"→"复制"命令，切换到 After Effects 的工作界面中，选中要建立蒙版的图层，选择"编辑"→"粘贴"命令即可。

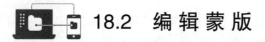 ## 18.2　编 辑 蒙 版

创建完蒙版后，可以根据需要对蒙版的形状进行修改，以更适合图像轮廓的要求。本节介绍修改蒙版形状的方法。

18.2.1　蒙版编辑工具

1. 选取工具

选取工具 的作用是选择和移动构成蒙版的顶点或路径。

2. 添加"顶点"工具

添加"顶点"工具 的作用是在路径上增加顶点。

3. 删除"顶点"工具

删除"顶点"工具 的作用是删除路径上多余的顶点。

4. 转换"顶点"工具

转换"顶点"工具█的作用是改变路径的曲率。

5. 蒙版羽化工具

蒙版羽化工具█的作用是任意添加羽化边缘的蒙版虚线。

18.2.2　编辑蒙版形状

1. 选择顶点

创建蒙版后，可以在创建的形状上看到小的方形控制点，这些控制点就是顶点。选中的顶点与没有选中的顶点是不同的，选中的顶点是实心的方形，没有选中的顶点是空心的方形。

选择顶点的方法如下：

（1）使用"选取工具"█在顶点上单击，即可选中一个顶点，如图 1-18-8（a）所示。如果想选择多个顶点，可以在按住【Shift】键的同时，分别单击要选择的顶点。

（2）在"合成"面板中单击并拖动鼠标，将出现一个矩形选框，被矩形选框框住的顶点都将被选中，如图 1-18-8（b）所示。在按住【Alt】键的同时单击其中一个顶点，可以选择所有的顶点。

（a）　　　　　　　　　　　　　　　　　　（b）

图 1-18-8　选择顶点

2. 移动顶点

选中蒙版图形的顶点，通过移动顶点，可以改变蒙版的形状，操作方法如下：

在"工具栏"中使用"选取工具"█在"合成"面板中选中其中一个顶点，然后拖动顶点到其他位置即可，如图 1-18-9 所示。

3. 添加 / 删除顶点

通过使用"添加'顶点'工具"█和"删除'顶点'工具"█，可以在绘制的形状上添加或删除顶点，从而改变蒙版的轮廓结构。

图 1-18-9　移动顶点

1）添加顶点

在"工具栏"中选择"添加'顶点'工具"█，将鼠标指针移动到路径上需要添加顶点的位置，单击，即可添加一个顶点，如图 1-18-10 所示。多次在路径上不同的位置单击，可以添加多个顶点。

2）删除顶点

在"工具栏"中选择"删除'顶点'工具"█，将鼠标指针移动到需要删除的顶点上并单击，即可删除该顶点，如图 1-18-11 所示。

选择需要删除的顶点，然后在菜单栏中选择"编辑"→"清除"命令或按【Delete】键，也可将选择的顶点删除。

图 1-18-10　添加顶点　　　　　　　　　　　图 1-18-11　删除顶点

4．转换顶点

绘制的形状上的顶点可以分为两种：角点和曲线点，如图 1-18-12 所示。

（1）角点：顶点的两侧都是直线，没有弯曲角度。

（2）曲线点：一个顶点有两个控制手柄可以控制曲线的弯曲程度。

通过使用工具栏中的"转换'顶点'工具"■，可以将角点和曲线点进行快速转换，如图 1-18-12 所示。转换的操作方法如下：

（1）使用工具栏中的"转换'顶点'工具"■，在曲线点上单击，即可将曲线点转换为角点。

（2）使用工具栏中的"转换'顶点'工具"■，单击角点并拖动，即可将角点转换成曲线点。

5．蒙版羽化

在工具栏中选择"蒙版羽化工具"■，单击蒙版轮廓边缘能够添加羽化顶点。

当转换成曲线点后，通过使用"选取工具"■可以手动调节曲线点两侧的控制柄，以修改蒙版的形状。

在添加羽化顶点时，按住鼠标不放，拖动羽化顶点可以为蒙版调整羽化效果，如图 1-18-13 所示。

图 1-18-12　转换顶点　　　　　　　　　　　图 1-18-13　蒙版羽化

18.2.3　多蒙版操作

After Effects 支持在同一个层上建立多个蒙版，各蒙版间可以进行叠加。层上的蒙版以创建的先后顺序命名、排列。蒙版的名称和排列位置可以改变。

1. 多蒙版选择

After Effects 可以在同一层中同时选择多个蒙版进行操作，选择多个蒙版的方法如下：

（1）在"合成"面板中，选择一个蒙版后，按【Shift】键可同时选择其他蒙版的控制点。

（2）在"合成"面板中，选择一个蒙版后，按住【Alt+Shift】键单击要选择的蒙版的一个控制点即可。

（3）在时间轴面板中打开层的"蒙版"卷展栏，按住【Ctrl】键或【Shift】键选择蒙版。

（4）在时间轴面板中打开层的"蒙版"卷展栏，使用鼠标框选蒙版。

2. 蒙版排序

默认状态下，系统以蒙版创建的顺序为蒙版命名，例如："蒙版 1""蒙版 2"等，蒙版的名称和顺序都可改变。

（1）在时间轴面板中选择要改变顺序的蒙版，按住鼠标左键，将蒙版拖至目标位置，即可改变蒙版的排列顺序。

（2）使用菜单命令也可改变蒙版的排列顺序。在时间轴面板中选择需要改变顺序的蒙版，在菜单栏中选择"图层"→"排列"命令，在弹出的菜单中有四种排列命令，如图 1-18-14 所示。

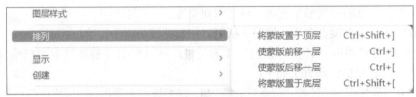

图 1-18-14　"排列"菜单

- "将蒙版置于顶层"：可以将蒙版移至顶部位置。
- "使蒙版前移一层"：可以将蒙版向上移动一层。
- "使蒙版后移一层"：可以将蒙版向下移动一层。
- "将蒙版置于底层"：可以将蒙版移至底部位置。

18.3　蒙版属性

蒙版在时间轴面板上的堆积顺序中的位置会影响它与其他蒙版的交互方式。用户可以将蒙版拖到时间轴面板中"蒙版"属性组内的其他位置。

蒙版的"不透明度"属性确定闭合蒙版对蒙版区域内图层的 Alpha 通道的影响。100% 的蒙版不透明度值对应于完全不透明的内部区域。蒙版外部的区域始终是完全透明的。要反转特定蒙版的内部和外部区域，需要在时间轴面板中选择蒙版名称旁边的"反转"选项，如图 1-18-15 所示。

图 1-18-15　蒙版属性面板

1. 锁定蒙版

为了避免误操作,可以将蒙版锁定,锁定后的蒙版将不能被修改。锁定蒙版的操作方法如下:

在时间轴面板中展开"蒙版"属性组。单击要锁定的蒙版左侧的■按钮,此时该图标将变成锁定🔒状态,表示该蒙版已锁定。

2. 蒙版的混合模式

蒙版的混合模式决定了蒙版如何在图层上起作用。默认情况下,蒙版的混合模式都为相加。当一个图层上有多个蒙版时,可以使用蒙版模式来产生各种复杂的几何形状,即蒙版的混合模式适用多蒙版操作。用户可以在蒙版旁边的模式面板中选择蒙版的状态,如图 1-18-16 所示。而蒙版模式的作用结果则取决于居于上方的蒙版所用模式。

图 1-18-16　蒙版的混合模式

下面使用"多边形工具"⬡和"矩形工具"■可为图层绘制两个交叉的蒙版,如图 1-18-17 所示。其中将"蒙版 1"的模式设置为"相加",将通过改变"蒙版 2"的模式来演示效果。

1)无

蒙版采取无效模式,不在图层上产生透明区域。选择此模式的路径将起不到蒙版作用,仅仅作为路径存在。如果建立蒙版不是为了进行图层与图层之间的遮蔽透明,可以使该蒙版处于该种模式,系统会忽略蒙版效果。在使用特效时,经常需要为某种特效指定一个蒙版路径,此时,可将蒙版设置为无,如图 1-18-18 所示。

图 1-18-17　交叉的蒙版

图 1-18-18　"无"模式

2)相加

蒙版采取相加模式,将当前蒙版区域与之上的蒙版区域进行相加,对于蒙版重叠处的不透明度采取在处理当前不透明度值的基础上再进行一个百分比相加的方式处理。如图 1-18-19 所示,多边形蒙版的不透明度为 60%,矩形蒙版的不透明度为 40%,运算后最终得出的蒙版重叠区域画面的不透明度为 100%。

3)相减

蒙版采取相减模式,上面的蒙版减去下面的蒙版,被减去区域的内容不在"合成"窗口中显示。如图 1-18-20 所示,多边形蒙版的不透明度为 60%,矩形蒙版的不透明度为 40%,运算后最终得出的蒙版重叠区域画面的不透明度为 20%。

4)交集

蒙版采取交集方式,在"合成"窗口中只显示所选蒙版与其他蒙版相交部分的内容,所有相交部分不透明度相减。如图 1-18-21 所示,多边形蒙版的不透明度为 60%,矩形蒙版的不透明度为40%，运算后最终得出的蒙版重叠区域画面的不透明度为20%。

5）变亮

对于可视区域范围来讲，此模式与相加方式相同，但蒙版相交部分不透明度则采用不透明度值较高的那个值。如图1-18-22所示，多边形蒙版的不透明度为60%，矩形蒙版的不透明度为40%，运算后最终得出的蒙版重叠区域画面的不透明度为60%。

图 1-18-19 "相加"模式

图 1-18-20 "相减"模式

图 1-18-21 "交集"模式

图 1-18-22 "变亮"模式

6）变暗

对于可视区域范围来讲，此模式与相减方式相同，但蒙版相交部分不透明度则采用不透明度值较低的那个值。如图1-18-23所示，多边形蒙版的不透明度为60%，矩形蒙版的不透明度为40%，运算后最终得出的蒙版重叠区域画面的不透明度为20%。

7）差值

蒙版采取并集减去交集的方式，关于不透明度，与上面蒙版未相交部分采取当前蒙版不透明度设置，相交部分采取两者之间的差值。如图1-18-24所示，多边形蒙版的不透明度为60%，矩形蒙版的不透明度为40%，运算后最终得出的蒙版重叠区域画面的不透明度为20%。

图 1-18-23 "变暗"模式

图 1-18-24 "差值"模式

3. 反转蒙版

默认情况下，蒙版范围内显示"蒙版 1"为"相加"模式，不透明度 100%；"蒙版 2"为"差值"模式，不透明度 100%，运算后最终得出的蒙版重叠区域画面的不透明度为 0%，如图 1-18-25 所示。可以通过"蒙版 2"的"反转"蒙版来改变蒙版的显示区域，效果如图 1-18-26 所示。只需选中要进行反转的蒙版，右击，在弹出的快捷菜单中选择"蒙版"→"反转"命令即可；或在菜单栏中选择"图层"→"蒙版"→"反转"命令；或在时间轴面板中选中要进行反转的蒙版，在图 1-18-15 所示蒙版属性面板中选择蒙版旁的"反转"选项。

图 1-18-25　不透明度 100% 差值模式　　　　图 1-18-26　反转蒙版

4. 蒙版路径

在添加了蒙版的图层中，单击蒙版属性面板中"蒙版路径"右侧的"形状…"，弹出"蒙版形状"对话框，如图 1-18-27 所示。在"定界框"区域中，通过修改"顶部""底部""左侧""右侧"选项参数，可以修改当前蒙版的大小。通过"单位"下拉列表修改需要的单位。

在"形状"区域可以修改当前蒙版的形状，可以将其改成椭圆或矩形。

- 椭圆：用于将该蒙版形状修改为椭圆，如图 1-18-28 所示。
- 矩形：用于将该蒙版形状修改为矩形，如图 1-18-29 所示。

图 1-18-27　"蒙版形状"对话框

图 1-18-28　椭圆蒙版　　　　图 1-18-29　矩形蒙版

5. 蒙版羽化

在蒙版属性中，可通过设置"蒙版羽化"参数对蒙版的边缘进行柔化处理，制作出虚化的边缘效果，如图 1-18-30 所示。

在菜单栏中选择"图层"→"蒙版"→"蒙版羽化"命令，或在图层的"蒙版"→"蒙版 1"→"蒙版羽化"参数上右击，在弹出的快捷菜单中选择"编辑值"命令，弹出"蒙版羽化"对话框，在该对话框中可设置羽化参数，如图 1-18-31 所示

图 1-18-30　蒙版羽化

图 1-18-31　"蒙版羽化"对话框

若要单独设置水平羽化或垂直羽化，可在时间轴面板中取消"蒙版羽化"右侧的"约束比例" ⊗ 按钮，则可分别调整水平或垂直的羽化值。

6. 蒙版不透明度

通过设置"蒙版不透明度"参数可以调整蒙版的不透明度。

在图层的"蒙版"→"蒙版 2"→"蒙版不透明度"参数上右击，在弹出的快捷菜单中选择"编辑值"命令，或在菜单栏中选择"图层"→"蒙版"→"蒙版不透明度"命令，如图 1-18-32 所示为"蒙版不透明度"对话框，在该对话框中可设置蒙版的不透明度参数，如图 1-18-33 所示。

图 1-18-32　"蒙版不透明度"对话框

图 1-18-33　30% 不透明度效果

7. 蒙版扩展

通过调整"蒙版扩展"参数，可以对当前蒙版进行扩展或者收缩。当数值为正值时，蒙版范围在原始基础上扩展，效果如图 1-18-34（a）所示；当数值为负值时，蒙版范围在原始基础上收缩，效果如图 1-18-34（b）所示。

（a）

（b）

图 1-18-34　扩展 / 收缩效果

在图层的"蒙版"→"蒙版 2"→"蒙版扩展"参数上右击，在弹出的快捷菜单中选择"编辑值"命令，或在菜单栏中选择"图层"→"蒙版"→"蒙版扩展"命令，打开如图 1-18-35 所示"蒙版扩展"对话框，在该对话框中可以对蒙版的扩展参数进行设置。

图 1-18-35　"蒙版扩展"对话框

18.4　遮　　罩

遮罩也称为"蒙版"或"mask"。它在 After Effects 软件中具有极为重要的功能，是实现视频合成的重要工具，上述小节讲述即是遮罩。其原理是使用遮罩工具在所需素材上绘制遮罩来截取需要的区域，被遮罩选中的部分会显现，未被遮罩选中的部分则被隐藏。

18.4.1　轨道遮罩

轨道遮罩（track matte）简称"TrkMat"，它包含了"Alpha"与"亮度"（luma）两种遮罩形式。在两个相邻图层之间，可通过上方轨道遮罩图层"Alpha"通道的透明信息或"亮度"通道的像素亮度信息来定义下方图层的透明度。相关内容在前面章节中有讲述。

1. Alpha 遮罩

"Alpha"是指图层的透明信息通道。使用"Alpha"通道作为遮罩的选项时，上方图层中每个像素的透明信息决定下方图层相应位置像素的透明程度显示情况。

需要注意的是，只有上方图层拥有透明通道的时候才能使用"Alpha"遮罩模式，否则下方图层无法选择所需要显示的范围。也可以选择"Alpha 反转"模式，让之前透明的区域不再透明，而之前不透明的区域变得透明。

2. 亮度遮罩

"亮度"是指图层的亮度信息通道。在上方图层没有透明通道的前提下，可以使用"亮度"遮罩模式，通过图层内容的黑白亮度关系来决定下方图层的显示结果。

"亮度"遮罩无须包含透明通道，但是一般这类素材中包含纯粹的亮度信息，可以利用亮度信息进行范围选择。与"Alpha"遮罩一样，"亮度"遮罩也有"亮度反转"模式。

视频

例18.1 文字扫光特效

【例 18.1】利用蒙版和轨道蒙版制作文字扫光特效。

（1）新建项目，新建名为"文字扫光特效"、1 920 像素 ×1 080 像素、方形像素、帧速率 30 帧 /s、黑色背景的合成。

（2）在"项目"面板中新建文本图层，输入"ZHEJIANG A&F UNIVERSITY"，设置字体为华文细黑，字号为 120，颜色随意，仿粗体，仿斜体，如图 1-18-36 所示。

ZHEJIANG A&F UNIVERSITY

图 1-18-36　输入文本

（3）选择文本图层，右击，在弹出的快捷菜单中选择"图层样式"→"渐变叠加"命令，添加渐变叠加图层样式；展开图层属性，单击"图层样式"→"渐变叠加"→"颜色"右侧的"渐变编辑…"，打开"渐变编辑器"对话框，即可设置渐变色，如图 1-18-37 所示。

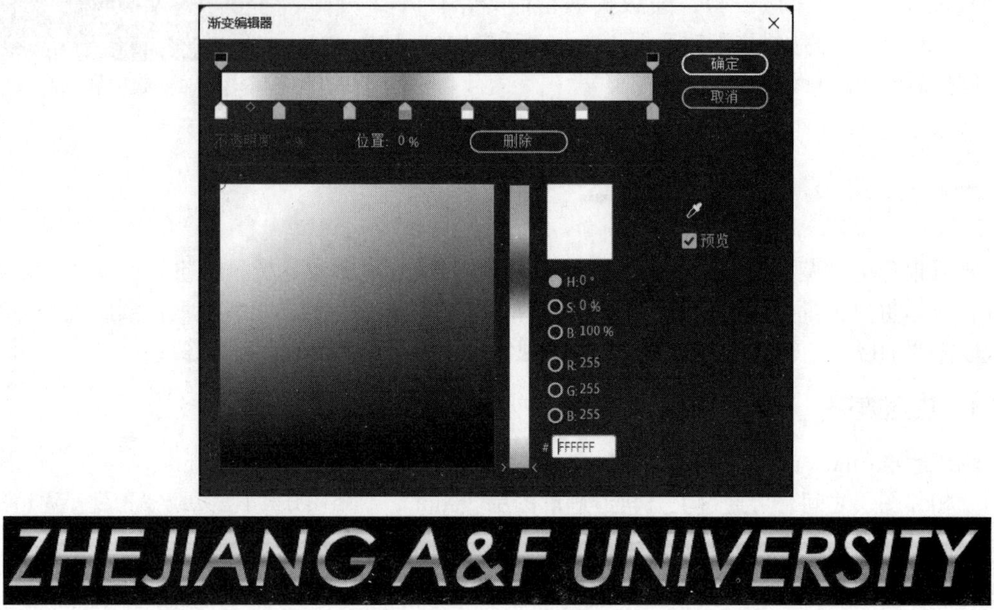

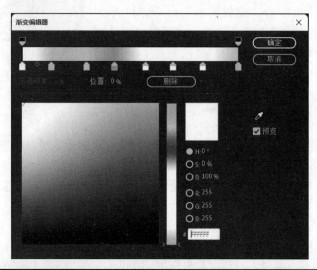

图 1-18-37　设置渐变色

（4）在"项目"面板中新建白色的纯色图层，在工具栏中选择"钢笔工具"，绘制一个倾斜的四边形蒙版路径，如图 1-18-38 所示。

图 1-18-38　绘制四边形蒙版

（5）利用"选取"工具，移动四边形蒙版到文字的左侧，按"Y"键，切换到"锚点工具"，把锚点调整到四边形的中心，如图 1-18-39 所示。

图 1-18-39　调整蒙版

（6）选择"白色 纯色 1"纯色层，按【P】键，展开"位置"属性，将"时间指示器"定位到 0 s 处，添加关键帧；将"时间指示器"定位到 5/s 处，添加关键帧，并把四边形蒙版水平移至文字的右侧，如图 1-18-40 所示。

（7）选择两个关键帧，按【F9】键，设置缓动效果；调整"白色 纯色 1"的纯色层到文本图层的下方；在纯色层的"TrkMat"为"Alpha 遮罩"；再选择文本图层，按【Ctrl+D】组合键，复制文本图层，把复制的文本图层移到最下方，并开启最下方文本图层的"视频"◉按钮，如图 1-18-41 所示。

图 1-18-40　移动蒙版

图 1-18-41　设置轨道蒙版

（8）选择上方两个图层，按【Ctrl+D】组合键，复制两组遮罩图层，并调整"位置"属性前面的关键帧位置；将"时间指示器"定位到 5 s 处，按【N】键，裁剪工作区域，如图 1-18-42所示。

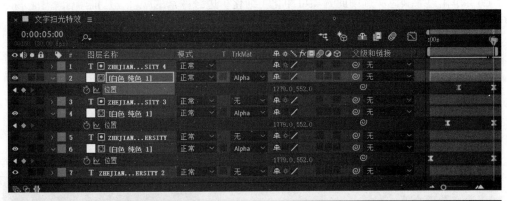

图 1-18-42　复制蒙版

18.4.2　遮罩特效

在菜单栏的"效果"→"遮罩"菜单中，或"效果和预设"面板中的"遮罩"特效组中包含"调整实边遮罩""调整柔和遮罩""遮罩阻塞工具""简单阻塞工具"和"mocha shape"五种特效，利用"遮罩"特效可以将带有 Alpha 通道的图像进行收缩或描绘的应用。

1. 调整实边遮罩

使用"调整实边遮罩"效果可改善现有实边 Alpha 通道的边缘。"调整实边遮罩"效果是 After

Effects 以前版本中"调整遮罩"效果的更新，其参数如图 1-18-43 所示。

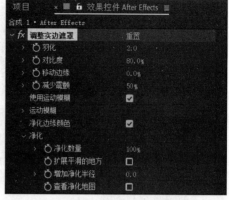

图 1-18-43   调整实边遮罩参数

（1）羽化：增大此值，可通过平滑边缘降低遮罩中曲线的锐度。

（2）对比度：设置遮罩的对比度。如果"羽化"为 0，则此属性不起作用。与"羽化"属性不同，"对比度"跨边缘应用。

（3）移动边缘：相对于"羽化"属性值，遮罩扩展的数量。其结果与"遮罩阻塞工具"效果内的"阻塞"属性结果非常相似，只是值的范围从 -100% 到 100%（而非 -127 到 127）。

（4）减少震颤：增大此属性可减少边缘逐帧移动时的不规则更改。此属性用于设置在跨邻近帧执行加权平均以防止遮罩边缘不规则地逐帧移动时，当前帧应具有的影响力。如果"减少震颤"值高，则震颤减少程度强，当前帧被认为震颤较少。如果"减少震颤"值低，则震颤减少程度弱，当前帧被认为震颤较多。如果"减少震颤"值为 0，则认为仅当前帧需要遮罩优化。如果前景物体不移动，但遮罩边缘正在移动和变化，请增加"减少震颤"属性的值。如果前景物体正在移动，但遮罩边缘没有移动，请降低"减少震颤"属性的值。

（5）使用运动模糊：选中此选项可用运动模糊渲染遮罩。这个高品质选项虽然比较慢，但能产生更干净的边缘。用户也可以控制样本数和快门角度，其意义与在合成设置的运动模糊上下文中的相同。在"调整实边遮罩"效果中，如要使用任何运动模糊，则需要打开此选项。

（6）净化边缘颜色：选中此选项可净化（纯化）边缘像素的颜色。从前景像素中移除背景颜色有助于修正经运动模糊处理的其中含有背景颜色的前景对象的光晕和杂色。其净化的强度由"净化数量"决定。

（7）净化。

- 净化数量：设置净化的强度。
- 扩展平滑的地方：只有在"减少震颤"大于 0 并选择了"净化边缘颜色"选项时才起作用。
- 增加净化半径：为边缘颜色净化（也包括任何净化，如羽化、运动模糊和扩展净化）而增加的半径值（像素）。
- 查看净化地图：显示哪些像素将通过边缘颜色净化而被清除。

2. 调整柔和遮罩

"调整柔和遮罩"特效主要是通过参数属性来调整蒙版与背景之间的衔接过渡，使画面过渡得更加柔和。使用"调整柔和遮罩"特效可以定义柔和遮罩。此效果使用额外的进程来自动计算更加精细的边缘细节和透明区域，其参数如图 1-18-44 所示。

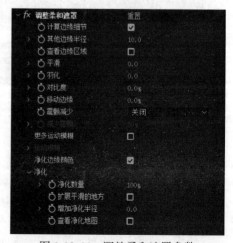

图 1-18-44   调整柔和遮罩参数

（1）计算边缘细节：计算半透明边缘，拉出边缘区域中的细节。

（2）其他边缘半径：沿整个边缘添加均匀的边界带，描边的宽度由此值确定。

（3）查看边缘区域：将边缘区域渲染为黄色，前景和背景渲染为灰度图像（背景光线比前景更暗）。

（4）平滑：沿 Alpha 边界进行平滑，跨边界保存半透明细节。

（5）羽化：在优化后的区域中模糊 Alpha 通道。羽化值分别为 0% 和 20% 时的效果如图 1-18-45 所示。

图 1-18-45　不同羽化值效果

（6）对比度：在优化后的区域中设置 Alpha 通道对比度。

（7）移动边缘：相对于"羽化"属性值遮罩扩展的数量，值的范围为 -100% 到 100。

（8）震颤减少：启用或禁用"震颤减少"。可以选择"更多细节"或"更平滑（更慢）"。

（9）减少震颤：增大此属性可减少边缘逐帧移动时的不规则更改。"更多细节"的最大值为 100%，"更平滑（更慢）"的最大值为 400%。

（10）更多运动模糊：选中此选项可用运动模糊渲染遮罩。这个高品质选项虽然比较慢，但能产生更干净的边缘。此选项可以控制样本数和快门角度，其意义与在合成设置的运动模糊相同。在"调整柔和遮罩"效果中，源图像中的任何运动模糊都会被保留，只有希望向素材添加效果时才需使用此选项。

（11）运动模糊：用于设置抠像区域的动态模糊效果。

- 每帧采样数：用于设置每帧图像前后采集运动模糊效果的帧数，数值越大，动态模糊越强烈，需要渲染的时间也就越长。
- 快门角度：用于设置快门的角度。
- 更高品质：选中该复选框，可让图像在动态模糊状态下保持较高的影像质量。

（12）净化边缘颜色：选中此选项可净化（纯化）边缘像素的颜色。从前景像素中移除背景颜色有助于修正经运动模糊处理的其中含有背景颜色的前景对象的光晕和杂色。其净化的强度由"净化数量"决定。

（13）净化。

- 净化数量：设置净化的强度。
- 扩展平滑的地方：只有在"减少震颤"大于 0 并选择了"净化边缘颜色"选项时才起作用。
- 增加净化半径：为边缘颜色净化（也包括任何净化，如羽化、运动模糊和扩展净化）而增加的半径值（像素）。
- 查看净化地图：显示哪些像素将通过边缘颜色净化而被清除，其中白色边缘部分为净化半径作用区域，如图 1-18-46 所示。

图 1-18-46　查看净化地图

3. 遮罩阻塞工具

"遮罩阻塞工具"特效主要用于对带有 Alpha 通道的图像进行控制，可以收缩和扩展 Alpha 通道图像的边缘，达到修改边缘的效果。其参数如图 1-18-47 所示。

（1）几何柔和度 1/ 几何柔和度 2：用于设置边缘的柔和程度。

（2）阻塞 1/ 阻塞 2：用于设置阻塞的数量。值为正时图像扩展；值为负时图像收缩。

（3）灰色阶柔和度 1/ 灰色阶柔和度 2：用于设置边缘的柔和程度，值越大边缘柔和程度越强烈。

（4）迭代：用于设置蒙版扩展边缘的重复次数。如图 1-18-48（a）、（b）所示为参数分别为 2 和 4 时的效果。

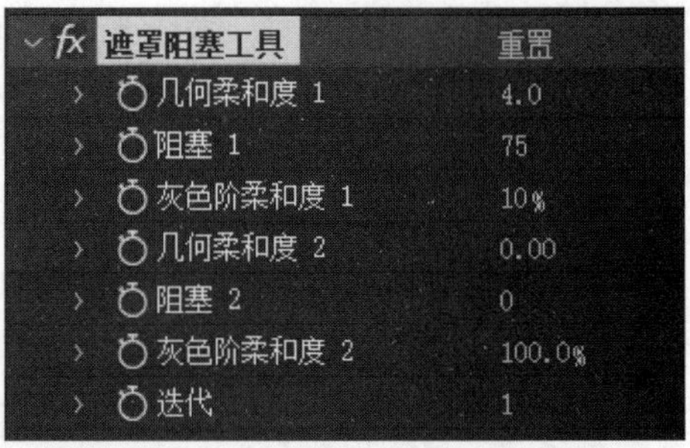

图 1-18-47　遮罩阻塞工具参数

（a）　　　　　　　　　　　　　　　（b）

图 1-18-48　不同"迭代"参数效果

4. 简单阻塞工具

"简单阻塞工具"特效与"遮罩阻塞工具"特效相似，只能作用于 Alpha 通道，参数如图 1-18-49 所示。

（1）"视图"：在右侧的下拉列表中可以选择显示图像的最终效果。

图 1-18-49　简单阻塞工具参数

- "最终输出"：表示以图像为最终输出效果。
- "遮罩"：表示以蒙版为最终输出效果。"最终输出"和"遮罩"效果如图 1-18-50 所示。

图 1-18-50　"最终输出"和"遮罩"效果

（2）"阻塞遮罩"：用于设置蒙版的阻塞程度。值为正时图像扩展，值为负时图像收缩。如图 1-18-51（a）、（b）所示为参数分别为 -20 和 15 时的效果。

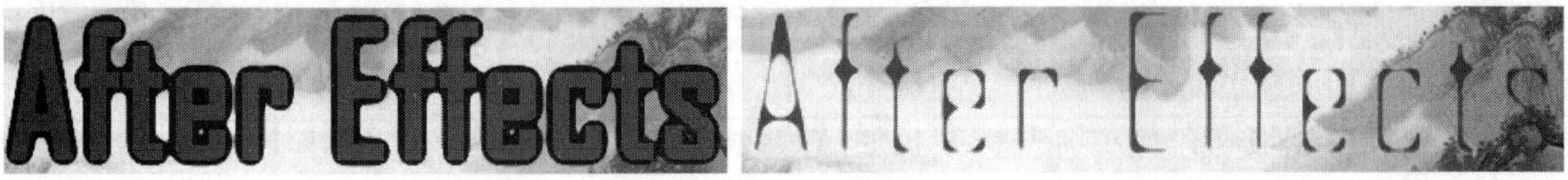

（a）　　　　　　　　　　　　　　　（b）

图 1-18-51　不同"阻塞遮罩"参数效果

5. mocha shape

"mocha shape"特效主要是为抠像层添加形状或颜色蒙版效果，以便对该蒙版做进一步动画抠像，参数如图 1-18-52 所示。"mocha shape"特效在菜单栏的"效果"→"Matte"菜单中，或"效果和预设"面板的"Matte"特效组里。

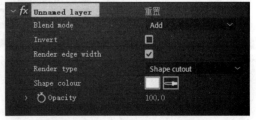

图 1-18-52　"mocha shape"参数

（1）"Blend mode"（混合模式）：用于设置抠像层的混合模式，包括"Add"（相加）、"Subtract"（相减）和"Multiply"（正片叠底）三种模式。

（2）"Invert"（反转）：选中该复选框，可以对抠像区域进行反转设置。

（3）"Render edge width"（渲染边缘宽度）：选中该复选框，可以对抠像边缘的宽度进行渲染。

（4）"Render type"（渲染类型）：用于设置抠像区域的渲染类型，包括"Shape cutout"（形状剪贴）、"Color composite"（颜色合成）和"Color shape cutout"（颜色形状剪贴）三种类型。

（5）"Shape colour"（形状颜色）：用于设置蒙版的颜色。

（6）"Opacity"（不透明度）：用于设置抠像区域的不透明度。

18.5 应用举例

视频
18.5 应用举例—
射箭动效1

视频
18.5 应用举例—
射箭动效2

【案例】通过形状图层设计靶和箭，并利用蒙版和关键帧制作靶出现和射箭动效，具体静态效果如图 1-18-53 所示。

【设计思路】利用形状图层设计靶和箭，利用蒙版和关键帧制作靶出现和射箭动效。

【设计目标】掌握形状图层、蒙版、关键帧等的应用和初步了解蒙版特效操作等的相关知识。

【操作步骤】

（1）新建项目，新建合成，宽度、高度为 1 920 像素 × 1 080 像素，方形像素，30 帧/s，白色背景，名为"射箭动效"。

（2）在时间轴面板中，右击，在弹出的快捷菜单中选择"新建"→"形状图层"命令，新建"形状图层 1"图层；展开属性面板，单击"添加"按钮，添加"椭圆"，再添加"填充"；展开"内容"→"椭圆路径 1"，设置大小为 50，"填充 1"下颜色为"红色"（#FF0000），如图 1-18-54 所示。

图 1-18-53 射箭动效

图 1-18-54 设置形状图层 1

（3）选择"形状图层 1"，按【Ctrl+D】组合键，复制"形状图层 1"为"形状图层 2"，并把新复制的图层调整到最下方，展开"内容"→"椭圆路径 1"，设置大小为 100，"填充 1"下颜色为"#32CBE2"，如图 1-18-55 所示。

（4）选择"形状图层 2"，按【Ctrl+D】组合键，复制"形状图层 2"为"形状图层 3"，并把新复制的图层调整到最下方，展开"内容"→"椭圆路径 1"，设置大小为 160，"填充 1"下颜色为"白色"（#FFFFFF），如图 1-18-56 所示。

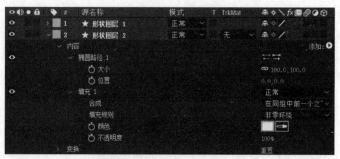

图 1-18-55 设置形状图层 2

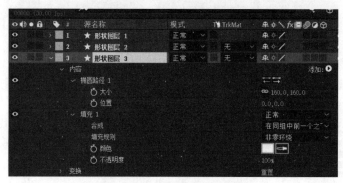

图 1-18-56 设置形状图层 3

（5）同样的方法，复制得到"形状图层 4"～"形状图层 10"，"大小"在原来的增量的基础上增加 10，"颜色"值"白色"和"#32CBE2"交替，见表 1-18-1，效果如图 1-18-57 所示。

表 1-18-1 各图层参数

图层	1	2	3	4	5	6	7	8	9	10
增量	0	50	60	70	80	90	100	110	120	130
大小	50	100	160	230	310	400	500	610	730	860
颜色	红色	#32CBE2	白色	#32CBE2	白色	#32CBE2	白色	#32CBE2	白色	#32CBE2

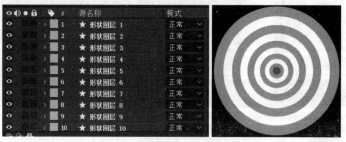

图 1-18-57 靶效果

（6）选择所有图层，按【Ctrl+Shift+C】组合键，预合成为"靶 1"；选择"靶 1"图层，按【S】键，展开"缩放"属性，将"时间指示器"定位到 0 帧处，单击"码表" 按钮添加关键帧；将"时间指示器"定位到 10 帧处，单击"添加 / 移除" 按钮添加关键帧，设置缩放比例为 110%；将"时间指示器"定位到 17 帧处，单击"添加 / 移除"按钮添加关键帧，设置缩放比例为 100%，如图 1-18-58 所示。

图 1-18-58 设置靶 1 缩放

（7）选择"靶 1"图层，按【Ctrl+Shift+C】组合键，再次预合成为"靶 2"；选择"靶 2"图层，选择"椭圆工具"，按住【Ctrl+Shift】组合键从圆心往外拉，绘制一个圆形的蒙版，适当调整位置，使蒙版遮住整个靶，如图 1-18-59 所示。

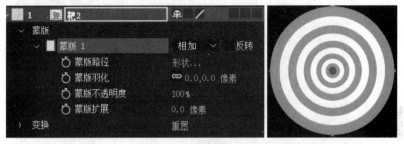

图 1-18-59 绘制靶 2 并遮住

（8）展开"蒙版 1"属性，将"时间指示器"定位到 0 帧处，给"蒙版扩展"属性添加关键帧，扩展 -430 像素；将"时间指示器"定位到 0 帧处，将"蒙版扩展"属性设置为 0 像素，如图 1-18-60 所示。

图 1-18-60 设置蒙版扩展

（9）将"时间指示器"定位到 5 帧处，展开"变换"属性，前面"靶 1"设置关键帧就在"缩放"属性里，选择 3 个关键帧，往后移 5 帧，使第 1 帧移到第 5 帧位置处，如图 1-18-61 所示。

图 1-18-61 移动关键帧

（10）选择"钢笔工具"，关闭填充颜色，设置描边颜色为"#E77721"，大小为15，从靶的中心往右侧绘制直线路径，如图1-18-62所示。

（11）再利用"钢笔工具"设置填充颜色，关闭描边，绘制箭羽的上半部分，选择此图层，按【Ctrl+D】组合键，复制一层，选择"图层"→"变换"→"垂直翻转"命令，翻转箭羽下半部分，利用"移动工具"调整下半部分箭羽位置，调整"现状图层1"到最上方，如图1-18-63所示。

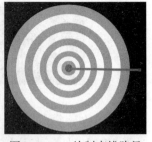

图1-18-62　绘制直线路径

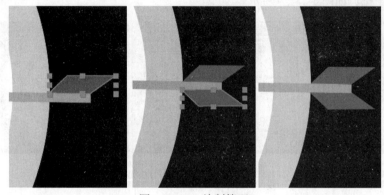

图1-18-63　绘制箭羽

（12）选择"形状图层1-3"，按【Ctrl+Shift+C】组合键，预合成为"箭"；选择"箭"图层，按【P】键，展开"位置"属性，将"时间指示器"定位到25帧处，"位置"属性添加关键帧，设置位置X坐标为1945；将"时间指示器"定位到30帧处，添加关键帧，设置位置X坐标为960，此时，5帧时箭从右侧射入，如图1-18-64所示。

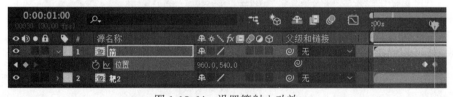

图1-18-64　设置箭射入动效

（13）选择"钢笔工具"，关闭填充颜色，设置描边颜色为"#808080"，大小为7，绘制一条中心往右下角的路径，如图1-18-65所示。

（14）在菜单栏中选择"效果"→"模糊和锐化"→"快速方框模糊"命令，添加"快速方框模糊"，在"效果控件"中设置模糊半径为5，如图1-18-66所示。

图1-18-65　绘制阴影路径

图1-18-66　添加快速方框模糊

（15）如图 1-18-67 所示，将"时间指示器"定位到 25 帧处，"形状图层 1"的"位置"属性添加关键帧，设置位置 X 坐标为 1 518、Y 坐标为 1 146；将"时间指示器"定位到 30 帧处，添加关键帧，设置位置 X 坐标为 960、Y 坐标为 540。

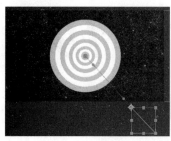

图 1-18-67　制作阴影动画

（16）选择"形状图层 1"，按【Ctrl+Shift+C】组合键，预合成为"阴影"；选择"阴影"图层，选择"钢笔工具"，绘制蒙版，使其遮住靶外的阴影，如图 1-18-68 所示。

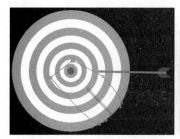

图 1-18-68　绘制蒙版

（17）开启"靶 2""箭"和"阴影"的"运动模糊"，也要开启总开关，将"时间指示器"定位到 35 帧处，按【N】键，裁剪工作区域，如图 1-18-69 所示。

图 1-18-69　运动模糊

第 19 章
颜色校正和抠像技术

🖋 学习目标

◎ 掌握常用色调处理的特效。

◎ 掌握常用色彩处理的特效。

◎ 熟练掌握抠像技术使用的相关特效。

✍ 学习重点

◎ 色调处理的特效。

◎ 色彩处理的特效。

◎ 背景颜色特效。

◎ 亮度颜色特效。

　　在影视制作中，图像处理时经常需要对图像颜色进行调整，色彩的调整主要是通过对图像的明暗、对比度、饱和度以及色相等的调整来达到改善图像质量的目的，以更好地控制影片的色彩信息，制作出更加理想的视频画面效果。本章主要讲解"亮度和对比度"特效、"曲线"特效、"色阶"特效、"色相/饱和度"特效、"颜色平衡"特效、"阴影/高光"特效的应用，以及抠像技术特效（"颜色键"特效、"颜色差值键"特效、"线性颜色键"特效、"内部/外部键"特效、"Keylight"特效）等的应用。通过本章的学习，可以掌握颜色校正和抠像技术操作方面的知识，为深入学习 After Effects 奠定基础。

19.1　颜色校正特效

　　在 After Effects 的"颜色校正"中包含 34 种特效，包括了最强大的图像效果修正特效，通过版本的不断升级，其中的一些特效在很大程度上得到了完善，从而为用户提供了很好的工作平台。

　　选择"颜色校正"特效有以下两种方法：

　　（1）选择"效果"→"颜色校正"命令，在弹出的子菜单中选择相应的特效。

　　（2）在"效果和预设"面板中单击"颜色校正"左侧的下三角按钮，在打开的菜单中选择相应的特效即可。

19.1.1　逆光修复

在逆光环境下拍摄的视频，其色彩或亮度可能会曝光不充分。为尽可能还原视频原来的色彩信息，可以通过"曲线""色阶""亮度和对比度"等特效来对视频的色彩进行修复。

1. 亮度和对比度

"亮度和对比度"特效可调整整个图层（不是单个通道）的亮度和对比度。默认值 0.0 表示没有做出任何更改，使用亮度和对比度特效是调整图像色调范围的最简单的方式，此方式可一次调整图像中的所有像素值（高光、阴影和中间调）。此特效适用于 8-bpc（颜色深度 bits per channel）、16-bpc 和 32-bpc 颜色，"亮度与对比度"特效使用 GPU 加速来实现更快的渲染。

打开"亮度和对比度"特效，该特效的参数设置如图 1-19-1 所示；应用该特效前后的效果如图 1-19-2 所示。

图 1-19-1　亮度和对比度参数

图1-19-2
彩图

图 1-19-2　"亮度和对比度"效果

（1）亮度：该选项用于调整图像的亮度。

（2）对比度：该选项用于调整图像的对比度。

2. 曝光度

使用"曝光度"特效可对素材进行色调调整，一次可调整一个通道，也可调整所有通道。曝光度特效可模拟修改捕获图像的摄像机的曝光设置（以 f-stops 为单位）的结果。曝光度特效的工作方式是：在线性颜色空间而不是项目的当前颜色空间中执行计算。虽然曝光度特效适合对 32-bpc 颜色的高动态范围（HDR）图像执行色调调整，但可以对 8-bpc 和 16-bpc 图像使用此效果。参数如图 1-19-3 所示。

（1）通道：用户可以在其右侧的下拉列表中选择要曝光的通道，其中包括"主要通道"和"单个通道"两种。"主要通道"：同时调整所有通道。"单个通道"：单独调整通道。

（2）主：该选项主要调整整个图像的色彩。

- 曝光度：模拟捕获图像的摄像机的曝光设置，将所有光照强度值增加一个常量。曝光度以 f-stops 为单位。

- 偏移：通过对高光所做的最小更改使阴影和中间调变暗或变亮。
- 灰度系数校正：用于为图像添加更多功率曲线调整的灰度系数校正量。值越高，图像越亮；值越低，图像越暗。负值会被视为它们的相应正值（也就是说，这些值仍然保持为负，但仍然会被调整，就像它们是正值一样）。默认值为 1.0，相当于没有任何调整。

（3）红色 / 绿色 / 蓝色：设置每个 RGB 色彩通道的曝光、偏移和灰度系数校正。

（4）不使用线性光转换：选择此选项可将曝光度特效应用到原始像素值。如果使用颜色配置文件转换器特效手动管理颜色，则此选项很有用。

3. 曲线

"曲线"特效可调整图像的色调范围和色调响应曲线。色阶特效也可调整色调响应，但曲线特效增强了控制力。使用色阶特效时，只能使用三个控件（高光、阴影和中间调）进行调整。使用曲线特效时，可以使用通过 256 点定义的曲线，将输入值任意映射到输出值。参数如图 1-19-4 所示。

图 1-19-3　"曝光度"参数

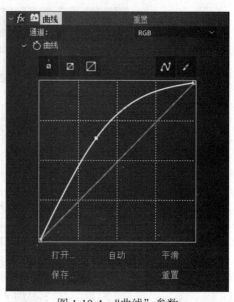

图 1-19-4　"曲线"参数

（1）通道：用户可以在其右侧的下拉列表中选择调整图像的颜色通道，可选择 RGB 命令，对图像的 RGB 通道进行调节，也可分别选择红、绿、蓝和 Alpha，对这些通道分别进行调节。

（2）曲线■：选中该工具然后单击曲线，可以在曲线上增加控制点。如果要删除控制点，在曲线上选中要删除的控制点，将其拖动至坐标区域外即可。按住鼠标左键拖动控制点，可对曲线进行编辑。

（3）铅笔■：使用该工具可以在左侧的控制区内单击拖动，绘制一条曲线来控制图像的亮区和暗区分布效果。

（4）打开：单击该按钮可以打开存储的曲线文件。用户可以根据打开的曲线文件控制图像。

（5）保存：该按钮用于对调节好的曲线进行存储，方便再次使用。存储格式为 ACV。

（6）平滑：单击该按钮可以将所设置的曲线转为平滑的曲线。

（7）重置：单击该按钮可以将曲线恢复为初始的直线效果。

（8）自动：单击该按钮系统将自动调整图像的色调和明暗度。

此特效适用于 8-bpc、16-bpc 和 32-bpc 颜色。在应用曲线特效时，After Effects 会在"效果控件"面板中显示一个图表，用于指定曲线。图表的水平轴代表像素的原始亮度值（输入色阶）；垂直轴代表新的亮度值（输出色阶）。在默认对角线中，所有像素的输入和输出值均相同。曲线将显示 0 ～ 255 范围（8 位）中的亮度值或 0 ～ 32 768 范围（16 位）中的亮度值，并在左侧显示阴影（0）。

4. 色调

"色调"特效可对图层着色，具体方法是将每个像素的颜色值替换为"将黑色映射"和"将白色映射"指定的颜色之间的值，为明亮度值在黑白之间的像素分配中间值。"着色数量"指定效果的强度。此特效经过 GPU 加速，可实现更快的渲染。单击"交换颜色"按钮，可切换"将黑色映射"和"将白色映射"参数的颜色值，如图 1-19-5 所示。对于更复杂的着色，请使用色光特效。此特效适用于 8-bpc、16-bpc 和 32-bpc 颜色。

图 1-19-5　"色调"效果

（1）将黑色映射：该选项用于设置图像中黑色和灰色映射的颜色。

（2）将白色映射：该选项用于设置图像中白色映射的颜色。

（3）着色数量：该选项用于设置色调映射时的映射程度。

5. 色阶

"色阶"特效可将输入颜色或 Alpha 通道色阶的范围重新映射到输出色阶的新范围，并由灰度系数值确定值的分布。此特效的作用与 Photoshop 的"色阶"调整很相似。"色阶"特效用于调整图像的阴影、中间调和高光的强度级别，从而校正图像的色调范围和色彩范围，如图 1-19-6 所示。此特效使用 GPU 加速以实现更快的渲染。色阶特效适用于 8-bpc、16-bpc 和 32-bpc 颜色。

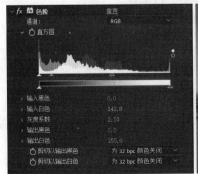

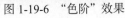

图 1-19-6　"色阶"效果

（1）通道：利用该下拉列表，可以在整个颜色范围内对图像进行色调调整，也可以单独编辑特定颜色的色调。

（2）直方图：该选项用于显示图像中像素的分布情况。

（3）输入黑色：用于设置输入图像中暗区的阈值，输入的数值将应用到图像的暗区。

（4）输入白色：用于设置输入图像中白色的阈值。由直方图中右边的白色小角控制。

（5）灰度系数：该选项用于设置输出的中间色调。

（6）输出黑色：设置输出图像中黑色的阈值。由直方图下灰阶条中左边的黑色小三角控制。

（7）输出白色：设置输出图像中白色的阈值。由直方图下灰阶条中右边的白色小三角控制。

（8）剪切以输出黑色：该选项主要用于设置修剪暗区输出的状态。

（9）剪切以输出白色：该选项主要用于设置修剪亮区输出的状态。

19.1.2　色彩修饰

当所拍摄的视频出现偏色或色彩效果不理想时，可以使用 After Effects 软件对其进行调色。调色可以运用"色相/饱和度"特效来调整视频的色彩细节；使用"颜色平衡"特效调整视频的色彩基调，从而制作出合适风格的色调效果。

1. 色相/饱和度

"色相/饱和度"特效可调整图像单个颜色分量的色相、饱和度和亮度。此特效基于色轮，调整色相或颜色表示围绕色轮转动，调整饱和度或颜色的纯度表示跨色轮半径移动；使用"着色"控件可将颜色添加到转换为 RGB 图像的灰度图像，或将颜色添加到 RGB 图像。参数如图 1-19-7 所示。此特效适用于 8-bpc、16-bpc 和 32-bpc 颜色。

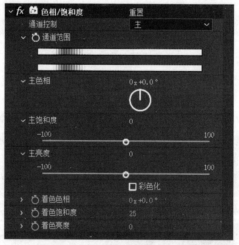

图 1-19-7　"色相/饱和度"参数

（1）通道控制：用于设置颜色通道。如果设置为"主"，将对所有颜色应用效果；选择其他选项，则对相应的颜色应用效果。

（2）通道范围：控制所调节的颜色通道的范围。两个色条表示其在色轮上的顺序，上面的色条表示调节前的颜色，下面的色条表示在全饱和度下调整后的效果。当对单独的通道进行调节时，下面的色条会显示控制滑杆。拖动竖条调节颜色范围；拖动三角，调整羽化量。

（3）主色相：控制所调节的颜色通道的色调，利用颜色控制轮盘改变总的色调。设置该参数前后的效果如图 1-19-8 所示。

图 1-19-8　"主色相"效果

（4）主饱和度：用于控制所调节的颜色通道的饱和度。设置该参数前后的效果如图 1-19-9
所示。

图 1-19-9　"主饱和度"效果

（5）主亮度：控制所调节的颜色通道的亮度。调整该参数前后的效果如图 1-19-10 所示。

图 1-19-10　"主亮度"效果

（6）彩色化：选中该复选框，图像将被转换为单色色调效果。选中该选项前后的效果如
图 1-19-11 所示。

图 1-19-11　"彩色化"效果

（7）着色色相：设置彩色化图像后的着色色相。调整该参数前后的效果如图 1-19-12 所示。

图 1-19-12　"着色色相"效果

（8）着色饱和度：设置彩色化图像后的着色饱和度。调整该参数前后的效果如图 1-19-13 所示。

图 1-19-13　"着色饱和度"效果

（9）着色亮度：设置彩色化图像后的着色亮度。

2. 颜色平衡

"颜色平衡"特效可更改图像阴影、中间调和高光中的红色、绿色和蓝色数量。参数如图 1-19-14 所示。"保持发光度"用于在更改颜色时，保持图像的平均亮度。此控件可保持图像的色调平衡。此效果适用于 8-bpc 和 16-bpc 颜色。

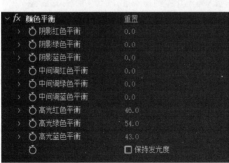

图 1-19-14　"高光"效果

（1）阴影红色 / 绿色 / 蓝色平衡：分别设置阴影区域中红、绿、蓝的色彩平衡程度，其值的范围为 -100 ～ 100。

（2）中间调红色 / 绿色 / 蓝色平衡：该选项主要用于调整中间区域的色彩平衡程度。

（3）高光红色 / 绿色 / 蓝色平衡：该选项主要用于调整高光区域的色彩平衡程度。

3. 阴影 / 高光

"阴影 / 高光"特效可使图像的阴影主体变亮，并减少图像的高光。此效果不能使整个图像变暗或变亮；可根据周围的像素单独调整阴影和高光；还可以调整图像的整体对比度。默认设置适用于修复有逆光问题的图像。参数如图 1-19-15 所示。此效果适用于 8-bpc 和 16-bpc 颜色。

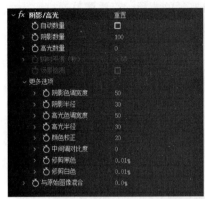

图1-19-15
彩图

图 1-19-15　"阴影 / 高光"效果

（1）自动数量：选中该复选框，系统将自动对图像进行阴影和高光的调整。选中该复选框后，"阴影数量"和"高光数量"选项将不能使用。

（2）阴影数量：该选项用于调整图像的阴影数量。

（3）高光数量：该选项用于调整图像的高光数量。

（4）瞬时平滑（秒）：用于调整时间轴向滤波。

（5）场景检测：选中该复选框，则设置场景检测。

（6）更多选项：在该参数项下可进一步设置特效的参数。

（7）与原始图像混合：设置效果图像与原图像的混合程度。

展开"更多选项"类别以显示以下控件：

（1）阴影 / 高光色调宽度：阴影和高光中可调整色调的范围。较低的值可将可调整范围分别限制为仅最暗和最亮的区域，较高的值可扩展可调整范围。这些控件对隔离要调整的区域很有用。例如，要使暗区变亮而不影响中间调，请设置较低的"阴影色调宽度"值，以便在调整"阴影数量"时，仅使图像最暗的区域变亮。为给定图像指定过大的值，可能会将特别暗的区域周围的光环引入亮区边缘。默认设置尝试减少这些人为标记。如果"阴影数量"或"高光数量"值过大，则可能出现这些光环；降低这些值也可减少光环。

（2）阴影 / 高光半径：此效果用来确定像素是位于阴影还是高光中的像素周围的区域的半径（以像素为单位）。通常，此值应大致等于图像中关注的主体的大小。

（3）颜色校正：此效果应用到调整的阴影和高光的颜色校正的数量。例如，如果增加"阴影数量"值，则显示原始图像中较暗的颜色；可能希望这些颜色更鲜艳。"颜色校正"值越高，这些颜色越饱和。对阴影和高光做出的校正越多，可用的颜色校正的范围越大。注意，如果希望在整个图像上更改颜色，请在应用阴影 / 高光效果之后使用色相 / 饱和度效果。

（4）中间调对比度：此效果应用到中间调的对比度的数量。较高的值仅增加中间调的对比度，同时使阴影变暗，使高光变亮。负值会减少对比度。

（5）修剪黑色 / 白色：在图像中将阴影和高光修剪为新的极端阴影和高光颜色。如果设置的修剪值过高，则会减少阴影或高光中的细节。建议使用 0.0% ～ 1% 范围中的值。默认情况下，将阴影和高光像素修剪到 0.1%，即在确定图像中最暗和最亮的像素时，忽略任一极端的第一个 0.1%，然后将最暗和最亮的像素映射到输出黑色和输出白色。此方法可确保输入黑色值和输入白色值基于代表像素值，而不是极端像素值。

4. 照片滤镜

"照片滤镜"特效可模拟以下技术：在摄像机镜头前面加彩色滤镜，以便调整通过镜头传输的光的颜色平衡和色温；使胶片曝光。可以选择颜色预设将色相调整应用到图像，也可以使用拾色器或吸管指定自定义颜色。参数如图 1-19-16 所示。

图1-19-16
彩图

图 1-19-16 "照片滤镜"效果

（1）滤镜：用户可以在其右侧的下拉列表中选择一个滤镜。

（2）颜色：当将"滤镜"设置为"自定义"时，用户可单击该选项右侧的颜色块，在打开的"拾色器"中设置自定义的滤镜颜色。

（3）密度：用来设置滤光镜的滤光浓度。该值越高，颜色的调整幅度就越大。

（4）保持发光度：选中该复选框，将对图像中的亮度进行保护，可在添加颜色的同时保持原图像的明暗关系。

 # 19.2 抠像技术

键控是影视制作领域广泛采用的一种抠像技术，能有效地抠除素材中蓝色或绿色的信息，实现各种场景的合成。所以，在拍摄影片时，为了方便后期抠除背景，演员往往会在蓝色或绿色的背景前表演，运用键控技术来抠除背景，再根据具体需求进行合成，制作出美轮美奂的场景特效。

19.2.1 背景颜色键控

一般情况下选择蓝色或绿色背景进行前期拍摄，将拍摄后的素材使用抠像技术使背景颜色透明，就可以与计算机制作的场景或其他场景素材进行叠加合成。之所以使用蓝色或绿色是因为人的身体不含这两种颜色。欧美多用绿屏，而亚洲多用蓝屏，因为肤色条件不同，例如日耳曼民族眼睛多蓝色，自然不能用蓝屏抠像。

要进行抠像合成至少需要两个图层：抠像图层和背景图层，且抠像图层在背景图层之上。这样在为目标图层设置抠像效果后，可以透出其下的背景图层。选中抠像素材后，选择"效果"→"抠像"命令，在弹出的下拉列表中选择所需的抠像效果，不同的抠像方式适合不同的素材。

1. 颜色键

"颜色键"特效是根据画面中所提供的色彩信息，键出与键控相近的颜色，通常采取绿屏或蓝屏抠像方式，将图层中的某些部分变成透明或半透明的状态，使其融合至新的场景中。在菜单栏中选择"效果"→"过时"→"颜色键"命令，即可对需要的图层添加"颜色键"特效，如图 1-19-17 所示。

图 1-19-17　颜色键效果

（1）主色：指素材中的主体颜色。选中"主色"右边的吸管工具，吸取视频中所需抠除色即可。

（2）颜色容差：调整被抠除颜色的色值范围，该值越大，被抠除的颜色范围就越大。

（3）薄化边缘：指素材的边缘厚度。该值越大，抠除的边缘厚度就越大。

（4）羽化边缘：指柔化素材边缘。该值越大，边缘越柔和，同背景的融合就越自然，但渲染时间越长。

After Effects 中内置的抠色效果对于某些用途来说会非常有用，颜色范围效果可创建透明度，具体方法是在 Lab、YUV 或 RGB 颜色空间中抠出指定的颜色范围。您可以在包含多种颜色的屏幕上，或在亮度不均匀且包含同一颜色的不同阴影的蓝屏或绿屏上，使用此抠像。

2. 颜色差值键

"颜色差值键"特效通过两个不同的颜色对图像进行抠像，形成两个蒙版：蒙版 A 和蒙版 B，其中蒙版 A 使指定抠像色之外的其他颜色区域透明，蒙版 B 使指定的抠像颜色区域透明，将两个蒙版透明区域进行组合，得到第 3 个蒙版透明区域，也就是最终起抠像作用的 Alpha 蒙版，如图 1-19-18 所示。这种抠像方式特别适合包含透明或半透明区域的图像，可以较好地还原均匀蓝底或绿底上的烟雾、阴影、玻璃等半透明物体。

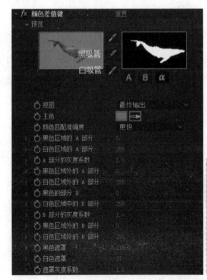 

图 1-19-18　颜色差值键效果

（1）预览：是指预览视频或素材效果。"预览"包括素材视图和遮罩视图两种显示方式，其中遮罩视图用于预览调整后的视频效果，在遮罩视图下分别有"A""B"和"a"三种预览方式。

（2）键控吸管：可以用来吸取源素材视图中的键控色。"吸管"![](用来吸取图形上抠像色；"黑吸管"![](用来吸取遮罩视图中透明区域的颜色；"白吸管"![](用来吸取遮罩视图中不透明区域的颜色。

（3）![](：图像的不同预览效果，与参数区中的选项相对应。参数中带有字母 A 的选项对应于![](预览效果；参数中带有字母 B 的选项对应于![](预览效果；参数中带有单词 Matte 的选项对应![](预览效果。通过切换不同的预览效果并修改相应的参数，可以更好地控制图像的抠像。

（4）视图：指定在合成图像窗口中显示的图像视图，可显示蒙版或显示抠像效果。

（5）主色：指素材中的主体颜色。选择"主色"右边的吸管工具，吸取视频中所需抠除的颜色，即可去除不需要的色彩信息。

（6）颜色匹配准确度：用于设置颜色匹配的精度，其中"更快"表示匹配的精度低；"更准确"表示匹配的精度高。

（7）黑色区域的 A 部分：设置 A 遮罩的非溢出黑平衡。

（8）白色区域的 A 部分：设置 A 遮罩的非溢出白平衡。

（9）A 部分的灰度系数：设置 A 遮罩的伽马校正值。

（10）黑色区域外的 A 部分：设置 A 遮罩的溢出黑平衡。

（11）白色区域外的 A 部分：设置 A 遮罩的溢出白平衡。

（12）黑色的部分 B：设置 B 遮罩的非溢出黑平衡。

（13）白色区域中的 B 部分：设置 B 遮罩的非溢出白平衡。

（14）B 部分的灰度系数：设置 B 遮罩的伽马校正值。

（15）黑色区域外的 B 部分：设置 B 遮罩的溢出黑平衡。

（16）白色区域外的 B 部分：设置 B 遮罩的溢出白平衡。

（17）黑色遮罩：设置 Alpha 遮罩的非溢出黑平衡。

（18）白色遮罩：设置 Alpha 遮罩的非溢出白平衡。

（19）遮罩灰度系数：设置 Alpha 遮罩的伽马校正值。

3. 线性颜色键

"线性颜色键"特效通过指定"使用 RGB""使用色相"或"使用色度"的信息对像素进行键出抠像。也可以使用该效果保留前边使用其他抠像变为透明的颜色。例如，键出背景时，对象身上与背景相似的颜色也被键出，可以应用该效果，返回对象身体上被键出的相似颜色，如图 1-19-19 所示。

图1-19-19
彩图

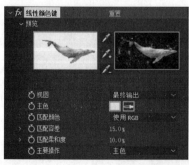

图 1-19-19 "线性颜色键"效果

（1）匹配颜色：用于实现源视图素材与调整后的视图素材的对比预览，其中有"使用

RGB""使用色相""使用色度"3 种对比模式。"使用 RGB"是以红、绿、蓝为基准的键控色;"使用色调"基于对象发射或反射的颜色为键控色,以标准色轮廓的位置进行计量;"使用色度"的键控色基于颜色的色调和饱和度。

(2)匹配容差:用于控制视频素材被抠除的区域大小,若"匹配容差"值增大,则抠除的区域也会随之增大。

(3)匹配柔和度:用于调节透明区域与不透明区域之间的柔和度。

(4)主要操作:该选项用于设置键控色是键出还是保留原色。

4.　颜色范围

"颜色范围"特效通过在 Lab、YUV 或 RGB 等不同的颜色空间中,定义键出的颜色范围,实现抠像效果。常用于前景对象与抠像背景颜色分量相差较大且背景颜色不单一的情况,如图 1-19-20 所示。

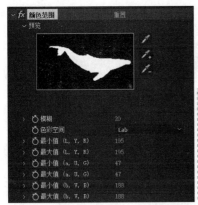

图 1-19-20　"颜色范围"效果

(1)　:从合成窗口中选取键出色。

(2)　:增加键出颜色范围。

(3)　:减小键出颜色范围。

(4)模糊:对边界进行柔化模糊处理。

(5)色彩空间:指定色彩空间模式。

(6)最小值 / 最大值:精确设置颜色范围的起始和结束,其中 L、Y、R 控制指定颜色空间的第 1 个分量;a、U、G 控制指定颜色空间的第 2 个分量;b、V、B 控制指定顺色空间的第 3 个分量;最小值控制颜色范围的开始,最大值控制颜色范围的结束。

5.　差值遮罩

"差值遮罩"特效通过源图层与对比图层进行比较后,将源图层和对比图层中相同颜色区域键出,实现抠像处理,如图 1-19-21 所示在鲸鱼下方建一个蓝色的纯色层差值遮罩后的效果。

图 1-19-21　"差值遮罩"效果

（1）视图：设置不同的图像视图。

（2）差值图层：指定与效果图层进行比较的差异图层。

（3）如果图层大小不同：如果差异图层与效果图层大小不同，可以选择居中对齐或拉伸差异图层。

（4）匹配容差：设置颜色对比的范围大小。值越大，包含的颜色信息量越多。

（5）匹配柔和度：设置颜色的柔和程度。

（6）差值前模糊：可以在对比前将两个图像进行模糊处理。

6. 提取

"提取"特效通过指定一个亮度范围来进行抠像，键出图像中所有与指定键出亮度相近的像素，产生透明区域。该效果常用于前景对象与背景明暗对比非常强烈的情况下，如图 1-19-22 所示。

图1-19-22
彩图

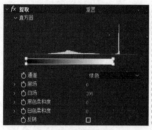

图 1-19-22 "提取"效果

（1）通道：选择要提取的颜色通道，以制作透明效果。

（2）黑场：设置黑场的范围，小于该值的黑色区域将变透明。

（3）白场：设置白场的范围，大于该值的白色区域将变透明。

（4）黑色柔和度：设置黑色区域的柔化程度。

（5）白色柔和度：设置白色区域的柔化程度。

（6）反转：反转上面参数设置的颜色提取区域。

19.2.2 亮度颜色键控

亮度颜色键控的原理是通过层遮罩来确定要抠除的区域，再使用内外两个遮罩进行混合，从而实现素材背景的抠除，它主要应用于处理带有毛发的素材。

1. 亮度键

"亮度键"特效主要是利用图像中像素的不同亮度来进行抠图，主要用于明暗对比度比较大但色相变化不大的图像。在菜单栏中选择"效果"→"过时"→"亮度键"命令，即可对需要的图层添加"亮度键"特效，如图 1-19-23 所示。

（1）键控类型：该选项用于指定亮度键类型。

- 抠出较亮区域：使比指定亮度值亮的像素透明。
- 抠出较暗区域：使比指定亮度值暗的像素透明。
- 抠出相似区域：使亮度值宽容度范围内的像素透明。
- 抠出非相似区域：使亮度值宽容度范围外的像素透明。

（2）阈值：指定键出的亮度值。

（3）容差：指定键出亮度的宽容度。

（4）薄化边缘：设置对键出区域边界的调整。

（5）羽化边缘：设置键出区域边界的羽化度。

2. 内部 / 外部键

"内部 / 外部键"特效可以通过指定的蒙版来定义内边缘和外边缘，根据内外蒙版进行图像差异比较，得出透明效果，如图 1-19-24 所示。

图 1-19-23　"亮度键"效果

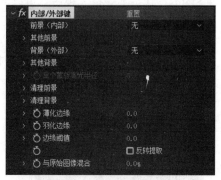

图 1-19-24　"内部 / 外部键"效果

（1）前景（内部）：为效果图层指定内边缘蒙版。

（2）其他前景：可以为效果图层指定更多的内边缘蒙版。

（3）背景（外部）：为效果图层指定外边缘蒙版。

（4）其他背景：可以为效果图层指定更多的外边缘蒙版。

（5）单个蒙版高光半径：当使用单一蒙版时，修改该参数可以扩展蒙版的范围。

（6）清理前景：该选项组可用于指定蒙版来清除前景颜色。

（7）清理背景：该选项组可用于指定蒙版来清除背景颜色。

（8）薄化边缘：设置边缘的粗细。

（9）羽化边缘：设置边缘的羽化程度。

（10）边缘阈值：设置边缘颜色阈值。

（11）反转提取：选中该复选框，将设置的提取范围进行反转操作。

（12）与原始图像混合：设置效果图像与原图像间的混合比例，值越大越接近原图。

3. Keylight

"Keylight"特效是一种使用效率极高的抠像技术，可以对抠除的素材进行精确控制（指定颜色），并且将残留在蓝屏或绿屏上的色彩反光替换为新的背景环境光。"Keylight"特效可以处理一些比较复杂的场景，如玻璃的反射、半透明的流水等。在菜单栏中选择"效果"→"Keying"→"Keylight（1.2）"命令，即可对需要的图层添加"Keylight"特效，如图 1-19-25 所示。

（1）View（视图）：用户可以在其右侧的下拉列表中选择不同的视图，默认为"Final Result"，另外"Screen Matte" "Status"也是比较常用的视图。

- Source（源）：显示素材画面。
- Source Alpha（源 Alpha 通道）：显示素材的 Alpha 通道。
- Corrected Source（校正后的源）：显示抠像后的源素材，被抠除的部分显示为黑色。
- Colour Correction Edges（边缘校正颜色）：常用于查看边缘。
- Screen Matte（屏幕遮罩）：Keylight 生成的遮罩。白色代表要保留的部分，黑色代表被抠除的部分，即透明区域，灰色代表半透明区域，即未抠干净的部分。

- Inside Mask（内部蒙版）：仅显示内部蒙版。
- Outside Mask（外部蒙版）：仅显示外部蒙版。
- Combined Matte（结合遮罩）显示"Screen Matte"与"Inside Mask""Outside Mask"以及素材的 Alpha 通道等复合而成的遮罩。
- Status（状态）：扩大视图。可以清晰地显示存在的小问题，比如前景中的较小的透明区域。要注意的是，灰色的部分并不意味着最终效果也很差。
- Intermediate Result（中间结果）：显示非预乘结果，常用于查看边缘杂色。
- Final Result（最终结果）：结合所有遮罩、蒙版、溢出及颜色校正后的预乘结果。

图1-19-25
彩图

图 1-19-25 "Keylight"效果

（2）Unpremultiply Result（非预乘结果）：默认勾选。非预乘，也称直接通道，透明度信息仅存储在 Alpha 通道中。预乘，透明度信息存储在 Alpha 通道以及带有背景色（通常为黑色或白色）的可见 RGB 通道中。这样，半透明区域（如羽化边缘）的颜色将依照其透明度比例转向背景色。

（3）Screen Color（屏幕颜色）：该选项用于设置要抠除的颜色。

（4）Screen Gain（屏幕增益）：该选项用于设置屏幕颜色的饱和度。

（5）Screen Balance（屏幕平衡）：该选项用于设置屏幕色彩的平衡。

（6）Despill Bias（消除溢出偏移）：恢复过多抠除区域的颜色，建议保持默认状态。

（7）Alpha Bias（Alpha 溢出偏移）：恢复过多抠除 Alpha 部分的颜色，建议保持默认状态。一般情况与"Despill Bias"一起用于对图像边缘进行反溢出调整。

（8）Lock Bias Together（锁定所有偏移）：锁定"Despill Bias"和"Alpha Bias"。

（9）Screen pre-blur（屏幕预模糊）：在抠像前先进行模糊，以提高键控的柔和程度，比较适合有明显噪点的图像。

（10）Screen Mask（屏幕蒙版）：该选项用于调节图像黑白所占的比例及图像的柔和度。

（11）Inside Mask（内侧遮罩）：该选项用于为图像添加并设置抠像内侧的遮罩属性。

（12）Outside Mask（外侧遮罩）：该选项用于为图像添加并设置抠像外侧的遮罩属性。

视 频

例19.1 直升
飞机

（13）Foreground Colour Correction（前景色校正）：该选项用于设置蒙版影像的色彩属性。

（14）Edge Colour Correction（边缘色校正）：该选项用于校正特效的边缘色。

（15）Source Crops（来源）：该选项用于设置裁剪影像的属性类型及参数。

【例 19.1】利用"Keylight"特效抠出绿幕视频。

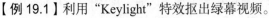

（1）新建项目，新建合成，宽度、高度为 1 920 像素 ×1 080 像素，方形像素，25 帧 /s，持续时间 5 s，黑色背景，名为"直升飞机"。

（2）在"项目"面板导入"广场 .jpg"和"直升机 .mp4"素材，并把它们拖动到时间轴上，"直升机 .mp4"在上方，如图 1-19-26 所示。

图 1-19-26　导入素材

（3）选择"直升机 .mp4"图层，在菜单栏中选择"效果"→"Keying"→"Keylight（1.2）"命令，添加"Keylight"特效，使用"Screen Colour"的吸管工具到"合成"面板中吸取绿色，其他参数默认，如图 1-19-27 所示。

图 1-19-27　添加"Keylight"特效

（4）选择"直升机 .mp4"图层，按【S】键，展开缩放属性，设置缩放值为 120%；按【Shift+P】组合键，再展开位置属性，设置位置坐标为（972，486），如图 1-19-28 所示。

图 1-19-28　调整大小和位置

19.3 应用举例

【案例】通过纯色层设计 3D 海平面效果，并采用颜色平衡、色阶、曲线、色调调整素材和水面效果，采用分形杂色、高斯模糊、置换图、动态拼贴等水波纹动效，具体静态效果如图 1-19-29 所示。

图 1-19-29　3D 海平面效果

【设计思路】利用分形杂色和高斯模糊制作海平面贴图，利用颜色平衡、色阶调整素材的色彩色调，利用摄像机确定观察角度，利用置换图制作水波，利用动态拼贴消除空洞，利用曲线、色调调整水面的色调。

【设计目标】通过本案例，掌握颜色平衡、色阶、曲线、色调等的应用和初步掌握摄像机、分形杂色、高斯模糊、置换图、动态拼贴等特效操作的相关知识。

【操作步骤】

（1）新建项目，新建合成，宽度、高度为 1 920 像素 ×1 080 像素，方形像素，30 帧 /s，持续时间 10 s，黑色背景，名为"3D 海平面效果"。

（2）新建一个黑色的纯色层，宽度、高度为 3 840 像素 ×3 840 像素，名为分形杂色；在菜单栏中选择"效果"→"杂色和颗粒"→"分形杂色"命令，添加分形杂色；选择"效果"→"模糊和锐化"→"高斯模糊"命令，添加高斯模糊，在"效果控件"中设置模糊度为 25，如图 1-19-30 所示。

图 1-19-30　添加杂色和模糊

（3）在时间轴面板中选择"分形杂色"图层，并打开该图层的 3D 开关 ；按【R】键展开旋转属性，设置 X 轴旋转 90°，并在"合成"面板中向下拖动 Y 轴到舞台的边缘，使杂色效果占据舞台下半部分，如图 1-19-31 所示。

（4）在"项目"面板中导入"天空 .jpg"素材，拓展该素材到时间轴面板"分形杂色"图层的上方，重命名为"天空"；在菜单栏中选择"效果"→"颜色校正"→"颜色平衡"命令，添加颜色平衡，设置阴影红色平衡为 51、中间调红色平衡为 -2、高光红色平衡为 -47；选择"效果"→"颜色校正"→"色阶"命令，添加色阶，设置输入黑色为 116、输出白色为 236；这两个颜色校正能使图像色彩色调更加清晰，如图 1-19-32 所示。

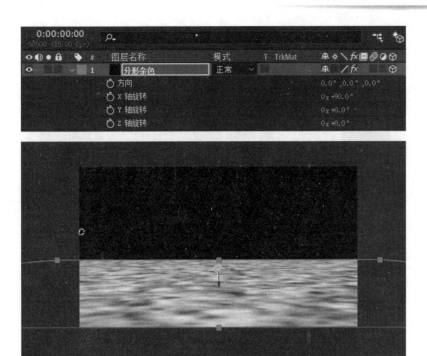

图 1-19-31　杂色 3D 效果

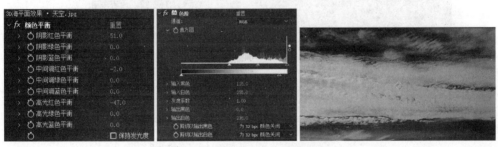

图 1-19-32　调色天空

图1-19-32
彩图

（5）选择"天空"图层，打开 3D 开关；按【P】键展开位置属性，修改 Z 轴坐标为 2 688；如图 1-19-33 所示。

图 1-19-33　导入素材

图1-19-33
彩图

（6）在"合成"窗口中，将"3D 视图弹出式菜单"切换为"顶部"视图，缩小显示比例，并调整"天空"图层到"分形杂色"的边缘，如图 1-19-34 所示；切换回"活动摄像机"视图。新建摄像机 1，选择预设为 35 mm，如图 1-19-35 所示。

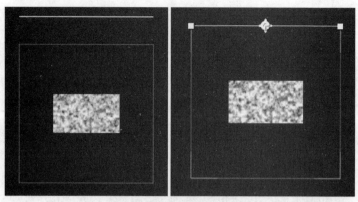

图 1-19-34   调整两图层位置

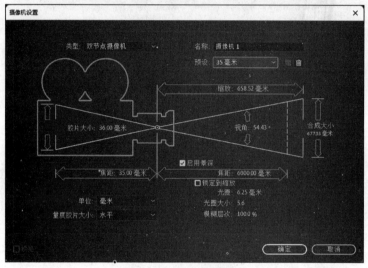

图 1-19-35   新建摄像机

（7）选择"天空"图层，按【P】键展开位置属性，设置 Y 轴坐标为 -389，此参数值工具实际情况调整，目的"天空"图层的下边沿和"分形杂色"图层的上边沿对齐，无缝衔接，可以利用选取工具和方向键配合调整，如图 1-19-36 所示。

图1-19-36
彩图

图 1-19-36   调整图层位置

（8）选择"天空"图层，按【Ctrl+D】组合键，复制一层，重命名为"倒影"，并移至"天空"图层下方；隐藏 "分形杂色"图层，选择"倒影"图层，按【R】键，展开旋转属性，设置 X 轴旋转 180°，并在"合成"面板向下移动 Y 坐标 1 770.5（按【Shift+P】组合键，再展开位置属性），如图 1-19-37 所示。

图 1-19-37　调整倒影

（9）选择"分形杂色"图层，取消隐藏，在图层名称处右击，在弹出的快捷菜单中选择"预合成"命令，设置名称为"海平面贴图"，选中"将所有属性移动到新合成"单选按钮下方的"将合成持续时间调整为所选图层的时间范围"复选框，如图 1-19-38 所示；隐藏"海平面贴图"图层。

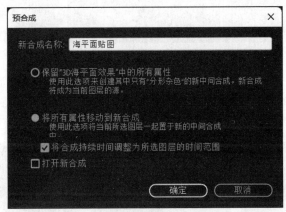

图 1-19-38　"预合成"对话框

（10）在"天空"图层上方新建一个调整图层命名为"置换"，选择"置换"图层，在菜单栏中选择"效果"→"扭曲"→"置换图"命令，在"效果控件"面板中，设置置换图层为海平面贴图、最大水平置换为 50、最大垂直置换为 170，如图 1-19-39 所示。

图 1-19-39　设置置换图

（11）在时间轴面板中设置"倒影"图层的父级和链接为"天空"；把"置换"图层调整到"天空"图层下方，如图 1-19-40 所示。

图 1-19-40 设置链接

（12）选择"倒影"图层，在菜单栏中选择"效果"→"风格化"→"动态拼贴"命令，在"效果控件"面板中，设置输出高度为 150、复选镜像边缘，此设置可消除天空和倒影之间的空洞，如图 1-19-41 所示。

图 1-19-41 设置动态拼贴

（13）适当放大一点"天空"图层和"倒影"图层，消除左右的空洞，控制"天空"图层的缩放比例为 110% 左右即可；单击"海平面贴图"图层的"对于合成图层：折叠变换"██按钮，如图 1-19-42 所示。

图 1-19-42 折叠合成

（14）双击"海平面贴图"图层，打开"海平面贴图"时间轴，选择"分形杂色"图层，将"时间指示器"定位到 0 s 处，在"效果控件"面板中"分形杂色"下的"演化"单击"码表"██按钮，添加关键帧；将"时间指示器"定位到 10 s 处，修改演化为 $4_x+0.0°$，即添加关键帧 10 s 时转 4 圈，设置水波动画，选中"演化选项"选项组中的"循环演化"复选框，如图 1-19-43 所示。

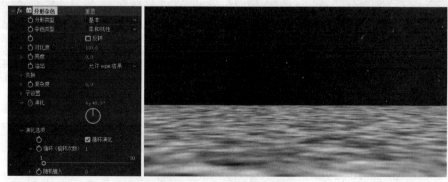

图 1-19-43 设置水波动画

（15）回到"3D 海平面效果"合成，选择"倒影"图层，在菜单栏中选择"效果"→"颜色校正"→"曲线"命令，在"效果控件"面板中调整曲线，压低一点倒影的亮度，如图 1-19-44 所示。

图1-19-44
彩图

图 1-19-44　设置曲线

（16）在菜单栏中选择"效果"→"颜色校正"→"色调"命令，在"效果控件"面板中，调整色调中"着色数量"为 35%，压低一点倒影的色调，如图 1-19-45 所示。

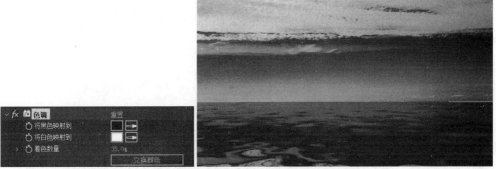

图1-19-45
彩图

图 1-19-45　设置色调

（17）展开"摄像机 1"变换属性，将"时间指示器"定位到 0 s 处，给"目标"和"位置"添加关键帧；将"时间指示器"定位到 10 s 处，给"目标"和"位置"也添加关键帧；在两处关键帧处，可以用"统一摄像机工具""跟踪 XY 摄像机工具""跟踪 Z 摄像机工具"分别调整两个关键帧的大小、位置，如图 1-19-46 所示 0 s 处和 10 s 处的关键帧数值。

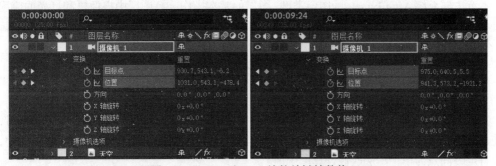

图 1-19-46　0 s 和 10 s 处的关键帧数值

第 20 章

表达式

📖 **学习目标**

◎ 了解图层基础知识。

◎ 掌握图层的编辑、管理、模式的操作。

◎ 熟练掌握 3D 图层及其摄像机、灯光的使用。

✏️ **学习重点**

◎ 图层类型。

◎ 图层的编辑、管理、模式的操作。

◎ 3D 图层及其摄像机、灯光的使用。

令合成的痕迹消失于无形是合成师必备的一项技能，色彩调节是合成中非常重要的环节，能够统一协调影片中的视觉效果。After Effects 自身包含了一系列色彩调节特效，本章主要讲解"曲线"特效、"亮度和对比度"特效、"色阶"特效、"颜色平衡"特效、"色相饱和度"特效的应用。

在影视制作中，图像处理时经常需要对图像颜色进行调整，色彩的调整主要是通过对图像的明暗、对比度、饱和度以及色相等的调整来达到改善图像质量的目的，以更好地控制影片的色彩信息，制作出更加理想的视频画面效果。

本章主要介绍 After Effects 的图层类型、图层的基本操作、3D 图层中摄像机和灯光的应用等。通过本章的学习，读者可以掌握图层及其操作方面的知识，为深入学习 After Effects 奠定基础。

20.1 表达式操作基础

在 After Effects 中，想创建和链接复杂的动画，避免手动创建数十乃至数百个关键帧时，即可使用表达式。表达式只是小段代码，与脚本非常相似，可以将其插入 After Effects 项目中，以便在特定时间点为单个图层属性计算单个值。

20.1.1　表达式概述

与脚本语言不同，表达式会告诉属性执行某种操作。例如，在屏幕上从左到右移动了一个球，但也希望该球晃动，那么可以向其应用"摆动"表达式，而不是使用关键帧对"定位"属性进行动画制作。表达式语言基于标准的 JavaScript 语言，但不必了解 JavaScript 就能入门。设计者可以创建表达式，方法是使用关联器或者复制简单示例并修改示例即可满足需求。

为什么使用表达式？

（1）节省时间和快速创建动画。使用表达式可以自动化操作（例如，摆动、抖动或跳动），这会节省大量时间，而不必为每个动作创建新的关键帧。

（2）链接不同的属性。可以使用表达式链接不同的属性，例如，跨合成的旋转和位置。链接可帮助创建不同的动画，而无须为每个动画编写不同的表达式。

（3）创建运动信息图。可以在创建动态图形模板时使用表达式。调整不同的属性、链接动画并修改 After Effects MOGRT。

（4）控制多个图层以创建复杂动画。使用"关联器"功能，可以轻松地从一些控件驱动多个动画以创建动画，用其他功能则需要更多操作。

（5）创建动画图形和图表。快速创建动画和运动信息图，例如动态世界地图和指示不同国家／地区的污染指数的动态条形图。

（6）保存和重用表达式。将表达式存储为模板并在其他 After Effects 项目中重复使用；无须重复书写。

20.1.2　表达式基本操作

After Effects 的表达式是一组功能强大的工具，可以利用它们控制图层属性的行为。利用表达式控制动画，可以在图层与图层之间进行联动，利用一个图层的某项属性影响其他图层等。

表达式的基本操作主要包括添加表达式、链接表达式、编辑表达式、删除表达式、禁用表达式、注释表达式等。

1. 添加表达式

在 After Effects 中添加表达式的方法较多，但无论使用哪种方法，都需要先选择目标图层下的某个属性，然后执行以下任意操作。

（1）利用菜单栏添加表达式，选择"动画"→"添加表达式"命令。

（2）利用快捷键添加表达式，按【Alt+Shift+=】组合键。

（3）利用"码表"█按钮添加表达式，按住【Alt】键的同时单击该图层属性左侧的"码表"█按钮。

添加表达式后，其属性上添加了 4 个新的工具图标，并把属性值的颜色改为红色（指示该属性值是由表达式确定的），并且保持表达式文本高亮显示，以便进行编辑，如图 1-20-1 所示。

图 1-20-1　添加表达式

（1）表达式开关█：当图标处于█状态时，表示关闭表达式，不使用表达式控制动画；当图标处于█状态时，表示开启表达式。

（2）显示表达式动画图表█：当该按钮被激活后，系统显示表达式所控制的动画图表。

（3）表达式关联器█：可以将一个图层的属性连接到另外一个图层的属性上，对其进行影响。例如，可以将一个图层的不透明度属性连接到图层的旋转属性上，使对象的不透明度跟随旋转变化。

（4）表达式语言弹出式菜单█：单击此图标可以弹出 After Effects 所提供的表达式语言列表。

如果表达式文本中有错误，After Effects 将会在合成窗口底部显示错误消息，并禁用表达式，在时间线添加表达式的位置显示一个黄色的小警告图标。单击黄色警告图标会弹出警告对话框，如图 1-20-2 所示。

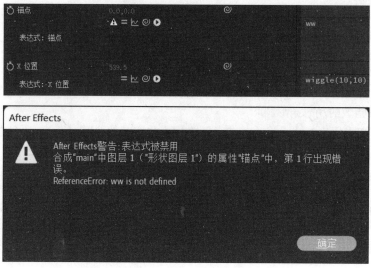

图 1-20-2　表达式出错警告

2. 链接表达式

通过表达式关联器可以快速为图层属性链接其他图层的属性内容，具体方法为拖动表达式关联器█至目标图层属性的名称上即可，如果拖动表达式关联器到目标图层属性的某个参数上，则可应用该参数的内容。如图 1-20-3 所示"形状图层 1"的"Y 位置"属性，即用"空 1"的"Y 位置"属性；也就是利用"空 1"对象"Y 位置"属性控制"形状图层 1"的"Y 位置"属性，而不必设置"形状图层 1"的"Y 位置"属性。

图 1-20-3　使用表达式关联器

3. 编辑表达式

编辑表达式的方法为：展开图层属性的表达式栏，单击右侧的表达式文本框，在其中输入

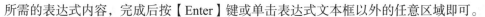

所需的表达式内容，完成后按【Enter】键或单击表达式文本框以外的任意区域即可。

4. 删除表达式

删除表达式的方法与添加表达式的方法类似，可通过菜单栏、快捷键和"码表"按钮实现。删除表达式之前，同样需要选择目标图层的属性，然后执行以下任意操作：

（1）利用菜单栏删除表达式，选择"动画"→"移除表达式"命令。

（2）利用快捷键删除表达式，按【Alt+Shift+=】组合键。

（3）利用"码表"按钮删除表达式，按住【Alt】键的同时单击该图层属性左侧的"码表"按钮。

5. 禁用表达式

如果暂时不想应用表达式的效果，也不必将其删除，可以采取禁用的方式。禁用表达式的方法为：展开目标图层属性的表达式栏，单击"表达式开关"按钮，当其变为状态时，表示该表达式当前处于禁用状态，再次单击该按钮，便可重新启用表达式。

6. 注释表达式

注释表达式是为了方便对表达式的语句进行管理，注释内容不会产生任何效果。表达式的注释方法有以下两种。

（1）单行注释。如果注释内容处于一行，则只需在注释内容前面输入"//"即可注释表达式，如图 1-20-4 所示。

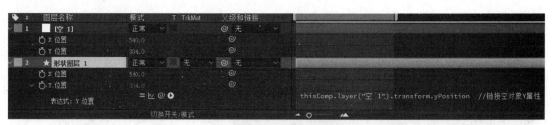

图 1-20-4　单行注释

（2）多行注释。如果注释内容涉及多行，则需在注释内容前后分别输入"/*"和"*/"以表示注释语句，如图 1-20-5 所示。

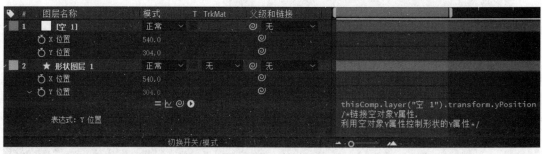

图 1-20-5　多行注释

7. 表达式控制

在 After Effect 中提供了一系列"表达式控制"（expression controls）特效，能让用户更方便地操作表达式，在表达式中使用"表达式控制"控件可以使它们更具动态性，更易于更新。表达式控制器可以取代直接编码，可以设置或调节表达式计算中的值，除了图层控制器外，所有类型的控制器都可以设置关键帧。

可以使用它们来控制表达式中的参数；可以添加一个只在特定限制内移动层的滑块，或者让用户在下拉列表中多个选项之间进行选择；可以添加复选框来打开或关闭图层，或者更改文本和图形图层上的颜色方案；可以添加驱动多个层旋转的角度控件；也可以添加更改文本、光晕或形状颜色的颜色控件。

视频

例20.1 滑块控制调节五角星

"表达式控制"特效的名称表示它们提供的特性控制类型：下拉列表控制、复选框控制、3D 点控制、图层控制、滑块控制、点控制、角度控制和颜色控制。

【例 20.1】利用"滑块控制"参数来调节五角星的大小。

（1）新建项目，新建合成，新建形状图层，展开形状图层的属性，单击"添加" 按钮，在弹出的快捷菜单中选择"多边星形"，则添加了一个锚点居中的五角星路径，如图 1-20-6 所示。

图 1-20-6　添加五角星路径

（2）同样，"添加"描边，并设置描边的颜色为"#892CD2"，描边宽度为 10，如图 1-20-7 所示。

图 1-20-7　添加描边

（3）收缩所有属性，选择"形状图层 1"，按【S】键展开缩放属性，按住【Alt】键单击"码表" 按钮，打开表达式编辑器，输入"[scale[0],scale[1]]"表达式，scale[0] 表示 X 方向缩放值，scale[1] 表示 Y 方向缩放值，如图 1-20-8 所示。

图 1-20-8　添加表达式

（4）选择"形状图层 1"，在菜单栏中选择"效果"→"表达式控制"→"滑块控制"命令，选择表达式编辑器中的"scale[0]"，拖动表达式关联器 至"效果控件"面板中"滑块控制"

下的"滑块"参数处，此时表达式变为"[effect(" 滑块控制 ")(" 滑块 "),scale[1]]"；同样的方法，再次添加"滑块控制"特效，把"scale[1]"关联到"滑块控制 2"，此时表达式变为"[effect(" 滑块控制 ")(" 滑块 "),effect(" 滑块控制 2")(" 滑块 ")]"，如图 1-20-9 所示。

图 1-20-9　添加滑块控制

（5）最后即可随意调节"滑块控制"和"滑块控制 2"的"滑块"参数，控制五角星的缩放变换。

20.2　表达式语法

After Effect 中的表达式语言是建立在 Javascript 脚本语言的基础上的。Javascript 脚本语言，广泛运用于网页设计，是一种用于网站开发的高级通用的工业标准程序语言，它用一套丰富的语言工具来创建更复杂的表达式，当然包括最基本的数学运算，比如在图层旋转（rotation）属性上的表达式输入框中输入：

```
transform.rotation+30;
```

这就是一个表达式语句，一种高级语言，但是十分简单，意思就是在当前图层当前时间的旋转属性参数值上再加上 30，之后返回得到的数值，就是该图层最终旋转的度数，30 这个值将赋予表达式连接的任何参数。

简单地说，表达式就是为特定参数赋予特定值的一条或一组语句。表达式与所控制赋予的参数值是一一对应的，一句表达式控制一个参数，因为一句表达式仅连接在一个参数上，它仅将值赋予该参数。例如，不可以使用一句表达式来同时修改一个图层的位置和旋转值；只有创建两个区分开来的关键帧，一个连接到位置属性上，另一个连接到旋转属性上。

在输入表达式时需要注意以下几点：

（1）在编写表达式时，因为 Javascript 脚本语言要区分大小写，所以一定要注意大小写的输入。

（2）After Effect 表达式需要使用分号作为一条语句的分行，最后一句可以不加分号。

（3）系统会识别字符串中多余的空格，但单词间多余的空格将会被忽略。

20.2.1　控制属性和方法

使用表达式可以获取图层属性中的"属性"（attributes）和"方法"（methods）。在 After Effects 中，这里的"属性"（attributes）是指事件，"方法"（methods）是指完成事件的途径，属性是名词，方法是动词。一般情况下，在方法的前面通常会有一个括号，提供一些额外的信息，例如：

```
transform.position.loopOut ("cycle")
```

在这个表达式中，loopOut("cycle ") 就是一种方法。

在 After Effects 中，用户将图层 A 的"缩放"（scale）属性关联到图层 B 的"旋转"（rotation）属性上后，图层 A 的"缩放"属性的表达式输入框当中将产生以下面表达式：

```
temp=thisComp.layer("图层B").transform.rotation;
[temp, temp]
```

仔细观察这个表达式语句，该语句从左到右用点号"."标记来分开某个层次的物体和属性，这是 After Effects 的表达式语法的规定。对于全局对象与次级对象之间必须以点号"."标记来进行分开，以说明物体之间的层级关系。同样，目标与属性和方法之间也是使用点号"."来进行分割的，如图 1-20-10 所示。

使用表达式可以获得图层属性中的属性和方法。After Effects 表达式语法规定全局对象与次级对象之间必须以点号来进行分割，以说明物体之间的层级关系。同样，目标与属性和方法之间也使用点号来进行分割。

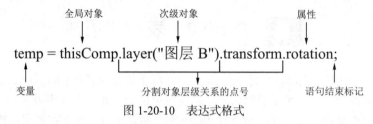

图 1-20-10　表达式格式

如果表达式关联的属性位于不同的图层，则首先要确认合成文件。如果另一个图层正好在同一个合成文件里，则使用"thiscomp"，正如上面的例子；否则使用"comp("其他合成文件的名称")"。接下来使用"layer("图层名称")"确认图层，最后可能用"transform. rotation"或者"effect("effect name")("property name")"等来确认属性。

例如，将 Comp2 中的图层 B 的"不透明度"属性关联到 Comp1 中的图层 A 的"滑块控制"特效的"滑块"属性中，这时图层 B 的"不透明度"属性的表达式输入框中，将产生下面的表达式：

```
comp("Comp 1"). layer("图层A").effect("滑块控制")("滑块")
```

从上例可以看出，对于图层以下的级别（如特效、遮罩和文字动画组等），可以使用圆括号来进行分级。

在 After Effects 中，如果使用的对象属性是自身，那么可以在表达式中忽略对象层级不进行书写，因为 After Effects 能够默认将当前的图层属性设置为表达式中的对象属性，例如在图层的"位置"（position）属性中使用摆动表达式 wiggle()，可以编写成以下两种方式：

```
wiggle(10, 20)
transform.position. wiggle(10, 20)
```

20.2.2　数组与维数

在 After Effects 中，经常用到的一个数据类型是数组，数组有时是经常使用的常量和变量中的一部分。所以，了解 Java Script 语言中的数组属性，对于编写表达式有很大的帮助。

（1）数组常量：在 Java Script 语言中，数组常量通常包含几个数值。如：[15, 25]，其中第 0 号元素为 15，第 1 号元素用 25 表示。在 After Effects 中，表达式索引是由 0 开始的。

（2）数组变量：用一些自定义的元素来代替具体的值，变量类似一个容器，这些值可以被不断地改变，并且值本身不全是数字，可以是一些文字或某一对象，如：myArray=[15, 25]。

可使用"[]"中的元素索引访问数组中的某一元素。"[]"的第一个索引数是从 0 开始，上面的表达式中，myArray[0] 表示的是数字 15， myArray[1] 表示的是数字 25。

（1）将数组指针赋予变量：主要是为属性和方法赋予值或返回值。如，将二维数组 thislayer.position 的 X 方向保持为 8，Y 方向可运动，则表达式为：Y=position[1]，[8，Y] 或 [8，position[1]]。

（2）数组的维度：属性的参数量为维度，一般有 1、2、3、4 这四种维度。如，不透明度的属性为一个参数，所以是一元属性；在三维空间中【旋转】选项有 X、Y 和 Z 这三个参数，为三元属性。

在 After Effects 中，数组概念中的数组维数就是该数组中包含的参数个数，例如上面提到的 myArray 数组就是二维数组。在 After Effects 中，如果某个属性含有一个以上的变量，那么该属性就称为数组，After Effects 中不同的属性都具有各自的数组维数，一些常见的维数及其属性见表 1-20-1。

表 1-20-1　维数及其属性

维数	属性
一维	旋转 $a_x + b°$
	不透明度 a%
二维	锚点 [x, y]
	位置 [x, y]
	缩放 [x=with, y=height]
三维	三维锚点 [x, y, z]
	三维位置 [x, y, z]
	三维缩放 [with, height,depth]
四维	颜色 [red,green,blue,alpha]

在二维图层的"位置"（position）属性中，通过索引数可以调用某个具体轴向的数据，例如：

```
[position[0],position[1]]
```

（1）position[0]：表示 X 轴的坐标。

（2）position[1]：表示 Y 轴的坐标。

在三维图层的"位置"（position）属性中，也可通过索引数调用某个具体轴向的数据，例如：

```
[position[0],position[1],position[2]]
```

（1）position[0]：表示 X 轴的坐标。

（2）position[1]：表示 Y 轴的坐标。

（3）position[2]：表示 Z 轴的坐标。

"颜色"（color）属性是一个四维的数组 [red,green,blue,alpha]，对于一个 8 位颜色深度或是 16 位颜色深度的项目来说，在"颜色"数组中的每个值的范围都为 0 ～ 1，其中 0 表示黑色，1 表示白色，因而 [0,0,0,0] 表示不透明的黑色，[1,1,1,1] 表示透明的白色。在 32 位颜色深度的项目中，"颜色"数组中值的取值范围可以低于 0，也可以高于 1。

20.2.3　数学运算在表达式的使用

数学是研究现实世界的空间形式和数量关系的科学，是处理客观问题的强有力的工具，几乎在一切自然科学领域中都起着基础性的作用。数学的特点不仅在于概念的抽象性、逻辑的严密性、结论的明确性，还在于它应用的广泛性。数学方法在程序设计中的运用包括两个方面：化简题目和直接解决问题。

在程序设计当中所解决的相当一部分问题都与数学有着密切的联系，这就需要程序员将实际问题转化为程序要经过对问题抽象的过程，建立起完善的数学模型，才能设计出好的软件。

总之，所有高级语言程序设计离不开数学，高级语言中的 C 语言、JavaScript、Python 等高级语言在解决实际问题时需要数学的参与，After Effects 的表达式也离不开数学。

1. 运算符号和判断符号

运算符号是数学运算的基本符号，After Effects 的运算符号和判断符号见表 1-20-2。

表 1-20-2　常用运算符号

描述	符号	描述	符号
加法	+	逻辑与	&&
减法	–	逻辑或	||
乘法	*	大于	>
除法	/	大于等于	>=
递增	++	小于	<
递减	--	小于等于	<=
取余	%	等于	==
逻辑非	!	不等于	!=

2. 常用函数

After Effects 表达式的基础是 Java 编程语言，因此 After Effects 表达式语句直接继承了 Java 的数学函数，因此，调用时一般常用"Math. 函数（参数）"格式，见表 1-20-3。

表 1-20-3　JavaScript 数学方法（JavaScript Math）

函数	描述	函数	描述
Math.sin(value)	正弦函数	Math.pow(value,exponent)	求 value 的 exponent 次方
Math.asin(value)	反正弦函数	Math.abs(value)	返回 Value 的绝对值
Math.cos(value)	余弦函数	Math.round(value)	四舍五入取整
Math.acos(value)	反余弦函数	Math.ceil(value)	返回大于等于 value 的最小整数
Math.tan(value)	正切函数	Math.floor(value)	返回小于等于 value 的最大整数
Math.atan(value)	反正切函数	Math.min(value1,value2)	求一组数中最小的数
Math.sqrt(value)	求 Value 的平方根	Math.max(value1,value2)	求一组数中最大的数

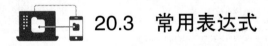

20.3　常用表达式

本节通过举例的方式，说明几个常用的表达式。

20.3.1　索引表达式

索引表示某个元素在某个集合中的位置，例如，数组 [10,20]，那么第一个元素 10 的索引值为 0，第二个元素 20 的索引值为 1。

在 After Effect 中，图层、遮罩对象的索引与数组值的索引不同，它们都是从数字 1 开始，例如"时间轴"窗口中的第一个图层索引编号为 1，其次的图层索引编号为 2，依此类推，如图 1-20-11 所示。而数组值的索引是从数字 0 开始。

索引表达式的名称为 index，表示为每间隔多少数值来产生多少变化。例如，若为图层 1 的旋转属性添加表达式 index*5，则第 1 个图层会旋转 5°，之后按【Ctrl+D】组合键复制多个图层时，第 2 个图层将旋转 10°，第 3 个图层将旋转 15°，依此类推；若希望第 1 层图形不产生旋转保持正常形态，复制后的图形以 5° 递增，表达式可写为 (index-1)*5。

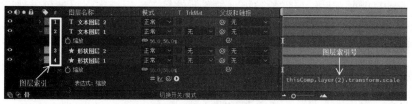

图 1-20-11　表达式格式

【例 20.2】利用"索引表达式"绘制花朵。

（1）选择"多边形工具"，用【↓】键将边数减为 3，用【→】或【←】键调整现状，并修改"图层名称"为"1"，如图 1-20-12 所示。

（2）按【Y】键，切换到锚点编辑工具，移动锚点到图形右下角，如图 1-20-13 所示。

例20.2 绘制花朵

图 1-20-12　绘制图形　　　　　　　　　　　图 1-20-13　移动锚点

（3）选择"1"图层，按【R】键，打开"旋转"属性；按住【Alt】键，单击"码表"按钮，打开"表达式编辑器"，输入表达式"(index-1)*30"，如图 1-20-14 所示。

图 1-20-14　输入表达式

（4）选择"1"图层，按【Ctrl+D】组合键 11 次，即绘制了一朵花朵，如图 1-20-15 所示。

图 1-20-15　最终花朵效果

20.3.2　时间表达式

time 表示时间，以 s 为单位；time 时间表达式可以使图层产生不同速度的效果，time*n = 时间（秒数）*n（若应用于旋转属性，则 n 表示角度）。

例如，在图层旋转属性的表达式栏中输入"time"，则该图层会产生每秒旋转 1° 的效果；

在其中输入表达式"time*30"，则该图层会以 30 倍的速度进行旋转，也就是图层将通过 1 s 的时间旋转 30°，2 s 时旋转到 60°，依此类推（数值为正数时顺时针旋转，为负数时逆时针旋转）。

time 只能赋予一维属性的数据。位置属性等二、三维数组可进行单独尺寸的分离，从而可单独设置 X 或 Y 轴上的 time。

【例 20.3】利用"时间表达式"制作旋转的花朵。

在例 20.2 基础上完成以下操作：

（1）在时间轴面板中，选择所有图层，右击，在弹出的快捷菜单中选择"预合成"命令，并命名为"花朵"，如图 1-20-16 所示。

图 1-20-16　设置预合成

（2）在"合成"面板中，选择花朵，按【Y】键，切换到锚点编辑工具，移动锚点到花朵的中心位置，如图 1-20-17 所示。

（3）在时间轴面板中，选择"花朵"图层，按【R】键，展开"旋转"属性；按住【Alt】键，单击"码表" 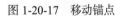 按钮，打开"表达式编辑器"，输入表达式"time*30"，如图 1-20-18 所示。此时该花朵会以 30°/s 的速度进行旋转。

图 1-20-17　移动锚点　　　　　　　　　图 1-20-18　添加表达式

20.3.3　时间延迟表达式

valueAtTime(t) 时间延迟表达式返回属性在指定时间（以秒为单位）的值，其作用就是返回某一时刻的值。其返回值类型为数值或数组，参数 t 是数值类型，参数对图层效果作用的时间产生影响，实现延迟的效果。

延迟表达式在动效设计中是使用得比较多的，虽然利用错帧也可以实现运动物体之间延迟的效果，但想要后续修改的话会比较麻烦，而使用表达式进行设计是一个非常便捷的方法。

添加延迟表达式可以应用到位置、缩放、旋转、不透明度等属性。

【例 20.4】利用"时间延迟表达式"制作小球运动残影效果。

（1）新建项目，新建合成，在左侧绘制一个颜色为"#9E2AD7"的小球，如图 1-20-19 所示。

（2）在时间轴面板中，选择"形状图层 1"，按【P】键，展开"位置"属性，在 0 s、1 s 和 2 s 处分别插入关键帧，并把 1 s 处的小球水平移动到右侧，这样，小球在 2 s 内来回摆动。将"时间指示器"定位到 2 s 处，按【N】键，裁剪"工作区域"为 2 s，如图 1-20-20 所示。

图 1-20-19　绘制小球

图 1-20-20　插入关键帧

（3）按【Alt】键，单击"码表"按钮，打开"表达式编辑器"，输入表达式"valueAtTime (time-(index-1)*0.08)"，此表达式表示第 1 个图层动画效果不延迟，第二个图层相较于第一个图层延迟 0.08 s，依此类推（延迟时间 0.08 s 可以根据需要调整），如图 1-20-21 所示。

图 1-20-21　添加延迟表达式

（4）选择"形状图层 1"，按【T】键，展开"不透明度"属性；按【Alt】键，单击"码表"按钮，打开"表达式编辑器"，输入表达式"opacityFactor = .75; Math.pow(opacityFactor,index - 1)*100"（此表达式表示不透明度随着图层的复制递减），如图 1-20-22 所示。

图 1-20-22　添加不透明度表达式

（5）选择"形状图层 1"，按【Ctrl+D】组合键 13 次复制图层，即可达到小球运动残影效果，如图 1-20-23 所示。

图 1-20-23　小球运动残影效果

20.3.4　倒计时表达式

linear 是线性表达式，倒计时应用只是其一方面。倒计时表达式可以使图层产生倒计时效果，其语法如下：

```
a=linear(time, inPoint, outPoint, value1, value2);
Math.floor(a)
```

此表达式将 a 复制 linear 变化的结果，利用 Math.floor(a) 向下取整（a）。

其中：time 调用 time 表达式；inPoint 是图层开始点，也就是开始变化的时间；outPoint 是图层结束点，也就是结束变化的时间；value1 是开始变化时的数字；value2 是结束变化的数字。

例如，在文本图层（可以空文本）的源文本属性的表达式栏中输入 "a=linear(time,1,10,100,0); Math. floor(a)"，表示在 1 ～ 10 s 内，数字将从 100 变为 0，变化过程为整数（Math. floor(a) 语句的作用），如图 1-20-24 所示。

图 1-20-24　倒计时表达式

20.3.5　抖动表达式

wiggle 抖动表达式，可以为图层添加抖动效果。在"表达式语言菜单栏"中的 Property（特征）的"wiggle()"（抖动）是一个非常有用的工具，它能够根据用户的偏好将对图层属性动画的随机性带入动画制作中。wiggle 可直接在现有属性上运行，包括任何关键帧。其语法为：

```
wiggle(freq, amp, octaves=1, amp_mult=.5, t=time)
```

"wiggle()"可以输入 5 个参数值，分别是 freq（频率）、amp（振幅）、octaves（振幅幅度）、amp_mut（振幅预乘）、t（时间参数），它们可以使属性值随机 wiggles() 抖动。

（1）"freq"（频率）：代表计算每秒抖动的次数，设置每秒抖动的频率。

（2）"amp"（振幅）：代表每次抖动的幅度。

（3）"octaves"（振幅幅度）：在每次振幅的基础上还会进行一定的振幅幅度，为加到一起的噪声的倍频数，即 amp_mult 与 amp 相乘的倍数。

（4）"t"（持续时间）：是基于开始时间，抖动时间为合成时间，一般无须修改。

在这些参数中，"freq"（频率）与"amp"（振幅）是必需的，例如：

（1）若在一维属性中，为位置属性添加 wiggle(10，20)，则表示图层每秒抖动 10 次，每次随机波动的幅度为 20。

（2）若在二维属性中，为缩放添加 n=wiggle(1，10);[n[0]，n[0]]，则表示图层的缩放 XY 在每秒抖动 10 次，每次随机波动的幅度为 20。

（3）若在二维属性中，想单独在单维度进行抖动，需要将属性设置为单独尺寸后添加 wiggle(10，20)，表示图层的缩放 X 轴在每秒抖动 10 次，每次随机波动的幅度为 20。

wiggle 表达式除了可以添加到位置属性外，还可以添加到缩放、旋转、不透明度等属性。

【例 20.5】利用"抖动表达式"制作方块跳跃效果。

（1）新建项目，新建黑色背景的合成，利用"钢笔工具" ✐ 绘制一条垂直方向（上至下）的直线路径，定位第一个锚点，按住【Shift】键，定位第二个锚点，如图 1-20-25 所示。在工具栏中关闭填充颜色，设置描边颜色为白色，描边宽度为 20（此项根据实际情况设定），如图 1-20-26 所示。

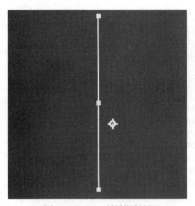

图 1-20-25　绘制路径

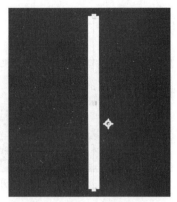

图 1-20-26　描边路径

（2）在时间轴面板中，展开图层属性"内容"→"形状 1"→"描边 1"→"虚线"右侧的"+"，设置虚线 10（此项根据实际情况设定），如图 1-20-27 所示。

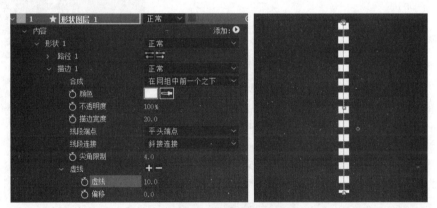

图 1-20-27　设定方块直线

（3）在时间轴面板中，单击"内容"右侧的"添加" 添加:● 按钮，添加"修剪路径"；在"修剪路径 1"中，设置开始为 50%；按【Alt】键，单击"码表" ● 按钮，打开"表达式编辑器"，输入表达式"wiggle(8,50)"，如图 1-20-28 所示。

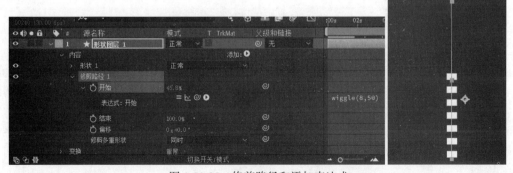

图 1-20-28　修剪路径和添加表达式

（4）在时间轴面板中，选择"形状图层 1"，按【Ctrl+D】组合键 4 次，复制 4 个图层；选择"形状图层 5"，按【P】键，打开"位置"属性，控制 X 坐标，向右移动一定距离；选择"形状图层 1"，按【P】键，打开"位置"属性，控制 X 坐标，向左移动一定距离，如图 1-20-29 所示。

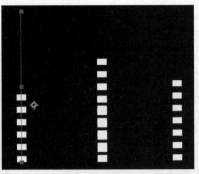

图 1-20-29　复制图层

（5）在时间轴面板中，选择所有图层，打开"窗口"菜单下的"对齐"面板，在"对齐"面板"分布图层"中，单击"水平均匀分布"按钮，此时，方块跳跃效果制作完成，如图 1-20-30 所示。

20.3.6　循环表达式

在 After Effects 中，用户可以通过使用表达式，将一段关键帧动画随着时间的推移永远重复循环下去，使用时需要先为图层插入关键帧。在"表达式语言菜单"中提供了四种方式来循环一段关键帧动画：loopIn()、loopOut()、loopInDuration()、loopOutDuration()。

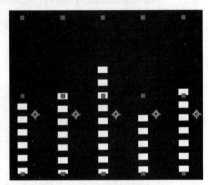

图 1-20-30　方块跳跃效果

（1）loopIn() 是指在这段动画第一个关键帧的前面开始循环，从这段动画第一个关键帧开始计算作为循环片段的出点。格式为：

```
loopIn(type="cycle", numKeyframes=0)
```

被指定为循环内容的基本段，是从层的第一个关键帧向后到层的出点方向的某个关键帧间的内容。numKeyframe 是指定以第一个关键帧为起点设定循环基本内容的关键帧数目（计数不包括第一个关键帧）。例如，loopIn（"cycle", 1），从层的入点开始到第一个关键帧结束循环第一个关键帧到第二个关键帧间的内容。循环的次数由入点到第一个关键帧间的时间和循环内容长度决定。

（2）loopOut() 是指在这段动画最后一个关键帧的后面开始循环，并从这段动画最后一个关键帧开始计算作为循环片段的入点。格式为：

```
loopOut(type="cycle", numKeyframes=0)
```

被指定为循环内容的基本段，是从层的最后关键帧向前到层的入点方向的某个关键帧间的内容。numKeyframe 是指定以最后一个关键帧为倒数起点设定循环基本内容的关键帧数目（计数不包括最后一个关键帧）。例如，loopOut（"cycle", 1），从层的最后关键帧开始到出点结束循环最后一个关键帧到倒数第二个关键帧间的内容，循环的次数由最后关键帧到出点间的时间和循环内容长度决定。

（3）loopInDuration() 是指在层中从入点到第一个关键帧之间循环一个指定时间段的内容。格式为：

```
loopInDuration(type="cycle", duration=0)
```

被指定为循环内容的基本段,是从层的第一个关键帧向后到层的出点方向 duration 秒的内容。duration 是指定以第一个关键帧为起点设定循环基本内容的时间秒数。例如,loopInDuration ("cycle", 1),从层的入点开始到第一个关键帧结束循环第一个关键帧以后 1 s 的内容。循环的次数由入点到第一个关键帧间的时间和循环内容长度决定。

(4)loopOutDuration() 是指在层中从最后一个关键帧到层的出点之间循环一个指定时间段的内容。格式为:

```
loopOutDuration(type="cycle", duration=0)
```

被指定为循环内容的基本段,是从层的最后关键帧向前到层的入点方向 duration 秒的内容。duration 是指定以最后一个关键帧为倒数起点设定循环基本内容的时间秒数。例如,loopOutDuration ("cycle", 1),从层的最后关键帧开始到出点结束循环最后一个关键帧到倒数 1 s 的内容。循环的次数由最后关键帧到出点间的时间和循环内容长度决定。

循环表达式的第一个参数"type"有四个变量可供用户输入,分别是"cycle""pingpong""continue"和"offset",不同的变量将产生不同类型的循环效果:

- cycle:循环片段将以重复动画曲线的形状无限循环下去,即这段动画从开始至结束后,又回到开始至结束,这样反复循环下去。
- pingpong:循环片段将以反转动画曲线的方式重复动画,无限循环下去,即这段动画从开始至结束后,将从结束倒播至开始,然后又从开始至结束,这样交替向前然后向后播放动画。
- continue:将动画曲线最后一个关键帧的速率持续发展下去,延伸至无穷。
- offset:与"cycle"相似,除不用返回第一个关键帧的值,原始曲线最后一个关键帧的动画值将添加到循环片段动画曲线的第一个关键帧的动画值上,动画的每一次循环偏差值等于这段动画开始关键帧与结束关键帧之间的差值,这将产生一种累积的或阶梯式的效果。

【例 20.6】利用"循环表达式"制作旋转的风车效果。

(1)新建项目,新建一个白色背景的合成,利用钢笔工具画一个紫色的半圆,重命名此图层为"1",如图 1-20-31 所示。

(2)按【Y】键,切换到锚点工具,调整锚点到半圆的右下角,如图 1-20-32 所示。

视　频
例20.6 旋转的风车效果

图 1-20-31　新建半圆　　　　　　　图 1-20-32　调整锚点

(3)选择"1"图层,按【R】键,展开"旋转"属性,按【Alt】键,单击"码表" ▇按钮,打开"表达式编辑器",输入表达式"(index-1)*90",如图 1-20-33 所示。

图 1-20-33　设置旋转属性

（4）选择"1"图层，按【Ctrl+D】组合键 3 次，旋转复制 3 个半圆，使图层叠加，得到风车叶片效果，如图 1-20-34 所示。

（5）选择所有图层，右击，在弹出的快捷菜单中选择"预合成"命令，并命名为"风车叶片"，按【Y】键，切换到锚点工具，调整锚点到"风车叶片"的中心，如图 1-20-35 所示。

图 1-20-34　风车叶片

图 1-20-35　调整锚点

（6）选择"风车叶片"图层，按【R】键，展开"旋转"属性，将"时间指示器"定位到 0 s 处，插入关键帧，设置旋转角度 0°；将"时间指示器"定位到 1 s 处，插入关键帧，设置旋转角度 360°（即 $1_x+0.0°$ ），如图 1-20-36 所示。

图 1-20-36　添加关键帧

（7）按【Alt】键，单击"码表" 按钮，打开"表达式编辑器"，输入表达式"loopOut("cycle",0)"，风叶旋转效果完成，如图 1-20-37 所示。

（8）最后，利用矩形工具绘制一个手柄，调整"风车叶片"图层到最上面，如图 1-20-38 所示。

图 1-20-37　添加旋转表达式

图 1-20-38　最终效果

20.4　应用举例

【案例】本案例主要使用"索引表达式""时间延迟表达式"制作一个圆环展开 / 闭合动效，重点学习如何通过编写表达式来简化动效的制作。具体静态效果如图 1-20-39 所示。

【设计思路】利用形状图层和"修剪路径"设计出开合效果的圆环；利用"索引表达式"来控制图层复制过程自然增大；利用"时间延迟表达式"来制作开合的随机效果。

【设计目标】掌握"修剪路径""索引表达式""时间延迟表达式"等的应用及操作的相关知识。

【操作步骤】

（1）打开前面章节中绘制的"3D 小球"项目，修改合成背景色为黑色。

（2）新建一个黑色背景的合成，名为"合成 2"，在时间轴面板中右击，选择"新建"→"形状图层"命令，展开图层属性，单击"内容"右侧"添加" 添加:◎ 按钮，添加"椭圆"，再添加"描边"，设置描边颜色为白色，描边宽度为 12，线段端点为"圆头端点"，如图 1-20-40 所示。

图 1-20-39　圆环展开 / 闭合动效

图 1-20-40　描边椭圆

（3）再添加"修剪路径"，将"时间指示器"定位到 0 s 处，在开始和结束上打上关键帧；将"时间指示器"定位到 1 s 处，将开始调为 30%，结束调为 70%；将"时间指示器"定位到 2 s 处，开始为 0%，结束为 100%；选中所有关键帧按【F9】键添加缓动效果，此时，圆环具有左右开关效果，如图 1-20-41 所示。

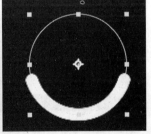

图 1-20-41　描边椭圆

（4）展开图层属性"内容"→"椭圆路径 1"，按住【Alt】键，单击"大小"左侧的"码表"，打开"表达式"编辑器，输入 [200+(index-1)*35,200+(index-1)*35]（200 是圆的大小，index 是当前序列图层的索引号，此表达式表示每复制一个圆放大 35 像素），如图 1-20-42 所示。

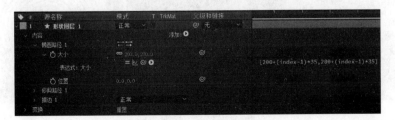

图 1-20-42　添加索引表达式

（5）再展开"修剪路径 1"，在"开始"和"结束"处，分别按住【Alt】键，打开"开始"和"结束"的"表达式编辑器"，输入"valueAtTime(time-index/15)"（此表达式延迟动画，index/15 指延迟当前图层索引号 1/15，即延迟 0.06 s 左右），如图 1-20-43 所示。

图 1-20-43　添加时间延迟表达式

（6）选择"形状图层 1"图层，按【Ctrl+D】组合键 9 次，复制出 9 个圆，如图 1-20-44 所示。

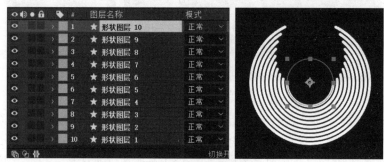

图 1-20-44　复制圆

（7）在时间轴面板中选择所有图层，右击，选择"预合成"命令，所有图层合成为名为"预合成 1"的图层；在"预合成 1"图层上，右击，选择"图层样式"→"渐变叠加"命令，添加渐变颜色；展开"预合成 1"图层属性，在"图层样式"→"渐变叠加"下，打开"颜色"的"渐变编辑器…"，自行设置渐变色即可，如图 1-20-45 所示。

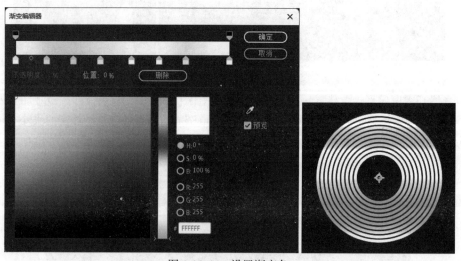

图 1-20-45　设置渐变色

（8）把"合成 1"拖到"合成 2"中，按【Y】键，切换到"锚点工具"，调整锚点到球的中心位置；按【S】键，展开"合成 1"图层的"缩放"属性，调整球的大小，如图 1-20-46 所示。

图 1-20-46　合成小球

（9）选择"合成 1"图层，按【P】键，展开"位置"属性，在 0 s 和 2 s16 帧左右添加关键帧，在 2 s16 帧处调整 Y 轴坐标为 210，如图 1-20-47 所示。

图 1-20-47　移动小球

（10）选择所有的关键帧，按【F9】键，普通关键帧转换为缓动关键帧。使小球运动平缓一点；将"时间指示器"定位到 2 s 22 帧处，按【N】键，裁剪工作区域，如图 1-20-48 所示。

图 1-20-48　裁剪工作区

第 21 章
常用第三方插件

学习目标

◎ 了解第三方插件的安装。
◎ 掌握 "Particular" 粒子插件的使用方法。
◎ 掌握 "Optical Flares" 光晕插件的使用方法。
◎ 掌握 "Element 3D" 三维模型插件的使用方法。

学习重点

◎ "Particular" 粒子的参数控制。
◎ "Optical Flares" 光晕的参数控制。
◎ "Element 3D" 三维模型的参数控制。

After Effects 自身包含了一系列的特效，所有特效都是插件，插件其实就是外置的小型软件。插件是第三方公司针对 After Effects 开发的增效工具，为设计师提供额外的功能。使用插件可以轻松实现许多复杂的效果。除了 After Effects 自带的特效，用户可以根据个人需要安装第三方插件。本章主要介绍 "Particular" 粒子插件、"Optical Flares" 光晕插件、"Element 3D" 三维模型插件，通过本章的学习，读者可以对这些插件有一个大体的了解，有助于在制作动画过程中应用相应的知识点，完成插件特效动画制作任务。

21.1 Particular 粒子插件

After Effects 中的 Trapcode 系列插件是用户经常使用的第三方插件，其中 Particular（粒子系统）功能最为强大，应用最广。该特效可以模拟很多接近真实的流体效果，如星空、烟花、烟雾、爆炸、火花、云雾、模拟雨雪天气等，还可以制作许多炫目的粒子光效，也可以制作绚丽、科技感的粒子动态图形效果。

由于第三方插件并非 After Effects 自带特效，所以在使用该插件之前，需安装并确定所安装的 "Trapcode Suite" 是否适用于 After Effects 软件版本。

21.1.1　粒子插件的使用

1. 添加"粒子"特效

选择图层，在菜单栏中执行"效果"→"RG Trapcode"→"Particular"命令或在"效果和预设"面板中添加，可在该图层上添加"Particular"特效。在"效果控件"面板中可以看到该插件由"设计界面"（Designer）、"显示粒子系统"（Show Systems）、"发射器"（Emitter）、"粒子"（Particle）、"阴影"（Shading）、"物理"（Physics）、"辅助系统"（AuxSystem）、"全局流体控制"（Global Fluidcontrols）、"世界变换"（Worldtransfor）、"可见性"（Visibility）、"渲染"（Rendering）11 个子菜单组成。添加"Particular"效果后，在"预览"面板单击"播放 / 停止" ▶ 按钮，即可在合成视图面板中看到该插件默认状态下的粒子发射动画，如图 1-21-1 所示。

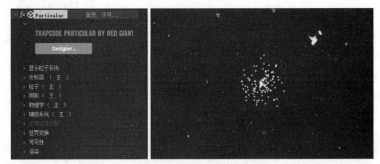

图 1-21-1　"Particular"特效

2. 设置"粒子"特效属性

（1）设计界面（Designer）：在设计工具中，用户可以直观地观察粒子形态及运动变化，通过工具中包含的大量预设及参数，以动态图形化的方式进行创建和修改粒子效果。单击"Designer"按钮，会弹出"Trapcode Paticular Designer"（Trapcode Paticular 设计界面）窗口，如图 1-21-2 所示。

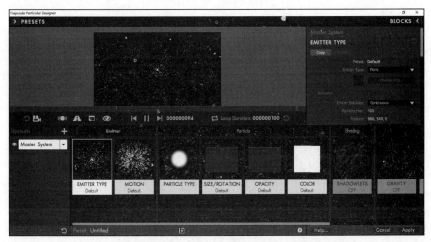

图 1-21-2　Trapcode Paticular 设计界面

（2）显示粒子系统（Show Systems）：包含"Maste System"（主粒子系统）、"Add a System2"和 6 个"System"（多粒子系统）。通过这些系统，可以制作更为复杂的粒子变化动画效果。

（3）发射器（Emitter）：粒子的发射源，可以设置粒子的每秒发射数量、发射方式、发射器类型、发射器位置及角度等，如图 1-21-3 所示。

图 1-21-3　粒子发射器

- 发射行为（Emitter Behavior）：选择发射的方式，包括连续、爆发、从发射器速度三种。
- 粒子 / 秒（Particles/sec）：每秒粒子数，控制每秒发射的粒子数量，值越大，数量越多。
- 发射器类型（Emitter Type）：根据不同情况选择发射器类型，默认为点（Point）形状，还有盒子（Box）、球形（Sphere）等。
- 位置（Position）：调节发射器在空间中的位置。
- 子帧位置（Position Subframe）：控制运动轨迹的平滑程度，默认为线性。
- 方向（Direction）：控制粒子发射的方向，有"随机均匀""定向""双向""圆盘""向外"和"向内"六种方式，默认以"随机均匀"显示。如图 1-21-4 所示设置定向、X 旋转 90°、Y 旋转 -90° 的效果。

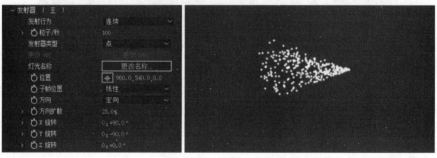

图 1-21-4　定向方向

- X/Y/Z 旋转（X/Y/Z Rotation）：控制发射器各个轴向旋转的角度，如图 1-21-5 所示。

图 1-21-5　控制旋转角度

- 速度（Velocity）：控制单位时间内粒子发射的距离，间接调节粒子运动速度，如图 1-21-6 所示。
- 速度随机（Velocity Random）：给粒子的运动速度增加随机性，如图 1-21-7 所示。
- 速度分布（Velocity Distribution）：控制粒子速度的分布均匀程度。
- 继承发射器运动速度（Velocity from Motion）：速度跟随主体，控制粒子速度跟随主体进行运动的速率，主体越大，其速度越快。

图 1-21-6　控制速度

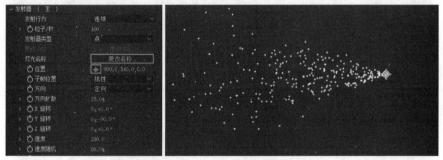

图 1-21-7　控制速度随机

（4）粒子（Particle）：控制粒子颗粒的形态、类型、寿命、大小、透明及颜色等，如图 1-21-8 所示。

- 生命 [秒]（Life[sec]）：设置每秒生命值，设置粒子存活的时间。
- 生命期随机（Life randon）：设置生命随机值，控制每颗粒子随机消失的时间长短。
- 粒子类型（Particle Type）：选择不同的粒子形状，有"球体"（Sphere）、"发光球体（无景深）"（Glow Sphere（No DOF））、"星形（无景深）"（Star（No DOF））等，"球体"为默认状态。
- 大小（Size）：控制粒子的大小。
- 大小随机（Size Random）：设置大小随机值，控制每颗粒子大小的随机性。

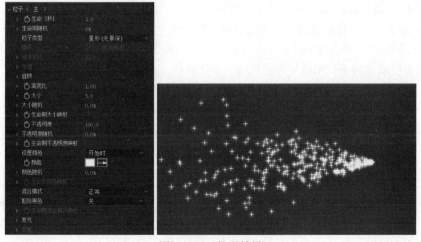

图 1-21-8　粒子效果

- 生命期大小映射（Size over Life）：生命上的大小，设置从粒子出生到死亡的大小变化，如图 1-21-9 所示。

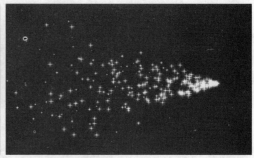

图 1-21-9　生命期大小映射

- 不透明度（Opacity）：控制粒子的透明程度。
- 不透明度随机（Opacity Random）：设置不透明度随机值，控制每粒子透明程度的随机性。
- 生命期不透明度映射（Opacity over Life）：生命上的不透明度，设置从粒子出生到死亡的粒子不透明程度，如图 1-21-10 所示

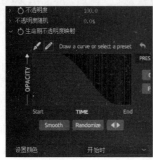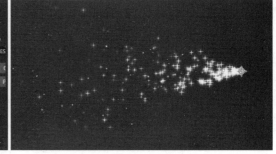

图 1-21-10　生命期不透明度映射

（5）阴影（Shading）：模拟粒子之间的阴影效果。

（6）物理（Physics）：模拟真实世界中的物理属性，包含"空气"（AI）、"反弹"（Bounce）和"流体"（Fuid）三种物理学计算方式。

（7）辅助系统（Aux System）：包含"关"（Off）、"在反弹事件"（At bounce Event）、"连续"（Continuously）三种辅助模式。用来制作"Particle"出现或碰撞之后的延续粒子发射效果。

（8）全局流体控制（Global Fluid Controls）：当"粒子"中的"物理学模式"设定为"流体"时，该子菜单可以被用于控制流体发射速度、黏度及仿真度等。

（9）世界变换（World Transform）：调整所有粒子整体的旋转及偏移。

（10）可见性（Visibility）：设置粒子在视图纵深距离上的可见程度。

（11）渲染（Rendering）：设置渲染模式，调节景深及运动模糊等。

21.1.2　Logo 粒子飘散动效

视　频

21.1.2 Logo粒
子飘散动效

【案例】本案例主要使用 Particular（粒子系统）插件制作一个 Logo 粒子飘散动效，重点学习如何通过粒子发射器、粒子属性、物理属性等相关参数设置，并使用"发光""色相 / 饱和度""斜面 Alpha""锐化"的动效，完成动效的制作。具体静态效果如图 1-21-11 所示。

【设计思路】利用"纯色"图层添加 Particular 特效，调整发射器、粒子属性、物理属性等相关参数，使用"发光""色相/饱和度"调整粒子的效果；利用"斜面 Alpha"调整"校标"效果；利用"调整图层"添加"锐化"动效调整粒子的清晰度。

【设计目标】通过本案例，掌握导入 PSD 素材、Particular 动效中发射器粒子物理属性的设置等的应用和初步掌握 Particular 动效操作等的相关知识。

图 1-21-11　Logo 粒子飘散动效

【操作步骤】

（1）打开 AE，新建项目，命名为"Logo 粒子飘散动效"；新建名为"Logo 粒子飘散动效"，宽度、高度为 1 280 像素 ×720 像素，方形像素，30 帧 /s，黑色背景，如图 1-21-12 所示。

（2）在"项目"面板中导入"校标 .psd"文件，选择图层为"校标"图层导入，如图 1-21-13 所示。

图 1-21-12　新建合成

图 1-21-13　导入校标

（3）把"项目"面板中"校标/校标 .psd"拖到"合成"面板中，并合理地调整其大小，把"3D视图"设置为"活动摄像机"，如图 1-21-14 所示。

图 1-21-14　调整校标大小

（4）在时间轴面板中新建一个"纯色"图层，命名为"粒子下落"，黑色背景，并设置"校标 / 校标 .psd"图层为"3D 图层" ⬡，如图 1-21-15 所示。

图 1-21-15　新建纯色图层

（5）在时间轴面板中，选择"粒子下落"图层；在菜单栏中选择"效果"→"RG Trapcode"→"Particular"命令或在"效果和预设"面板中添加，对"粒子下落"图层添加粒子特效，"时间指示器"4 s 左右，如图 1-21-16 所示。

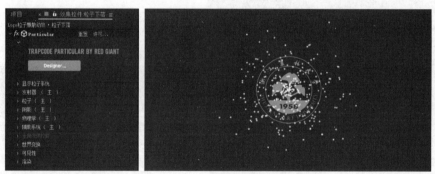

图 1-21-16　添加粒子特效

（6）设置"发射器"。在"效果控件"面板中，设置"粒子 / 秒"为 150 000，"发射器类型"为"图层"，"速度""速度随机""速度分布"和"继承发射器运动速度"都设为 0，"图层发射"→"图层"为"校标 / 校标 .psd"，如图 1-21-17 所示。

图 1-21-17　设置"发射器"

（7）设置"粒子"。在"效果控件"面板中，设置"大小"为1，设置"生命期大小映射"和"生命期不透明度映射"参数如图1-21-18所示。在时间轴面板中，设置"粒子下落"图层"独奏"效果。

图 1-21-18　设置"粒子"

（8）设置"物理学"。在"效果控件"面板中，设置"物理模式"为"反弹"，重力为100；在"反弹"下，设置"反弹"为25，"滑动"为40，如图1-21-19所示。

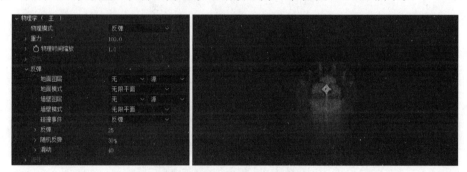

图 1-21-19　设置"物理学"

（9）添加"发光"特效。在菜单栏中选择"效果"→"风格化"→"发光"命令或在"效果和预设"面板中添加，设置"发光阈值"为30，"发光半径"为5，"发光强度"为0.5，如图1-21-20所示。在时间轴面板中，取消"粒子下落"图层"独奏"效果。

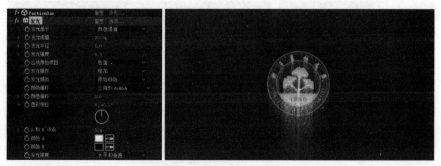

图 1-21-20　设置"发光"

（10）在时间轴面板中，选择"粒子下落"图层；按【Ctrl+D】组合键，复制"粒子下落"图层，并重命名为"粒子飘散"；修改"物理学"。在"效果控件"面板中，设置"物理模式"为"空气"，重力为0；在"空气"下，设置"风X"为200，"风Y"为–200，"湍流场"为260，如图1-21-21所示。

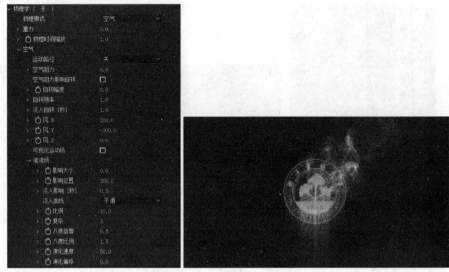

图 1-21-21　设置"粒子飘散"

（11）在时间轴面板中，设置"粒子下落"和"粒子飘散"图层混合模式为"屏幕"，如图 1-21-22 所示。

图 1-21-22　设置"图层混合模式"

（12）在时间轴面板中，选择"校标 / 校标 .psd"图层；在菜单栏中选择"效果"→"颜色校正"→"色相 / 饱和度"命令或在"效果和预设"面板中添加，适当调整"主饱和度"和"主亮度"，如图 1-21-23 所示。

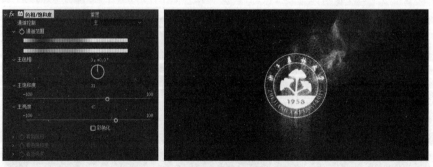

图 1-21-23　设置"色相 / 饱和度"

（13）选择"校标 / 校标 .psd"图层，设置此图层"独奏"效果；在菜单栏中选择"效果"→"透视"→"斜面 Alpha"命令或在"效果和预设"面板中添加，适当调整"边缘厚度"和"灯光角度"，如图 1-21-24 所示。取消"校标 / 校标 .psd"图层"独奏"效果。

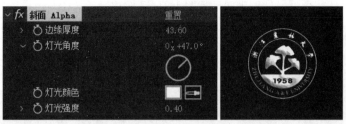

图 1-21-24　设置"斜面 Alpha"

（14）在时间轴面板中新建一个调整图层；在菜单栏中选择"效果"→"模糊锐化"→"锐化"命令或在"效果和预设"面板中添加，设置"锐化量"为 5，如图 1-21-25 所示。

图 1-21-25　设置"锐化"

（15）最后设置"工作区"为 10 s 左右，即特效动画播放时间为 10 s 左右，时间轴面板如图 1-21-26 所示。

图 1-21-26　最终时间轴面板

21.2　Optical Flares 光晕插件

　　Optical Flares 是 Video Copilot 公司出品的一款模拟镜头光晕效果的插件，是 After Effects 插件的一款强大专业镜头光晕耀斑光效，操作方便，效果绚丽，渲染速度迅速，可以制作出逼真的镜头耀斑、灯光特效，可以模拟各种光源在镜头中呈现的光晕及光斑效果。

　　镜头光晕无处不在。广泛运用在广告、促销、电视节目和故事片中。

21.2.1　光晕插件的使用

1. 添加"光晕"特效

　　选择图层，在菜单栏中选择"效果"→"Video Copilot"→"Optical Flares"命令或在"效

果和预设"面板中添加，可在该图层上添加"Optical Flares"光晕插件效果。在合成视图面板中可以看到该插件默认状态下呈现的画面，如图1-21-27所示。

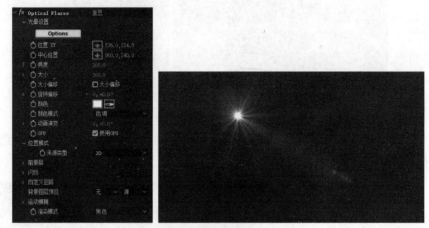

图1-21-27 光晕参数与默认效果

2. 设置"光晕"特效属性

（1）光晕设置（Flare Setup）：用于设置光晕效果。单击"Options"（选项）按钮，会弹出"光晕效果选项"（Optical Flares Options）窗口。该窗口由菜单栏、工具栏和"预览"（Preview）、"堆栈"（Stack）、"编辑器"（Editor）、"浏览器"（Browser）四个面板构成，如图1-21-28所示。

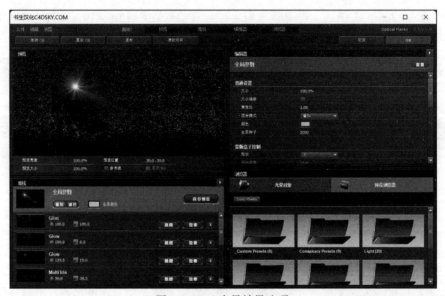

图1-21-28 光晕效果选项

（2）位置XY（Position XY）：设置光晕产生的具体位置。单击■按钮后可单击定位。

（3）中心位置（Center Position）：设置光晕指向的具体位置。

（4）亮度（Brightness）：调整光晕的亮度大小，即光斑的大小。

（5）大小（Scale）：调整光晕的尺寸。

（6）大小偏移（Scale Offset）：是否打开使用大小偏移，配合Scale使用。

（7）旋转偏转（Rotation Offset）调整光晕的旋转参数。

（8）颜色（Color）：调整光晕的颜色。

（9）颜色模式（Color Mode）：调整光晕色彩的合成模式。色调（Tint）：表示直接上色，正片叠底（Multiply）：表示通过乘法运算上色。

（10）动画演变（Animation Evolution）：调整光晕中光线的长短变化。

（11）GPU：是否打开使用 GPU 加速。

（12）位置模式（Positioning Mode）：指定光晕的"来源类型"（Source Type），即光晕在二维或三维中的空间定位模式，支持"2D"、"3D"、"跟踪灯光"（Track Lights）、"遮罩"（Mask）、"亮度"（Luminance）五种类型。每次选择具体方式都会导致整个 Optical Flares 特效面板参数变化。

（13）前景图层（Foreground Layers）：以图层的 Alpha 或亮度信息作为光源的前景图层，使光源依据前景图层产生逼真的光源遮挡效果。

（14）闪烁（Flicker）：模拟光源强弱变化效果。设置光晕的闪烁速度、大小、随机情况等。

（15）Custom Layers（自定义图层）：可自定义光源照在镜头表面形成的光斑效果，需配合"光晕效果选项"（Optical Flares Options）→"编辑器"（Editor）→"镜头纹理"（Lens Texture）→"纹理图片"（Texture Image）中的"自定义图层（Custom Layer"）使用。

视频
21.2.2 文字
充屏动效

（16）运动模糊（Motion blur）：使光晕在运动时产生运动模糊效果。

（17）渲染模式（Render Mode）：包含"On Black"（黑色背景）、"On Transparent"（透明背景）、"Over Original"（原始图像背景）三种模式。

21.2.2　文字充屏动效

【案例】本案例主要使用 Optical Flares（光晕）插件制作一个文字充屏动效，重点学习如何通过"光晕效果选项"、光晕位置属性、文本的属性等相关参数设置完成动效的制作。具体静态效果如图 1-21-29 所示。

【设计思路】利用"纯色"图层添加 Optical Flares 特效，使用"光晕效果选项"中预设、颜色等相关参数来调整光晕的效果；利用光晕位置属性、文本的属性的调整来制作光晕特效。

图 1-21-29　文字充屏动效

【设计目标】通过本案例，掌握光晕的"光晕效果选项"等的应用和初步掌握 Optical Flares 特效操作等的相关知识。

【操作步骤】

（1）打开 AE，新建项目，命名为"文字充屏动效"；新建名为"文字充屏动效"的合成，宽度、高度为 1 280 像素 ×720 像素，方形像素，30 帧 /s，黑色背景，如图 1-21-30 所示。

（2）在时间轴面板中，新建一个黑色的"纯色"图层；在菜单栏中选择"效果"→"Video Copilot"→"Optical Flares"命令或在"效果和预设"面板中添加"光晕"特效；在"效果控件"面板中，单击"Options"按钮，打开"光晕效果选项"窗口，在"浏览器"的"Motion Graphics"中选择"Cool Flare"效果，并在"编辑器"中设置"颜色"为"#AF2513"，单击"确定"按钮，如图 1-21-31 所示。

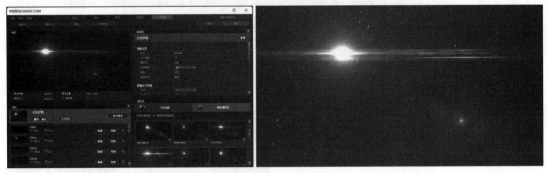

图 1-21-30　新建合成

图 1-21-31　添加光晕

（3）在"合成"面板中，移动"光晕"的中心位置到合适的位置，如图 1-21-32 所示。

（4）在"工具栏"中选择"横排文字工具"，设置字体为微软雅黑，字号为 140，填充颜色为白色，输入"浙江农林大学"；按【Y】键切换到"锚点选择工具"，调整文字的中心点到文字的中心位置，如图 1-21-33 所示。

图 1-21-32　移动"光晕"

图 1-21-33　添加文字

（5）选择"黑色 纯色 1"图层，将"时间指示器"定位在 0 s 处，展开图层属性，单击"效果"下"位置 XY"前面的码表，插入关键帧；将"时间指示器"定位在 3 s 处，在"合成"面板移动"光晕"中心到右侧，如图 1-21-34 所示。

（6）选择"浙江农林大学"文本图层，按【S】键，展开此图层的缩放属性；将"时间指示器"定位在 0 s 处，单击"缩放"前面的码表，插入关键帧；将"时间指示器"定位在 10 帧处，单击"添加 / 移除关键帧"按钮，插入关键帧，并修改 0 s 处关键帧缩放值为 3 000，添加"运动模糊"；将"时间指示器"定位在 3 s 处，添加关键帧，修改缩放值为 75；将"时间指示器"定位在 4 s 处，按【N】键，对工作区进行裁切，如图 1-21-35 所示。

图 1-21-34　移动光晕位置

图 1-21-35　修改缩放值

 ## 21.3　Element 3D 三维模型插件

Element 3D 是 Video Copilot 公司出品的三维模型插件，支持 3D 对象在 After Effects 中的材质贴图、动画、合成及渲染工作，同时与众多主流三维软件同步数据对接，使设计师从繁杂的三维动画制作流程中解放出来。该插件采用"OpenGL"程序接口，支持 GPU（显卡）直接参与计算，从而解放 CPU（处理器）获得更高的工作效率。

21.3.1　三维模型插件的使用

1. 添加"三维模型"特效

选择图层，在菜单栏中选择"效果"→"Video Copilot"→"Element"命令或在"效果和预设"面板中添加，可在该图层上添加"Element 3D"三维模型插件效果，"Element 3D"简称"E 3D"。

在"效果控件"面板中可以看到该插件由"场景界面"（Scene Interface）、"组"（Group）、"动画引擎"（Animation Engine）、"中心变换"（World Transform）、"自定义图层"（Custom Layers）、"公用工具"（Utilities）、"渲染设置"（Render Settings）、"输出"（Output）8 个子菜单以及"渲染模式"（Render Mode）选项构成，如图 1-21-36 所示。

2. 设置"三维模型"特效属性

（1）场景界面（Scene Interface）：用于布置三维

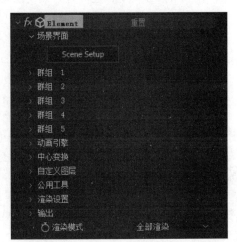

图 1-21-36　Element 3D 插件组成

场景。单击"Scene Setup"（场景设置）按钮，会弹出"场景设置"窗口。该窗口由菜单栏、工具栏以及"预览"（Preview）、"预设"（Presets）、"场景材质"（Scene Materials）、"场景"（Scene）、"编辑"（Edit）、"模型浏览"（Model Browser）六个面板构成，如图 1-21-37 所示。

（2）组（Group）：可对不同的模型组进行单独控制，共有五个组，可控制内容包含"粒子复制"（Particle Replicator）、"粒子外观"（Particle Look）、"辅助通道"（Aux Channels）、"组实公用工具"（Group Utilities）功能。

（3）动画引擎（Animation Engine）：可以使一个模型组向另一个模型组进行变化。

（4）中心变换（World Transform）：调整所有组的位置、偏移、大小以及旋转等。

（5）自定义图层（Custom Layers）：包含"自定义文本和蒙版"（Custom Text and Masks）和"自定义纹理贴图"（Custom Texture Maps）两种功能。

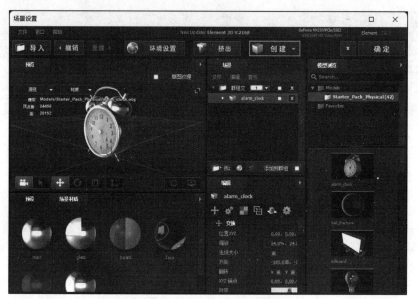

图 1-21-37　Element 3D 场景设置

（6）公用工具（Utilities）：可用于为场景模型的表面坐标生成"3D Null"图层，也可导出场景中的 3D 模型，还可对渲染设置及输出参数进行重置。

（7）渲染设置（Render Settings）：用于进一步完善渲染效果，包含"物理环境"（Physical Environment）、"照明"（Lighting）、"阴影"（Shadows）、"子面散射"（Subsurface scattering）、"环境吸收"（Ambient occlusion）、"蒙版阴影"（Matte Shadow）、"反射（Reflection）、"雾"（Fog）、"运动模糊"（Motion blur）、"景深"（Depth of Field）、"辉光"（Glow）、"光线追踪"（Ray-Tracer）、"摄像机截止"（Camera Cut-of）13 个功能以及"渲染顺序"（Render Order）选项。

（8）输出（Output）：用于设置输出通道、模型显示模式、抗锯齿以及调节各通道信息等。

（9）渲染模式（Render Mode）：改变渲染质量及预览速度。

21.3.2　三维文字充屏动效

● 视频

21.3.2 三维文字充屏动效

【案例】本案例主要使用 Element 3D（三维模型）插件制作一个三维文字充屏动效，重点学习如何通过"Element 3D""摄像机""Optical Flares"等相关参数设置，并完成动效的制作。具体静态效果如图 1-21-38 所示。

图 1-21-38　三维文字充屏动效

【设计思路】利用"纯色"图层添加"Element"特效制作三维文字；利用"摄像机"来控制观察角度；利用"纯色"图层添加"Optical Flares"特效来制作光晕特效。

【设计目标】通过本案例，掌握"Element"特效、"摄像机"、"Optical Flares"特效等的应用及操作的相关知识。

【操作步骤】

（1）打开 AE，新建项目，命名为"三维文字充屏动效"；新建名为"三维文字充屏动效"的合成，宽度、高度为 1 920 像素 ×1 080 像素，方形像素，30 帧 /s，持续时间 10 s，黑色背景，如图 1-21-39 所示。

（2）在"项目"面板中加入本案例需要的素材，包括"爆炸音效 .mp3""背景 .mp4""火焰 .mp4""静态背景 .jpg""粒子 .mp4""旋转光环 .mp4"和"烟雾 .mp4"；新建文件夹，命名为"素材"，并把导入的所有素材移入"素材"文件夹中，如图 1-21-40 所示。

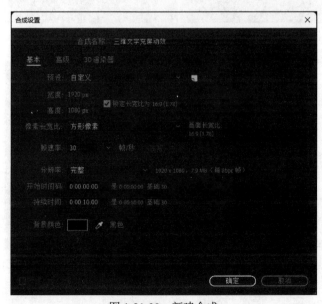

图 1-21-39　新建合成

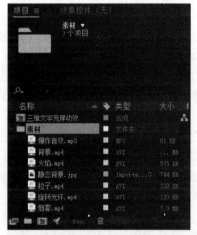

图 1-21-40　导入素材

（3）把素材"静态背景 .jpg"拖到时间轴面板中，在"静态背景 .jpg"图层名称处右击，在弹出快捷菜单中选择"效果"→"颜色校正"→"色阶"命令，添加"色阶"特效，并调整"输入白色"为563，使素材的亮光部分变暗一点，如图1-21-41所示。

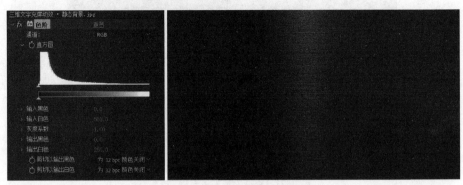

图1-21-41　调整色阶

（4）在时间轴面板中，在空白处右击，在弹出的快捷菜单中选择"新建"→"文本"命令，输入文字"3D充屏特效"；选择字符，在"字符"面板中调整字体华文细黑，字号200，仿粗体，仿斜体；在菜单栏中选择"窗口"→"对齐"命令，打开"对齐"面板，设置"水平对齐""垂直对齐"，如图1-21-42所示。关闭█"3D充屏特效"文本图层。

图1-21-42　输入文字

（5）与上一步骤类似（后续新建图层不再赘述），新建名为"E3D"的"纯色"图层，在"E3D"图层名称处右击，在弹出的快捷菜单中选择"效果"→"Video Copilot"→"Element"命令，添加"三维模型"特效；在"效果控件"面板中选择"自定义图层"→"自定义文字和遮罩"→"路径图层1"，设置为2.3D充屏特效，如图1-21-43所示。

（6）单击"Scene Setup"（场景设置）按钮，打开"场景设置"面板，单击"挤出"按钮，挤出文字；选择"预设"视图下"Bevels"（倒角）→"Physical"下的"Double_Down"预设效果，双击添加，如图1-21-44所示。

图1-21-43　自定义图层

（7）选择"场景"视图下"群组文件夹"→"Extrusion Model"下的"Shiny_Light"，在"编辑"视图设置"挤出"为1.04；选择"Bevels2"，设置"挤出"为0.08；选择第二个"Bevels2"，设置"挤出"为1.54；选择第二个"Shiny_Light"，设置"挤出"为1.69，并且下拉滚动条，设置反射颜色为#1E52E6。参数如图1-21-45所示，效果如图1-21-46所示。

图 1-21-44　添加"Double_Down"预设

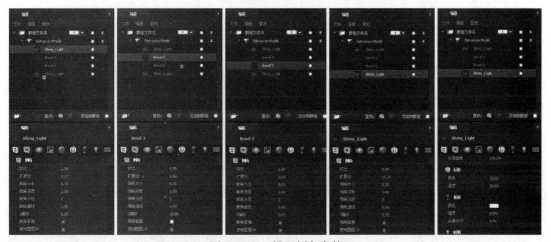

图 1-21-45　设置倒角参数

图 1-21-46　倒角效果

（8）将"背景.mp4"素材拖放在"3D充屏特效"文字图层下方，"静态背景.jpg"图层上方，设置图层混合模式为"相加"；在"背景.mp4"图层名称处右击，在弹出的快捷菜单中选择"效果"→"颜色校正"→"曲线"命令，添加"曲线"特效，设置曲线，降低色调，如图1-21-47所示。

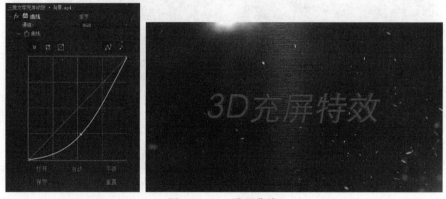

图1-21-47　设置曲线

（9）同样，将"粒子.mp4"和"烟雾.mp4"素材拖放在时间轴上，设置图层混合模式为"相加"，如图1-21-48所示。

图1-21-48　添加粒子、烟雾

（10）选择"3D充屏特效"图层，在空白处右击，在弹出的快捷菜单中选择"新建"→"摄像机"命令，新建摄像机；选择"摄像机1"图层，在菜单栏中选择"图层"→"摄像机"→"创建空轨道"命令，创建空轨道图层，用来控制摄像机，如图1-21-49所示。

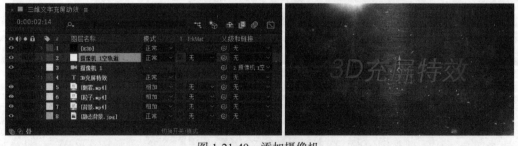

图1-21-49　添加摄像机

（11）选择"摄像机1空轨道"图层，按【P】键，展开此图层的位置属性，将"时间指示器"定位到0 s处，单击位置属性前的"码表" ，添加关键帧，修改Z轴坐标为760左右，如图1-21-50所示。

图 1-21-50　0 s 处添加关键帧

（12）将"时间指示器"定位到 10 帧处，单击"添加 / 移除关键帧"◎按钮，添加关键帧；在图层名称下的位置处右击，在弹出的快捷菜单中选择"重置"命令，重置第 10 帧处的 Z 轴坐标，使位置快速恢复到默认的参数，如图 1-21-51 所示。

图 1-21-51　10 帧处添加关键帧

（13）打开"E3D"图层的"运动模糊"■，同时要注意运动模糊的总开关◎开启，按钮处于蓝色状态表示开启；图 1-21-52 所示为第 6 帧处"运动模糊"未开和开启充屏效果对比。

图 1-21-52　第 6 帧处"运动模糊"对比效果

（14）将"时间指示器"定位到 5 s 处，单击"添加 / 移除关键帧"◎按钮，添加关键帧，Z 轴坐标改为 -200 左右；按【N】键，对工作区进行修剪，使渲染出的视频为 5 s，如图 1-21-53 所示。

图 1-21-53　5 s 处添加关键帧

（15）选择三个关键帧，在任意一个关键帧上右击，在弹出的快捷菜单中选择"关键帧插值…"命令，打开"关键帧插值"对话框，修改"空间插值"为线性，如图 1-21-54 所示。

（16）将"火焰.mp4"和"旋转光环.mp4"素材拖放在时间轴上，设置图层混合模式为"相加"，并把"火焰.mp4"图层素材前移 1 帧左右，如图 1-21-55 所示。

图 1-21-54 "关键帧插值"对话框

图 1-21-55 添加火焰和光环

（17）在"E3D"图层上方新建一个名为"光效"的纯色图层，在"光效"图层名称处右击，在弹出的快捷菜单中选择"效果"→"Video Copilot"→"Optical Flares"命令，添加"光晕"特效；在"效果控件"面板中单击"Options"按钮，打开"光晕效果选项"窗口；在"浏览器"面板中选择"Light"下"Beam"光晕；在"编辑器"中设置颜色为"#FF0500"，大小为 230%。如图 1-21-56 所示。

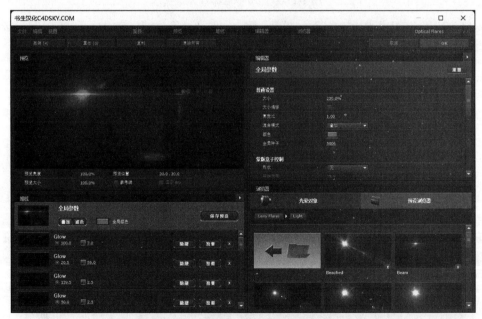

图 1-21-56 设置"光晕效果选项"窗口

（18）将"时间指示器"定位到 0 s 处，在"效果控件"面板中单击"位置 XY"前的"码表" ◎ 按钮，添加关键帧，如图 1-21-57 所示；将"时间指示器"定位到 5 s 处，在"效果控件"面板中，设置 X 轴坐标为 1 413，Y 轴不变，如图 1-21-58 所示。

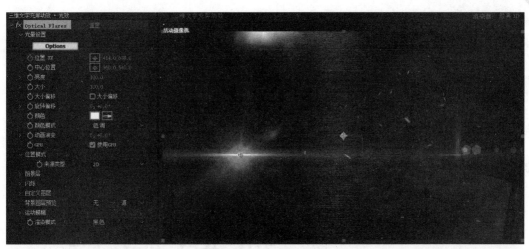

图 1-21-57　0 s 处光效

图 1-21-58　5 s 处光效

（19）添加"爆炸音效 .mp3"到时间轴面板，并控制前移 1 帧。最终时间轴面板如图 1-21-59 所示。

图 1-21-59　最终时间轴面板

第五部分
视 频 编 辑

  Adobe Premiere 是一款常用的视频编辑软件，由 Adobe 公司推出。现在常用的版本有 CS5、CS6、CC、CC 2015、CC 2017 以及 CC 2020 等。Adobe Premiere 是目前流行的非线性视频编辑工具之一，有较好的兼容性，且可以与 Adobe 公司推出的其他软件相互协作。这款软件广泛应用于广告制作和电视节目制作中。

  本部分以 Adobe Premiere Pro CC 2020 作为介绍的主要对象，在讲解的过程中秉承教学的基本理念，突出实用性，从基础功能讲起，几乎每个工具的使用都结合具体实例进行讲解。因此，无论是初学者，还是已有一定基础的读者，都可以按照各自的要求进行有规律的学习，从而提高运用 Premiere 处理视频的能力。

第 22 章
Premiere 视频编辑基础

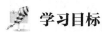 **学习目标**

◎ 熟悉 Premiere Pro CC 2020 的工作界面。
◎ 掌握数字视频的基础知识。
◎ 掌握 Premiere 影视编辑的工作流程。

 学习重点

◎ 数字视频的基础知识。
◎ 视频的基本概念。

　　随着现代影视与传媒技术的发展，视频剪辑软件成为电影电视必不可少的工具，在学习视频剪辑技术和软件之前，首先需要对视频编辑的基础知识进行充分的了解和认识。本章将讲解 Premiere 视频编辑相关的基础知识，包括非线性编辑概述、视频基本概念、数字视频基础、Premiere 的功能和作用、视频编辑的基本流程以及 Premiere CC 2020 的工作界面等。这里要提醒读者的是剪辑最重要的不是多熟练软件，而是理清剪辑的思路，也就是讲述故事的方式，这和写作文、写小说、讲故事是一个道理。剪辑的思路直接决定片子是"俗气"的或者让人"眼前一亮"。先要在头脑里生成画面感，第一个镜头是人还是物，以什么样的形式出现，用什么样的音乐，想要营造一个什么样的氛围。其次是素材的准备，也就是拍摄，这个环节非常重要，当你把第一个问题想清楚后就可以思考怎样拍东西了。当然，在剪出作品之前我们往往不太清楚自己真正需要什么镜头，只是有个大概方向，所以拍摄的时候"多多益善"。后期剪辑音视频来源时，由于每个人有自己不同的喜好和渠道，需要有阅片量、软件还要有美术功底的支撑。

22.1　影视编辑常见基础概念

　　Premiere 是一款强大的数字视频编辑工具，是目前最流行的非线性编辑软件之一。数字视频就是先用摄像机之类的视频捕捉设备，将外界影像的颜色和亮度信息转变为电信号，再记录到存储介质（如录像带）。

　　在使用 Premiere Pro CC 2020 进行影视内容的编辑处理时，准确理解相关概念、术语的含义，才能快速理解和掌握各种视频编辑操作的实用技能。

22.1.1　非线性编辑概述

　　非线性编辑是借助计算机来进行数字化制作，几乎所有的工作都在计算机里完成，不再需要那么多的外围设备，对素材的调用也是瞬间实现，不用反反复复在磁带上寻找，突破单一的时间顺序编辑限制，可以按各种顺序排列，具有快捷简便、随机的特性。非线性编辑只要上传一次就可以多次编辑，信号质量始终不会变低，所以节省了设备、人力，提高了效率。非线性编辑需要专用的编辑软件、硬件，在现在绝大多数的电视电影制作机构都采用了非线性编辑系统。

　　1. 非线性编辑系统

　　非线性编辑的实现，需要靠软件与硬件的支持，这就构成了非线性编辑系统。非线性编辑系统从硬件上来看，可由计算机、视频卡、声卡、高速硬盘、专用板卡、SDI 标准接口以及外围设备组成。随着计算机硬件性能的提高，视频编辑处理对专用器件的依赖越来越小，软件的作用更加突出。因此，掌握类似 Premiere 之类的非线性编辑软件，就成了非线性编辑的关键。

　　2. 非线性编辑的优势

　　早期线性编辑的主要特点是录像带必须按一定顺序编辑，也就是说，线性编辑只能按照视频的先后播放顺序进行编辑工作。

　　非线性编辑是一种组合和编辑多个视频素材的方式，它使用户在编辑过程中，能够在任意时刻随机访问所有素材。

　　从非线性编辑系统的作用来看，它能集录像机、切换台、数字特技机、编辑机、多轨录音机、调音台、MIDI 创作、时基等设备于一身，几乎包括了所有的传统后期制作设备。这种高度的集成性，使得非线性编辑系统的优势更为明显。因此它能在广播电视界占据越来越重要的地位，一点也不令人奇怪。概括地说，非线性编辑系统具有信号质量高、制作水平高、节约投资、保护投资、网络化这方面的优越性。

22.1.2　数字视频基础

　　模拟视频每次在录像带中将一段素材复制传送一次，都会损失一些品质，而数字视频可以自由地复制视频而不会损失品质。相对模拟视频而言，数字视频拥有众多优势。

　　1. 认识数字视频

　　数字视频就是以数字形式记录的视频，和模拟视频相对。数字视频有不同的产生方式，存储方式和播出方式。比如通过数字摄像机直接产生数字视频信号，存储在数字带，P2 卡，蓝光盘或者磁盘上，从而得到不同格式的数字视频。然后通过 PC、特定的播放器等播放出来。在 Premiere 中，数字视频通常包含视频、静帧图像和音频，它们都已经数字化或者已经从模拟格式转换为数字格式。

　　2. 数字视频的优势

　　数字视频信号是基于数字技术以及其他更为拓展的图像显示标准的视频信息。数字视频与模拟视频相比有以下特点：

　　（1）数字视频可以不失真地进行无数次复制，而模拟视频信号每转录一次，就会有一次误差积累，产生信号失真。

　　（2）模拟视频长时间存放后视频质量会降低，而数字视频便于长时间的存放。

（3）可以对数字视频进行非线性编辑，并可增加特技效果等。

（4）数字视频数据量大，在存储与传输的过程中必须进行压缩编码。随着数字视频应用范围不断发展，它的功效也越来越明显。

3. 视频的采集和数字化

视频采集就是通过视频采集卡将视频源，如模拟摄像机、录像机、影碟机、电视机输出的视频信号（包括视频音频的混合信号）输入计算机，并转换成计算机可辨别的数字数据，存储在计算机中。在视频信息的数字化过程中包括采样、量化、压缩过程。

数字视频为了把模拟信号转换成数字信号，必须把时间和幅度两个量转换成不连续的值，把时间转换成离散值的过程称为采样，而把幅度转换成离散值的过程称为量化。视频信号数字化后若不经过压缩，数据量非常庞大，因此压缩就是通过编码进行视频的格式转换等。

22.1.3　视频的基本概念

1. 帧和帧速率

视频帧速率（frame rate）是用于测量显示帧数的量度，测量单位为每秒显示帧数（frames per second，fps）。由于人类眼睛的特殊生理结构，如果所看画面之帧速率高于 16 帧 /s 时，就会认为是连贯的，此现象称之为视觉停留。使用高的帧速率可以得到更流畅、更逼真的动画。一般来说 30 帧 /s 就是可以接受的，但是将性能提升至 60 帧 /s 则可以明显提升交互感和逼真感，但是一般来说超过 75 帧 /s 一般就不容易察觉到明显的流畅度提升了。

2. 电视制式

电视信号的标准简称制式，可以简单地理解为用来实现电视图像或声音信号所采用的一种技术标准。制式的区分主要在于其帧频（场频）的不同、分解率的不同、信号带宽以及载频的不同、色彩空间的转换关系不同，等等。各国的电视制式不尽相同，中国大部分地区使用 PAL 制式；日本、韩国及东南亚地区与美国等欧美国家使用 NTSC 制式；俄罗斯则使用 SECAM 制式。中国市场上买到的正式进口的 DV 产品大都是 PAL 制式。

3. SMPTE 时间码

通常用时间码来识别和记录视频数据流中的每一帧，从一段视频的起始帧到终止帧，其间的每一帧都有一个唯一的时间码地址。根据 SMPTE 使用的时间码标准，其格式是：小时，分钟，秒，帧，或 hours，minutes，seconds，frames。例如，一段长度为 00:02:31:15 的视频片段的播放时间为 2 min 31 s 15 帧，如果以每秒 30 帧的速率播放，则播放时间为 2 min 31.5 s。

4. 像素纵横比

在 Premiere 中，画幅大小是以像素为单位进行计算的。像素是一个个有色方块，图像是由许多像素以行和列的方式排列而成。文件包含的像素越多，其所含的信息也越多，图像也就越清晰。在 DV 出现之前，多数台式机视频系统中使用的标准画幅大小是 640 像素 ×480 像素，即 4:3。常用的普通电视屏幕的大小就是 4:3，而高清电视的宽高比显示标准一般是 16:9。DV 基本上使用矩形像素，也即 720 像素 ×480 像素。

5. 视频格式

1）AVI

AVI（audio video interleaved，音频视频交错）这个由微软公司发表的视频格式，在视频领域可以说是最悠久的格式之一。AVI 格式调用方便、图像质量好，压缩标准可任意选择，是应用最广泛，也是应用时间最长的格式之一。

2）MPEG

MPEG（motion picture experts group，运动图像专家组）格式包括了 MPEG-1、MPEG-2 和 MPEG-4 在内的多种视频格式。MPEG-1 是用户接触得较多的，因为其正在被广泛地应用在 VCD 的制作和一些视频片段下载的网络应用上面，大部分 VCD 都是用 MPEG1 格式压缩的（刻录软件自动将 MPEG1 转换为 DAT 格式），使用 MPEG-1 的压缩算法，可以把一部 120 min 时长的电影压缩到 1.2 GB 左右大小。MPEG-2 则是应用在 DVD 的制作，同时在一些 HDTV（高清晰电视广播）和一些高要求视频编辑、处理上面也有相当多的应用。使用 MPEG-2 的压缩算法压缩一部 120 min 时长的电影可以压缩到 5 ～ 8 GB 的大小，而 MPEG-4 可压缩到 300 MB 左右以供网络播放。

3）MOV

使用过 Mac 计算机的朋友应该多少接触过 QuickTime。QuickTime 原本是 Apple 公司用于 Mac 计算机上的一种图像视频处理软件。Quick-Time 提供了两种标准图像和数字视频格式，即可以支持静态的 *.PIC 和 *.JPG 图像格式，动态的基于 Indeo 压缩法的 *.MOV 和基于 MPEG 压缩法的 *.MPG 视频格式。

4）FLV

FLV（flash video，流媒体格式）是随着 Flash MX 的推出发展而来的一种新兴的视频格式。FLV 文件体积小巧，清晰的 1 min 时长的 FLV 视频在 1 MB 左右，一部电影在 100 MB 左右，是普通视频文件体积的 1/3。再加上 CPU 占有率低、视频质量良好等特点使其在网络上盛行，网上的几家著名视频共享网站均采用 FLV 格式文件提供视频，就充分证明了这一点。

5）DV

DV（digital video format）是由索尼、松下、JVC 等多家厂商联合提出的一种家用数字视频格式。目前非常流行的数码摄像机就是使用这种格式记录视频数据的。它可以通过计算机的 IEEE 1394 端口传输视频数据到计算机，也可以将计算机中编辑好的视频数据回录到数码摄像机中。这种视频格式的文件扩展名一般是 .avi，所以也称 DV-AVI 格式。

6. 数字音频格式

1）WAV

WAV 文件是波形文件，是微软公司推出的一种音频存储格式，主要用于保存 Windows 平台下的音频源。WAV 文件存储的是声音波形的二进制数据，由于没有经过压缩，使得 WAV 波形声音文件的体积很大。通用的 WAV 格式（即 CD 音质的 WAV）是 44 100 Hz 的采样频率，16 bit 的量化位数，双声道，这样的 WAV 声音文件存储 1 min 的音乐需要 10 MB 左右，占空间太大了，一般不是专业人士（例如专业录音室等需要极高音质的场合）不会选择用 WAV 来存储声音。

2）MP3

MP3 是一种音频压缩技术，其全称是动态影像专家压缩标准音频层面 3（moving picture experts group audio layer Ⅲ）。它被设计用来大幅度地降低音频数据量。利用 MPEG Audio Layer 3 的技术，将音乐以 1:10 甚至 1:12 的压缩率，压缩成容量较小的文件，而对于大多数用户来说重放的音质与最初的不压缩音频相比没有明显的下降。

3）WMA

WMA（windows media audio），它是微软公司推出的与 MP3 格式齐名的一种新的音频格式。由于 WMA 在压缩比和音质方面都超过了 MP3，更是远胜于 RA（real audio），即使在较低的采样频率下也能产生较好的音质。

22.2　Premiere 的功能和作用

Premiere 是 Adobe 公司推出的一套非线性编辑软件，可用来轻松地实现视频、音频素材的编辑合成以及特技处理的桌面化。Premiere 功能强大，操作也非常简单，制作出来的作品也较为精美。

1. Premiere 的主要功能

（1）编辑和剪接各种视频素材：以幻灯片的风格播放剪辑，具有变焦和单帧播放能力。使用 TimeLine（时间线）、Trimming（剪切窗）进行剪辑，可以节省编辑时间。

（2）对视频素材进行各种特技处理：Premiere 提供强大的视频特技效果，包括切换、过滤、叠加、运动及变形等五种。这些视频特技可以混合使用，完全可以产生令人眼花缭乱的特技效果。

（3）在两段视频素材之间增加各种切换效果：在 Premiere 的切换选项里提供了 74 种切换效果，每一个切换选项图标都代表一种切换效果。

（4）在视频素材上增加各种字幕、图标和其他视频效果，除此以外，还可以给视频配音，并对音频素材进行编辑，调整音频和视频的同步，改变视频特性参数，设置音频、视频编码参数以及编译生成各种数字视频文件，等等。

（5）强大的色彩转换功能能够将普通色彩转换成为 NTSC 或者 PAL 的兼容色彩，以便把数字视频转换成为模拟视频信号，通过录像机记录在磁带或者通过刻录机刻在 VCD 上面。

除了上面的功能之外，Premiere 还具有编辑功能强大、管理方便、特级效果丰富、采集素材方便、编辑方便、可制作网络作品等众多优点。

2. Premiere 视频编辑中的常用术语

（1）帧和场。帧是视频技术常用的最小单位，1 帧是由两次扫描获得的一幅完整图像的模拟信号，视频信号的每次扫描称为场。视频都是由一帧一帧组成的，每一帧其实是一个包含有音频视频信息的基本单位。

（2）动画。通过迅速显示一系列连续的图形而产生动作模拟效果。

（3）关键帧。素材中一个特定的帧，它被标记是为了特殊编辑或控制整个动画。当创建一个视频时，在需要大量数据传输的部分指定关键帧有助于控制视频回放的平滑程度。

（4）过渡效果。用一个视频素材代替另一个视频素材的切换过程。

（5）渲染。对项目进行输出，在应用了转场和其他效果之后，将源信息组合成单个文件的过程。

（6）导入。将一组数据从一个程序置入另一个程序的过程。文件一旦被导入，数据将被改变以适应新的程序而不改变源文件。

（7）导出。在应用程序之间分享文件的过程。导出文件时，要使数据转换为接收程序可以识别的格式，源文件保持不变。

 ## 22.3　Premiere 中进行影视编辑的工作流程

在 Premiere 中进行影视编辑的基本工作流程如下：

（1）确定主题，规划制作方案。

（2）收集整理素材，并对素材进行适合编辑需要的处理。

（3）创建影片项目，新建指定格式的合成序列。

（4）导入准备好的素材文件。

（5）对素材进行编辑处理。

（6）在序列的时间轴窗口中编排素材的时间位置、层次关系。

（7）为时间轴中的素材添加并设置过渡、特效。

（8）编辑影片标题文字，字幕。

（9）加入需要的音频素材，并编辑音频效果。

（10）预览检查编辑好的影片效果，对需要的部分进行修改整理。

（11）渲染输出影片。

22.4　熟悉 Premiere Pro CC 2020 的工作界面

打开 Premiere Pro CC 2020 软件，选择"文件"→"打开项目"命令，在打开的对话框中，选取本书配套素材中："本章\案例 22.1\"示例 22-1.prpro"文件，然后单击"打开"按钮，如图 1-22-1 所示。

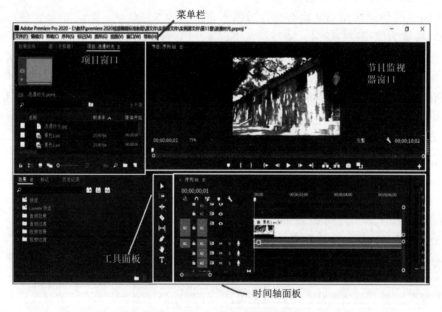

图 1-22-1　Premiere Pro CC 2020 操作界面

1. 菜单栏

菜单栏位于标题栏下面，包括文件、编辑、剪辑、序列、标记、字幕、窗口和帮助八个菜单。

2. 项目窗口

项目窗口用于存放创建的序列、素材和导入的外部素材，可以对素材片段进行查看属性、插入到序列、组织管理等操作，如图 1-22-2 所示。

- 素材预览区：主要显示所选素材相关信息。
- 列表视图：单击可将项目窗口中素材目录以列表形式显示。
- 图标视图：单击可将素材目录以图标形式显示。

- 自由变换视图：单击可将素材目录以自由形式显示。
- 缩放控制栏：拖动滑块可将素材图标缩小放大显示。
- 排序图标：在显示模式下，单击后在弹出菜单中选择可将素材按照对应顺序进行排序。
- 自动匹配序列：在项目窗口中选取要加入序列中的一个或多个素材对象时，执行此命令，在打开的"序列自动化"对话框中设置需要的选项，可将所选对象全部加入目前打开的工作序列中所选轨道对应的位置。
- 新建素材箱：新建一个素材文件夹，可以放置多个素材、序列或素材箱，也可以执行导入素材等操作。
- 查找：可以设置相关选项或输入查找对象相关信息。
- 清除：可清除选中素材，但不会删除源文件。

图 1-22-2　项目窗口

3. 源监视器窗口

源监视器窗口 用于查看或播放预览的原始内容，方便观察对其进行编辑后的对比变化。可将项目窗口的素材直接拖到源监视器窗口，或双击已加入时间轴窗口中的素材。

4. 节目监视器窗口

可以对合成序列的编辑效果进行实时预览，也可以对素材进行移动、变形、缩放等操作。如图 1-22-3 所示。

- 标记入点：将时间标尺所在位置标记为素材的入点。 转入到入点：可跳转到入点。
- 标记出点：将时间标尺所在位置标记为素材的出点。 可跳转到出点。
- 添加标记：可在时间标尺上方添加标记，除了可以快速定位时间指针外，还可编辑注释信息或章节标记，方便协同人员了解当时编辑意图或注意事项。
- 逐帧后退和 逐帧前进。
- 播放 - 停止切换。
- 提升：将播放窗口中标注的素材从时间轴中提出，时间轴其他素材位置不变。
- 提取：将播放窗口中标注的素材从时间轴中提取，后面素材位置自动对其填补间隙。
- 导出帧。
- 比较视图。

图 1-22-3　节目监视器窗口

- 按钮编辑器：弹出"按钮编辑器"面板，可重新补给监视器窗口中的按钮。如图 1-22-4 所示。

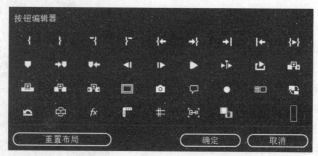

图 1-22-4 "按钮监视器"面板

5. 时间轴窗口

时间轴窗口用于按时间先后、上下层次来编排合成序列中的所有素材片段，为素材添加特效等操作，如图 1-22-5 所示。

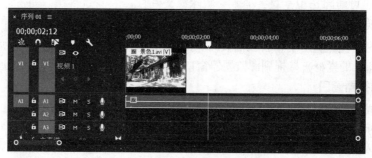

图 1-22-5 时间轴窗口

- 00;00;02;12播放指示器位置：显示时间指针所在位置，将鼠标指针移到上面，在光标变为小手形状后，按住鼠标左键左右拖动，可以向前或向后移动时间指针。单击该时间码，进入其编辑状态并输入需要的时间码位置，即可将指针定位到需要的时间位置。按【→】或【←】键。可以将时间指针每次向前或向后移动一帧。

- 将序列作为嵌套或个别剪辑插入并覆盖：如果按钮是按下状态，当序列 B 加入序列 A 中时，序列 B 将以嵌套方式作为一个单独的素材剪辑被应用；如果未按下，序列 B 中所有素材剪辑将保持相同的轨道设置添加到序列 A 中。

- 对齐：在时间轴窗口中移动或修剪素材到接近靠拢时，被移动或修剪的素材将自动靠拢并对齐到时间指针当前的位置，对齐前面或后面的素材，以便通过准确的调整，使两个素材首尾相连。

- 添加标记：在时间标尺上时间指针当前的位置添加标记。

- 时间轴显示设置：可在弹出菜单选中对应命令。

- 切换轨道输出：可隐藏或显示该轨道所有内容的输出。

- 切换轨道锁定：可将轨道内容锁定，不能再被编辑和删除。

- 静音轨道：可切换成音频内容变成静音。

- 独奏轨道：选中状态只输出该轨道的音频内容，其他未设置的轨道变为静音。

- 画外音录制：选中状态时可进行录音。

6. 工具面板

工具面板包含了一些在进行视频编辑操作时常用的工具，如图 1-22-6 所示。右下角有小三角的工具为工具组，其扩展工具如图 1-22-7 所示。

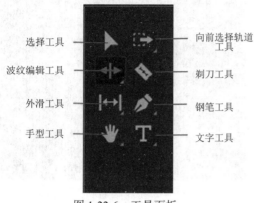

图 1-22-6　工具面板

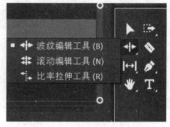

图 1-22-7　扩展工具

- 选择工具：对素材进行选择，移动以及调节素材关键帧，为素材设置入点和出点等操作。
- 剃刀工具：可在素材上需要分割的位置单击，将素材分成两段。
- 向前选择轨道工具：向后选择轨道工具。
- 外滑工具：用于改变一段素材的入点和出点，保持其总长度不变，并且不影响相邻的其他素材。
- 内滑工具：可保持当前所操作素材的入点与出点不变，改变其在时间线窗口中位置，同时调整相邻素材的入点和出点。
- 波纹编辑工具：可以拖动素材的出点以改变素材的长度，而相邻素材长度不变，项目片段的总长度不变。
- 钢笔工具：主要用于设置素材的关键帧。
- 滚动编辑工具：在需要修剪的素材边缘拖动，可以将增加到该素材的帧数从相邻的素材中减去，项目片段的总长度不发生改变。
- 手型工具：用于改变时间轴窗口的可视区域，有助于编辑一些较长的素材。
- 比率拉伸工具：可以对素材剪辑的播放速率进行相应调整，以改变素材长度。
- 缩放工具：调整时间轴窗口显示单位比例。按【Alt】键，可以在放大缩小模式间切换。

7. 效果面板

效果面板集合了预设动画特效、音频效果、音频过渡、视频效果和视频过渡类特效。可以很方便地为时间轴窗口中各种素材添加特效，如图 1-22-8 所示。

8. 元数据面板

元数据面板可以查看所选素材编辑的详细文件信息以及嵌入到剪辑中的 Adobe Story 脚本内容，如图 1-22-9 所示。

9. 音轨混合器面板

音轨混合器面板用于对序列中素材剪辑的音频内

图 1-22-8　效果面板

容进行各项处理，实现混合多个音频、调整增益等多种针对音频的编辑操作，如图 1-22-10 所示。

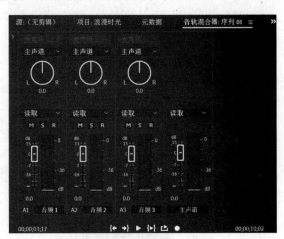

图 1-22-9　元数据面板　　　　　　　　　图 1-22-10　音轨混合器面板

10. 媒体浏览器面板

使用媒体浏览器面板，可以直接在 Premiere 中查看计算机磁盘中指定目录下的素材媒体文件，也可以将素材直接加入当前剪辑项目中的序列中使用，如图 1-22-11 所示。

11. 信息面板

信息面板用于显示所选素材剪辑的文件名、类型、入点和出点、持续时间等信息，以及当前序列的时间轴窗口中，时间指针的位置、各视频或音频轨道中素材的时间状态等信息，如图 1-22-12 所示。

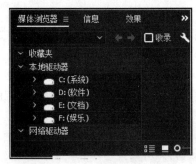

图 1-22-11　媒体浏览器面板　　　　　　　图 1-22-12　信息面板

12. 历史记录面板

历史记录面板记录了从建立项目以来的所有操作。如果进行了错误操作，或恢复到多个操作步骤之前的状态，可单击历史记录面板中记录的相应操作名称，返回之前的编辑状态。

第 *23* 章

Premiere 基本操作

 学习目标

◎ 熟悉 Premiere 的功能设置。
◎ 掌握 Premiere 的项目和素材管理。
◎ 了解音频处理与应用。
◎ 熟悉 Premiere 时间轴和序列管理。

 学习重点

◎ 新建和管理项目文件。
◎ 时间轴和序列管理。
◎ 视频素材和音频素材的剪辑。

Premiere 是一款强大的数字视频编辑工具，拥有前所未有的视频编辑能力和灵活性，是视频爱好者们使用最多的视频编辑软件之一。本章将介绍 Premiere 的基本操作，包括 Premiere 的功能设置、项目和素材管理、时间轴和序列、音频处理与应用等。

 ## 23.1　项目和序列管理

Premiere 是 Adobe 公司出品的一款用于进行影视后期编辑的软件，是数字视频领域普及程度最高的编辑软件之一。本节讲述了项目和序列的新建、素材导入、项目管理等基本操作。

23.1.1　新建项目和序列

使用 Premiere 编辑影视作品时，首先要创建一个新工作项目并进行相关设置，以确保影视作品符合播放标准要求。操作步骤如下：

（1）选择"文件"→"新建"→"项目"命令，打开"新建项目"对话框，如图 1-23-1 所示，在"名称"文本框输入"我的第一个项目"，然后单击"位置"后面"浏览"按钮，在打开的对话框中选择新建项目的保存路径，如图 1-23-2 所示。单击"确定"按钮，进入工作界面。

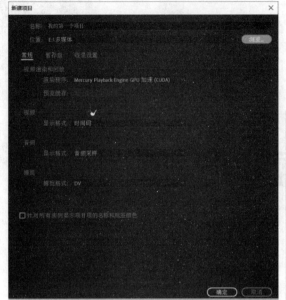

图 1-23-1 "新建项目"窗口

图 1-23-2 项目保存路径窗口

（2）选择"文件"→"新建"→"序列"命令，打开"新建序列"对话框，在"可用预设"列表中选择需要的预设项目设置，例如展开 DV-PAL 文件夹，选择"宽屏 48 kHz"类型，如图 1-23-3 所示。

图 1-23-3 "新建序列"对话框

（3）在"新建序列"对话框中单击"确定"按钮后，即可在项目窗口查看到新建的序列对象。

23.1.2　导入外部素材

在制作影片时，包含了大量的素材文件，如静态图像、视频、声音、字幕等，编辑者需要导入素材并加以管理。主要操作步骤如下：

（1）选择"文件"→"导入"命令。或在项目窗口中的空白位置右击并选择"导入"命令。

（2）在弹出的"导入"对话框中展开素材所在目录，选取本书配套素材中的"第 23 章\案例 23.1"目录下准备的素材，如图 1-23-4 所示。

（3）单击"打开"按钮，即可将选取的素材导入项目窗口中，如图 1-23-5 所示。

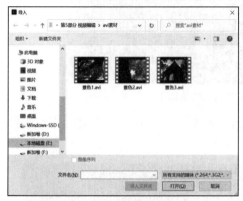

图 1-23-4　素材导入文件路径

图 1-23-5　带素材列表的项目窗口

23.1.3　将素材加入序列

导入的素材要求添加到序列中，才能被编辑。操作步骤如下：

【例 23.1】添加素材

（1）在项目窗口中将视频素材"景色 1.avi"拖动到时间轴窗口中视频 1 轨道上的开始位置，在释放鼠标后，出现"剪辑不匹配警告"对话框，如图 1-23-6 所示。单击"保持现有设置"按钮。即可将其入点对齐在 00:00:00:00 的位置，如图 1-23-7 所示。

视　频

例23.1 添加
素材

图 1-23-6　"剪辑不匹配警告"对话框

图 1-23-7　序列成功添加到视频轨道 1

（2）在项目窗口中通过按住【Shift】键选择或直接用鼠标框选"景色 2.avi"和"景色 3.avi"，将他们拖入时间轴窗口中的视频 1 轨道上并对齐到"景色 1"的出点位置开始，如图 1-23-8 所示。

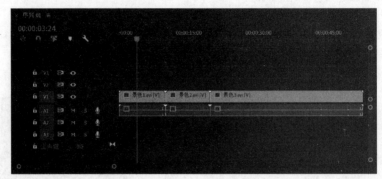

图 1-23-8　将素材添加到视频轨道 1

（3）按【Space】键或单击节目监视窗口中的"播放 - 停止切换"按钮▶，对编辑完成的内容进行播放预览，如图 1-23-9 所示。

图 1-23-9　节目监视窗口

（4）选择"文件"→"保存"命令或按【Ctrl+S】保存项目。

23.1.4　输出影片文件

当影片剪辑编辑完成后，需要对影片进行输出。

【例 23.2】导出视频。

（1）在项目窗口中选择编辑好的序列 01，右击，选择"序列设置"命令，打开"序列设置"对话框，设置预览"文件格式"为"Microsoft AVI"，如图 1-23-10 所示，单击"确定"按钮。

（2）在项目窗口中选择编辑好的序列，选择"文件"→"导出"→"媒体"命令，打开"导出设置"对话框，在预览窗口下面的"源范围"下拉列表中选择"整个剪辑"。

（3）在"导出设置"对话框中选中"与序列设置匹配"复选框，应用序列的视频属性输出影片，

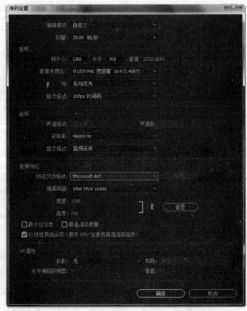

图 1-23-10　"序列设置"对话框

如图 1-23-11 所示，单击"输出名称"后面的文字按钮，打开"另存为"对话框，在对话框中为输出的影片设置文件名和保存位置，如图 1-23-12 所示。单击"保存"按钮。Premiere Pro CC 2020 将打开导出视频的编码进度窗口，开始导出视频内容。

图 1-23-11　"导出设置"对话框

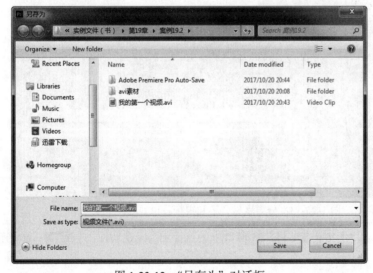

图 1-23-12　"另存为"对话框

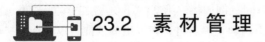

视　频

例23.2 导出
视频

（4）影片输出完成后，使用视频播放器播放影片的完整效果。

23.2　素 材 管 理

　　素材管理是影视编辑过程中的一个重要环节，在项目面板中对素材进行合理的管理，可以为后期的影视编辑工作带来事半功倍的效果。

23.2.1 编辑素材剪辑

在素材的应用过程中，有时只需要素材的某一部分，就应该对素材进行修剪。

切割素材一般采用"工具"面板中的"剃刀工具" 操作。例如将"第 23 章 \ 案例 23.2\ 创建第一个项目 .prproj"音频保留前面"00:00:52:10"前面的声音。操作步骤如下：

（1）只需要将时间码设置到"00:00:52:10"处，单击"剃刀工具"，这段素材就被分离成两部分，右击后半部分素材，在弹出的快捷菜单中选择"清除"命令。

（2）"剃刀工具"使用完，可直接单击"工具"面板中的"选择工具"，再进行其他的操作。

23.2.2 分离视频的音频和影像

实际视频编辑时，需要将摄影时的视频素材和其自带的背景声音素材分离，再根据需要加入背景音频。操作步骤如下：

【例 23.3】分离音频和视频。

（1）打开本书配套素材中的"第 23 章 \ 案例 23.3\ 创建第一个项目 .prproj"文件。

（2）时间轴窗口中的视频剪辑作为一个整体对象，包含了影像和音频内容。将其选中并选择"剪辑"→"取消链接"命令（或右击，在弹出的快捷菜单中选择"取消链接"命令），即可将素材剪辑分离为一个音频素材和一个影像素材，才可被单独处理。

（3）分离后，可单独选择音频素材，如本案例景色 1～3 嘈杂的背景噪声。

（4）导入"第 23 章 \ 案例 23.3\mp3 素材 \ 故乡的原风景 - 宗次郎 .mp3"，将其拖入音频轨道"A1"，如图 1-23-13 所示。

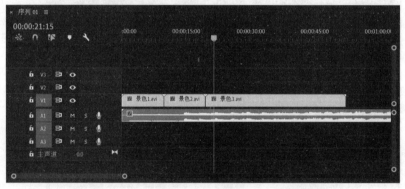

图 1-23-13 分离素材音频和视频后单独处理效果图

（5）按【Space】键或单击节目监视窗口中的"播放 / 停止切换"按钮，对编辑完成的内容进行播放预览。

23.2.3 持续时间的修改

修改静态素材的持续时间：添加到"时间线"窗口的素材，系统会默认设置一个持续时间，这时需要修改它的持续时间。例如将"第 23 章 \ 案例 23.4\ 创建第一个项目 .prproj"的静态图片时间设置为 3 s。只需右击轨道上素材，在弹出的快捷菜单中选择"速度 / 持续时间"命令，在打开的对话框中修改持续时间"00:00:03:00"。

修改动态素材的播放速度：修改动态素材的播放速度，可以改变其持续时间；同样，修改动态素材的持续时间，也可以改变其播放速度。修改方法如下：

方法一：工具法，单击"工具"面板中速率伸展工具按钮■，将鼠标移到轨道动态素材："景色 3.avi"结束位置，当指针变成■时，按住鼠标左键左右拖动即可。当动态素材长度越长，持续时间越长，播放速度越慢；反之持续时间越短，播放速度越快。

方法二：右键法，操作方法同静态素材方法。将"景色 3.avi"播放速度提高三倍，对话框如图 1-23-14 所示。

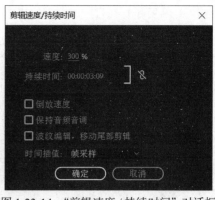

图 1-23-14　"剪辑速度 / 持续时间"对话框

23.2.4　替换素材

在 Premiere 视频编辑后，如果发现项目文件中有一些素材不适合，用户可以通过替换其中的素材来修改最终的效果，而无须对项目文件重新编辑。

打开"风景欣赏 .prproj"项目文件，对节目进行预览。

在项目面板的"风景 1.jpg"素材上右击，在弹出的快捷菜单中选择"替换素材"命令，在打开的对话框中选择"建筑 01.jpg"作为替换的素材，如图 1-23-15 所示。

使用同样的方法，将"风景 2.jpg"和"风景 3.jpg"分别替换为"建筑 02.jpg"和"建筑 03.jpg"，效果如图 1-23-16 所示。

图 1-23-15　选择"替换素材"命令

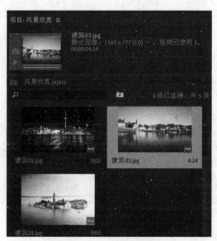

图 1-23-16　替换素材

23.2.5　链接脱机文件

脱机文件是当前并不存在的素材文件的占位符，可以记忆丢失的源素材信息。在视频编辑中遇到素材文件丢失时，不会毁坏已编辑好的项目文件。脱机文件在项目面板中显示的媒体类型信息为问号，如图 1-23-17 所示，脱机文件在监视器面板中显示为脱机媒体文件，如图 1-23-18 所示。

脱机文件只起到占位符的作用，在节目的合成中没有实际内容，如果要在 Premiere 中输出的话，需要替换相应素材或者链接计算机中的素材。链接素材时，在脱机素材上右击，在弹出的快捷菜单中选择"链接媒体"命令，如

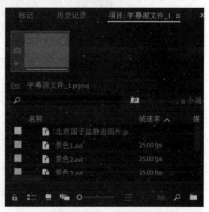

图 1-23-17　脱机文件

图 1-23-19 所示；在打开的"链接媒体"对话框中单击"查找"按钮，在打开的对话框中找到并选择需要的素材，确定后即可完成脱机文件的链接，如图 1-23-20 所示。

图 1-23-18 脱机媒体文件

图 1-23-19 选择命令

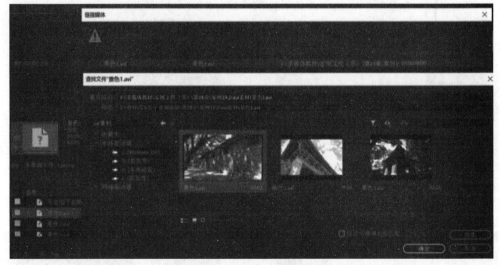

图 1-23-20 查找并选择链接素材

23.3 创建 Premiere 背景元素

Premiere 的背景元素是指借助 Premiere 自带的彩条、颜色遮罩键等对象，创建黑场视频、彩条、颜色遮罩、倒计时片头等。

23.3.1 创建彩条

一般的视频前都会有一段彩条，类似我们以前电视机没信号的样子，如图 1-23-21 所示。我们来看如何在 Premiere 中创建彩条。

新建一个项目文件，选择"文件"→"新建"→"彩条"命令，打开"新建彩条"对话框、在打开的对话框中设置视频的宽度和高度，如图 1-23-22 所示。单击"确定"按钮后，即可在项目面板中创建彩条对象。

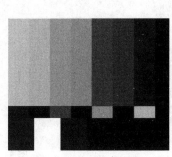

图 1-23-21　彩条对象

图 1-23-22　"新建彩条"对话框

23.3.2　创建黑场视频

黑场视频通常加在视频片头或者加在两个素材的中间，其作用是增加转场效果，使视频转场不至于太突然。具体操作如下：

新建一个项目文件，然后选择"文件"→"新建"→"黑场视频"命令，打开"黑场视频"对话框，在该对话框中设置视频的宽度和高度等信息，如图 1-23-23 所示，单击"确定"按钮，创建一个黑场视频素材，如图 1-23-24 所示。

图 1-23-23　"新建黑场视频"对话框

图 1-23-24　创建黑场视频素材

除了可以使用菜单命令创建 Premiere 背景元素外，也可以在 Premiere 项目面板中通过右下角的"新建项"按钮创建背景元素。

23.3.3　创建倒计时片头

倒计时片头主要用于影片开始前的倒计时效果。具体操作如下：

【例 23.4】创建倒计时片头。

（1）新建一个项目文件，单击项目面板中的"新建项"按钮，在弹出的快捷菜单中选择"通用倒计时片头"命令，如图 1-23-25 所示。

（2）在打开的"新建通用倒计时片头"对话框中设置视频的宽度和高度，单击"确定"按钮，如图 1-23-26 所示。

（3）在打开的"通用倒计时设置"对话框中设置视频的颜色和音频提示音等参数，如图 1-23-27 所示，单击"确定"按钮，创建"通用倒计时片头"对象，如图 1-23-28 所示。

视频 ●

例23.4 通用
倒计时片头

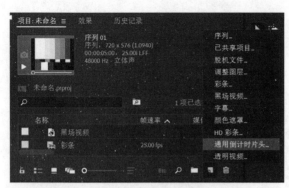

图 1-23-25 选择"通用倒计时片头"命令

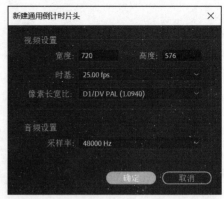

图 1-23-26 "新建通用倒计时片头"对话框

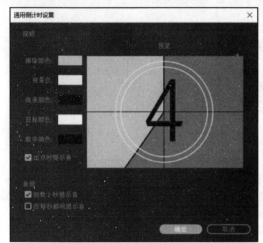

图 1-23-27 "通用倒计时设置"对话框

图 1-23-28 创建的通用倒计时片头对象

23.3.4 颜色遮罩

Premiere 颜色遮罩可以用作背景或创建最终轨道之前的临时轨道占位符，可作为一个覆盖整个视频的纯色遮罩。它的优点是通用性，在创建完颜色遮罩后，通过单击颜色遮罩可以轻松修改颜色。

【例 23.5】制作颜色遮罩。

（1）打开"颜色遮罩.prproj"项目文件，在节目监视器面板中预览节目效果。选择"文件"→"打开"→"颜色遮罩"命令，打开"新建颜色遮罩"对话框，设置视频的宽度和高度等信息，如图 1-23-29 所示，单击"确定"按钮。

（2）在打开的"拾色器"对话框中选择遮罩颜色为 160A4A，单击"确定"按钮，关闭拾色器，在出现的"选择名称"对话框中输入颜色遮罩的名字，单击"确定"按钮，如图 1-23-30 所示。

（3）将颜色遮罩拖入时间轴面板的视频 2 轨道中，如图 1-23-31 所示；切换到效果控件面板，修改颜色遮罩的相关参数，如图 1-23-32 所示。最后在节目监视器面板中预览节目效果。

视频

例23.5 颜色遮罩

图 1-23-29　"新建颜色遮罩"对话框

图 1-23-30　"选择名称"对话框

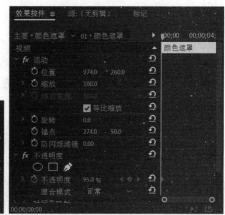

图 1-23-31　在时间轴中添加颜色遮罩

图 1-23-32　修改颜色遮罩参数

23.4　音频处理与应用

声音是影视节目中不可缺少的部分，如背景音乐可以营造一种氛围，增强节目的感染力；解说可以帮助观众理解节目内容；声音对白能更好地刻画角色特征，更好地表达主题等。

23.4.1　音频剪辑

音频剪辑与视频剪辑方法大同小异，剪辑音频方法如下：

方法一：在"时间线"窗口中，利用剃刀工具 🔪 剪辑音频。

方法二：在"素材源监视器"窗口，设置素材的入点和出点，使用"插入" 🔳 或"覆盖" 🔳 按钮编辑音频。

方法三：在"节目监视器"窗口，设置素材的入点和出点，使用"提升"或"提取"按钮剪辑音频。

音频素材和视频素材一样，也可以修改其速度或持续时间，操作方法同视频素材。

23.4.2　音频混合器的使用

单击"窗口"菜单的"音频混合器"，勾选调音目标序列，就可以打开"音轨混合器"面板，如图 1-23-33

图 1-23-33　"音轨混合器"面板

所示，其数值与时间线窗口的音频轨迹相对应，用户可以直接通过鼠标拖动面板调节装置，对多个轨道的音频素材进行调整，也可以做到边听边调整，Premiere 会自动记录调整的全过程，并在再次播放素材时将调整后的效果应用到素材上。

　　混合器对应各自轨道上面的声音，使用滑块可以调节音频声音大小，上面的圆形按钮可以调节音频的左右声道。

23.4.3　视频配音

视频

例23.6视频
配音

　　视频做好后，后期配音及音频的处理很重要，操作步骤如下：

【例 23.6】视频配音。

　　（1）打开本书"第 23 章 \ 案例 23.6\ 配音源文件 .prproj"，将带有录音功能的耳机插入计算机耳机口。

　　（2）将时间线定于起始位置，按下音频轨道 2 "A2"的"画外音录制"按钮 🎤 为红色选中状态。

　　（3）按照视频中的静态字幕内容字正腔圆地录入配音。

　　（4）直到时间线到达视频结尾，再次按下"画外音录制"按钮 🎤 为非白色的选中状态 🎤，即停止录音。此时如图 1-23-34 所示的"A2"轨道出现录制的配音素材波形图。

图 1-23-34　配音轨道波形图

　　（5）单击"窗口"菜单的"音频混合器"，单击"音频混合器"底部的"停止 / 播放切换"按钮 ▶ 边听声音，边调节音频 1 上方的滑块，将背景音乐声音降低，以突出配音声音。

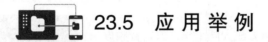

23.5　应 用 举 例

视频

23.5 应用举例
—画轴动画1

视频

23.5 应用举例
—画轴动画2

【案例】画轴动画。效果如图 1-23-35 所示。

图 1-23-35　画轴动画

【设计思路】导入 PS 源文件，利用裁剪效果设计画轴的打开关闭效果，利用基本 3D 效果设计 3D 运动效果。

【设计目标】掌握 PS 文件的导入方法，掌握裁剪、基本 3D 等基本特效的应用。

【操作步骤】

（1）打开"文件"→"新建"→"项目"命令，选择合适的保存路径，新建一个名为"画轴动画"项目；导入"画轴 .psd"文件，导入为序列，此时"项目"面板中出现名为"画轴"的素材箱，如图 1-23-36 所示。

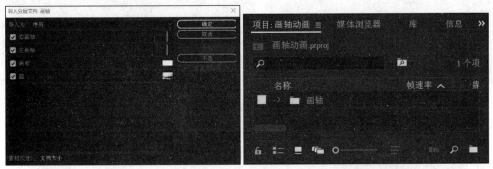

图 1-23-36　导入 PSD

（2）打开"画轴"素材箱，把"画轴"序列复制两个，分别命名为"左画轴""右画轴"，并移动到"画轴"素材箱外，如图 1-23-37 所示；打开"画轴"序列，清除左右画轴图像，并删除多余视音频轨道；打开"左画轴"序列，清除"左画轴"外的图像，并删除多余视音频轨道；打开"右画轴"序列，清除"右画轴"外的图像，并删除多余视音频轨道。

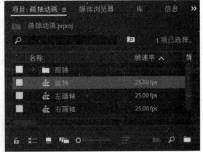

图 1-23-37　"画轴"素材箱

（3）新建一个名为"画轴动画"序列，在设置选项卡中设置：编辑模式"自定义"、时基"25 帧 /s"、帧大小"1 017 像素 ×682 像素"、像素长宽比"方形像素（1.0）"、场"无场（逐行扫描）"；在轨道选项卡中设置：视频 3 轨道、音频 1 轨道，其他参数默认。

（4）把"画轴"序列拖到 V1 轨道，按住【Alt】键，选择音频，删除音频；分别在 1 s、2 s 12 帧、4 s、4 s 24 帧处分别打上标记，如图 1-23-38 所示。

图 1-23-38　添加画轴

（5）分别把"左画轴""右画轴"序列放到 V2、V3 轨道，并删除各自的音轨；在"效果"面板中选择"视频效果"→"变换"→"裁剪"效果到"画轴"上；播放指示器定位到 1 s 标记处，在"效果控件"中裁剪的左侧和右侧都添加关键帧，转到 4 s 标记处，各添加关键帧，设置为 48%，如图 1-23-39 所示。

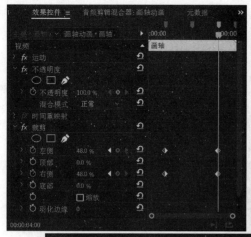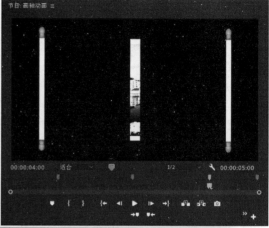

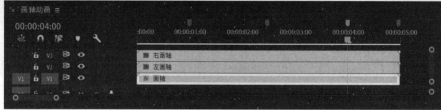

图 1-23-39　添加左右画轴

（6）在时间轴面板中隐藏"右画轴"，选择"左画轴"，在"效果控件"面板中，1 s 标记处，运动位置添加关键帧；在"节目"监视器中双击，选择编辑"左画轴"，小幅移动播放指示器，并小幅移动"左画轴"（建议用【→】键移动），最后到 4 s 标记处，如图 1-23-40 所示。

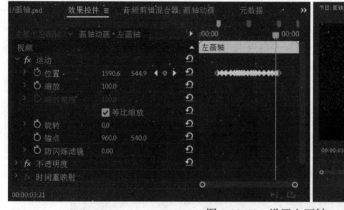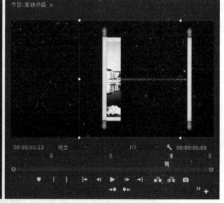

图 1-23-40　设置左画轴

（7）在时间轴面板中显示"右画轴"，选择"右画轴"，在"效果控件"面板中，1 s 标记处，运动位置添加关键帧；在"节目"监视器中双击，选择编辑"右画轴"，小幅移动播放指示器，并小幅移动"右画轴"（建议用【←】键移动），最后到 4 s 标记处，如图 1-23-41 所示。

（8）全选 3 个轨道的画轴，右击，在弹出的快捷菜单中选择"嵌套"命令，命名为"画轴效果"；在"效果"面板中选择"视频效果"→"透视"→"基本 3D"效果到"画轴效果"上；将播放指示器定位到 2 s 12 帧标记处，在"效果控件"面板中设置基本 3D 旋转 -30°、倾斜

10°，并添加关键帧；在 1 s 和 4 s 标记处添加关键帧，设置基本 3D 旋转 0°、倾斜 0°，如
图 1-23-42 所示。

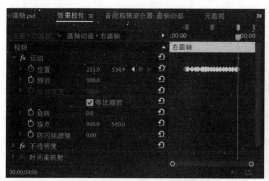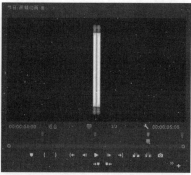

图 1-23-41　设置右画轴

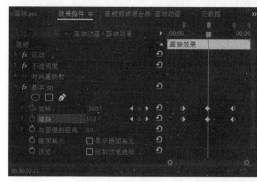

图 1-23-42　设置"基本 3D"效果

（9）在时间轴面板中，按住【Alt】，复制一个"画轴效果"到后面，右击，在弹出的快
捷菜单中打开前一个的"速度／持续时间"，设置"倒放速度"，如图 1-23-43 所示。

图 1-23-43　倒放速度

（10）导入"P015.jpg"图片，调整"画轴效果"到 V2 轨道，把图片"P015.jpg"拖到 V1
轨道作为背景，调整持续时间和图片大小，如图 1-23-44 所示。

图 1-23-44　导入图片

第 *24* 章
创建字幕与图形

字幕是影视制作中的一种通用工具，不仅可用于创建字幕和演职员表，也可以用于创建动画合成。很多影视的片头和片尾都会用到精彩的字幕，以使影片显得更为完整。字幕是影视制作中重要的信息表现元素，纯画面信息不能完全取代文字信息的功能。本章将针对字幕和图像的制作方法，以及字幕的高级应用进行详细讲解。在 Premiere 2020 中，可以使用传统的旧版标题功能和最新的字幕功能创建所需的字幕。

24.1　创建标题字幕

在影视后期制作中，字幕的设置是非常重要的步骤。旧版标题字幕延续了早期版本用于创建影片字幕的功能，适用于创建内容简单或是具有文字效果的字幕。在创建旧版标题字幕之前，我们首先来认识字幕面板。

24.1.1　字幕设计面板

选择"文件"→"新建"→"旧版标题"命令，可以新建一个标题字幕。双击字幕后，即可打开字幕设计面板，利用字幕设计面板可完成文字与图形的创建和编辑，如图 1-24-1 所示。

图 1-24-1　字幕窗口

字幕设计面板主要由主工具栏、字幕工具面板、字幕样式面板、字幕属性面板、字幕对齐面板、绘图区组成。

（1）主工具栏：用于指定创建静态文字、游动文字和滚动文字或者选择字体和对齐方式等。

（2）字幕工具面板：包括文字工具和图形工具，以及一个显示当前样式的预览区域。

（3）字幕样式面板：用于对文字或图形对象应用预置和自定义样式。

（4）字幕属性面板：用于设置文字或图形对象的变换、描边、填充、颜色等属性。

（5）字幕对齐面板：用于设置对齐或分布文字或图形对象。

（6）绘图区：用于编辑文字内容或者创建图形对象。

24.1.2　静态字幕

静态字幕多用于配音字幕的创建，比较适合在视频画面中添加简单文字，创建静态字幕的操作步骤如下：

【例 24.1】制作静态字幕。

（1）打开素材"第 24 章 \ 案例 24.1\ 字幕源文件 .prproj"。

（2）将时间线定于"景色 1.avi"素材内部。

（3）选择"文件"→"新建"→"旧版标题"命令。修改宽度和高度及名称如图 1-24-2 所示，单击"确定"按钮。

（4）打开字幕设计面板，选择"矩形工具" ，在视频底部位置画出一条长矩形。在字幕属性设置"填充色"为"白色"，"不透明度"改为"50"，如图 1-24-3 所示。

（5）选择"文本工具" ，选择"字幕样式"组第 7 行第 5 列样式；选择"字体系列"为"黑体"；（注意：在输入汉字时，文字可能无法显示，为了确保文字正常显示，应先设置一种有效的中文字体，再输入文字。）"字体大小"改为"40.0"。光标定于透明矩形框前方输入"北京国子监坐落于安定门内"，如图 1-24-4 所示。关闭"景色 1 字幕"窗口。

（6）选择"项目窗口"已建立好的"景色 1 字幕"素材，右击，在弹出的快捷菜单中选择"复制"命令，此时在项目窗口增加列表项 ，单击，重命名为"景色 2 字幕"。再双击打开"景色 2 字幕"编辑窗口，将文字内容改为"是元、明、清管理教育的最高行政机关"，如图 1-24-5 所示。相关字体大小自行修改。

视频
例24.1 制作
静态字幕

图 1-24-2　"新建字幕"对话框

图 1-24-3　绘制矩形

图 1-24-4　添加文字

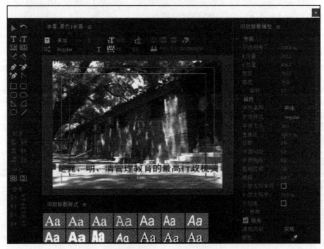

图 1-24-5　字幕 2

（7）重复步骤（6），新建"景色 3 字幕"素材，将文字内容改为"国子监始建于元大德十年"。

（8）将项目窗口做好的 3 个字幕素材，分别拖到视频时间轨道"V2"，并分别对齐到 3 个视频素材的起始位置，如图 1-24-6 所示。

图 1-24-6　视频轨道 2 字幕素材分布

（9）按【Space】键预览效果。

24.1.3　动态字幕

在字幕窗口输入文字和编辑文字，利用滚动或游动字幕命令制作出动态的字幕效果。平时在观看影视节目片尾时，屏幕上会显示一些滚动字幕信息，这就是动态字幕。

1. 滚动字幕

滚动字幕主要是指由下往上进行滚动的字幕，用户还可以根据需要设置字幕是否需要开始或结束于屏幕之外。

【例 24.2】制作滚动字幕。

操作步骤：

（1）打开本书"第 24 章 \ 案例 24.2\ 滚动字幕源文件 .prproj"。

（2）选择"文件"→"新建"→"旧版标题"命令，在"新建字幕"对话框修改宽度和高度及名称如图 1-24-7 所示，单击"确定"按钮。

（3）利用文字工具输入如图 1-24-8 所示文字，设置相关属性，选择第 1 个字幕样式，字体为"宋体"，大小为"30"。

视 频

例24.2 滚动
字幕

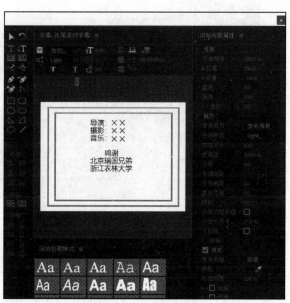

图 1-24-7　"新建字幕"对话框　　　　　图 1-24-8　滚动字幕内容

（4）设置字幕动画，选择文字外框，在主工具栏中单击"滚动 / 游动选项"![]按钮，在弹出的对话框中进行如图 1-24-9 所示的设置。

图 1-24-9　滚动字幕选项

（5）关闭"字幕"窗口，将"项目"窗口的"片尾滚动字幕"素材添加到视频轨道 2。起始位置对齐于视频轨道 1 视频素材"景色 3.avi"结尾处。

（6）按空格键预览效果。

2．游动字幕

游动字幕主要是指由左往右或者由右往左游动的字幕，创建游动字幕的操作如下：

视 频

例24.3 游动字幕

【例 24.3】制作游动字幕。

（1）新建一个项目文件和一个序列，然后在项目中导入一个"京新高速 .jpg"素材，将该素材添加到时间轴面板的视频 1 轨道中。

（2）选择"文件"→"新建"→"旧版标题"命令，在打开的"新建字幕"对话框中对字幕命名并单击"确定"按钮，然后在字幕设计面板中输入并设置字幕文字，如图 1-24-10 所示。

图 1-24-10　输入并设置文字

（3）在字幕设计面板中单击"游动 / 滚动"选项按钮![]，打开"滚动 / 游动"对话框，然后设置"向左游动""开始于屏幕外""结束于屏幕外"，单击"确定"按钮，如图 1-24-11 所示。

（4）关闭字幕设计面板，将创建的字幕添加到时间轴的视频 2 轨道中，预览游动字幕的效果，如图 1-24-12 所示。

图 1-24-11　设置游动选项

图 1-24-12　预览游动字幕效果

24.1.4　绘制和编辑图形

字幕面板中的绘图工具包括"矩形工具""圆角矩形工具""弧形工具""椭圆工具""直线工具"和"楔形工具"等。我们以椭圆工具为例，讲解如何绘制和编辑图形。

【例 24.4】绘制和编辑椭圆图形。

（1）新建一个项目文件，然后选择"文件"→"新建"→"旧版标题"命令，新建一个字幕对象。

（2）打开字幕设计面板，单击"椭圆工具"按钮，在绘图区单击并拖动鼠标，绘制一个 450 像素 ×300 像素的椭圆，如图 1-24-13 所示。

（3）在"填充"选项组中设置"填充类型"为"径向渐变"，渐变的颜色为黄色到红色的渐变，选中"光泽"复选框，单击该选项前方的三角形按钮，设置光泽大小为 100，角度为 135，如图 1-24-14 所示。

视频

例24.4 椭圆图形

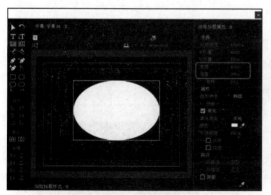

图 1-24-13　绘制椭圆

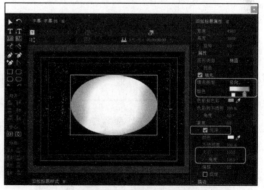

图 1-24-14　设置填充效果

（4）在"描边"选项组中单击"内描边"选项右边的"添加"按钮，设置内描边大小为 20，描边颜色为暗红色；在"阴影"选项组中选中"阴影"复选框，设置阴影的距离为 15，如图 1-24-15 所示。

（5）单击"选择工具"按钮，选中图形后，可调整图形的大小、移动图形或者旋转图形等。

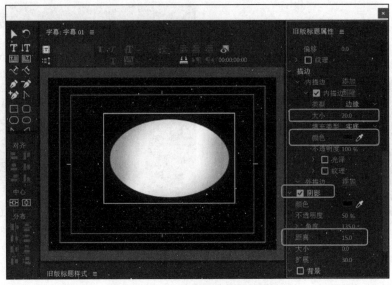

图 1-24-15　设置描边和阴影效果

24.2　创建开放式字幕

开放式字幕也称对白字幕，可以刻录到视频流中，可由观众切换为显示或不显示。

24.2.1　新建开放式字幕

● 视 频

例24.5 开放
式字幕

在 Premiere Pro 2020 中，用户可以创建新的开放式字幕，也可以直接导入 XML 和 SRT 文件格式字幕。

【例 24.5】新建开放式字幕

（1）新建一个项目文件，然后选择"文件"→"新建"→"字幕"命令，打开"新建字幕"对话框，在"标准"下拉列表中选择"开放式字幕"选项，如图 1-24-16 所示。

（2）在"新建字幕"对话框中设置视频宽度和高度如图 1-24-17 所示，单击"确定"按钮。创建的字幕对象将显示在项目面板中，如图 1-24-18 所示。

图 1-24-16　"新建字幕"对话框

图 1-24-17　设置视频宽度和高度

（3）双击字幕对象，打开字幕面板，在字幕文本框中输入字幕文字，如图 1-24-19 所示。

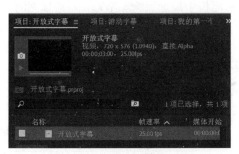

图 1-24-18 创建的字幕对象

图 1-24-19 输入字幕文字

（4）如要修改字幕文字的文本格式，如文本颜色、大小、位置、背景颜色等，可在项目面板中双击字幕对象，打开字幕面板，在"字体"下拉框中选择文字字体，然后在"大小"文本框中设置文字大小，单击"文本颜色"按钮修改文字颜色，单击颜色图标■，打开"拾色器"对话框，可选择一种颜色作为文本的颜色，如图 1-24-20 所示。

图 1-24-20 设置字体属性

（5）在字幕面板中单击"背景颜色"按钮■，可设置背景颜色为黄色，在源监视器面板中可预览字幕的效果，如图 1-24-21 所示。

（6）在字幕面板工具栏中单击"设置字幕块位置"按钮■，可以修改字幕在屏幕中的位置，如图 1-24-22 所示是将字幕放在屏幕中间的位置。

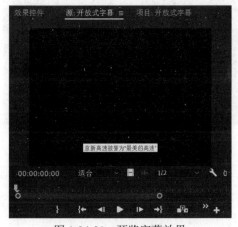

图 1-24-21 预览字幕效果

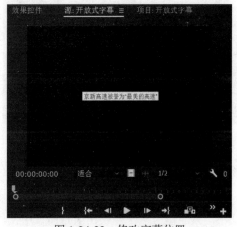

图 1-24-22 修改字幕位置

24.2.2 添加和删除字幕

在 Premiere Pro 2020 中，用户可以在字幕面板中添加和删除字幕，也可以在时间轴面板中添加和删除字幕。

【例24.6】添加字幕。

（1）新建一个开放式字幕，在项目面板中双击字幕对象，打开字幕面板，修改文字内容和文字格式，如图 1-24-23 所示。

（2）单击字幕面板下方的"添加字幕"按钮████，添加一个字幕，然后在文本框中输入字幕文字，如图 1-24-24 所示。

图 1-24-23　创建第一个字幕

图 1-24-24　添加字幕

（3）使用同样的操作，依次添加其他字幕。如要删除字幕，则可以选择一个字幕，然后单击字幕面板下方的"删除字幕"按钮，即可删除该字幕，如图 1-24-25 所示。

（4）如要将字幕添加到时间轴面板上，可以先新建一个序列，将制作好的字幕拖动到时间轴面板的轨道上，如要删除字幕，只要右击需要删除的字，在弹出的快捷菜单中选择"删除"或"波纹删除"命令即可，如图 1-24-26 所示。

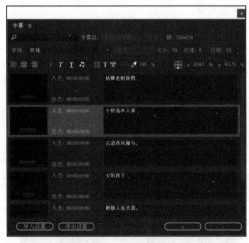

图 1-24-25　添加其他字幕

图 1-24-26　删除字幕

24.2.3　导出字幕

在 Premiere 2020 中，使用"旧版标题"命令创建的字幕无法被导出为字幕素材在其他软件中使用，只能作为素材存放在项目面板中使用，而创建的开放式字幕可以导出为字幕素材，并应用到其他软件中。具体操作如下：

（1）新建一个开放式字幕，并添加文本内容和文本格式，然后拖到时间轴面板中，在时间轴面板中修改字幕的持续时间和播放位置，如图 1-24-27 所示。

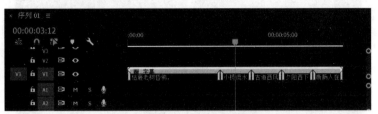

图 1-24-27　创建并设置字幕

（2）切换到项目面板，选中创建的字幕对象，选择"文件"→"导出"→"字幕"命令，打开导出字幕设置对话框，如图 1-24-28 所示，设置文件格式并单击"确定"按钮。

（3）在打开的"另存为"对话框中选择保存字幕的路径和文件名，单击"保存"按钮，如图 1-24-29 所示。

图 1-24-28　选择文件格式

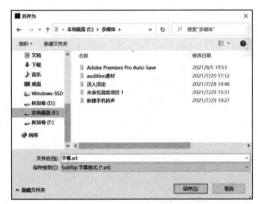

图 1-24-29　设置保存选项

 24.3　使 用 图 形

Premiere 经过优化和升级，在功能上也不断调整和变化。2017 版及以上版本之后就多了一个基本图形的窗口，这个基本图形非常实用。

在 Premiere 中，文字（包括字幕）以及形状等被归类为图形。一个图形剪辑里可包含多个文本图层、形状图层以及其他媒体文件等图形元素。图形剪辑不会出现在项目面板中，除非升级为主图，与 PS 一样，图形元素（图层）的顺序决定着显示的上下顺序。

24.3.1　基本图形面板

Premiere 中的基本图形面板提供了一系列文本编辑和形状创建工具，可以控制图形元素的不透明度、颜色或字体，可以直接在 Premiere 中创建字幕、图形并使用字幕，还可插入其他软件（如 PS，AI 等）制作的模板文件。

要访问"基本图形"面板，可在屏幕顶部的工作区栏中单击"图形"按钮，或在菜单栏中选择"窗口"→"工作区"→"图形"命令或"窗口"→"基本图形"命令直接将其打开。基本图形面板浏览和编辑选项卡，如图 1-24-30 所示。

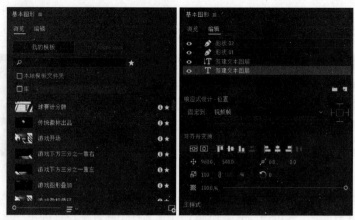

图 1-24-30　基本图形面板

1．浏览选项卡

浏览选项卡可浏览并使用本地或 Adobe Stock 中的动态图形模板（.mogrt 文件）。用户可以轻松地将这些经过专业设计的模板拖到自己的时间轴中，并进行自定义。Adobe Stock 是用于交易视频素材、动态图形模板、照片等内容的市场。

动态图形模板是一种可在 After Effects 或 Premiere 中创建的文件类型（.mogrt）。动态图形模板向 Premiere 编辑器提供 After Effects 动态图形的功能，其打包为具有易用控件的模板，专为在 Premiere 中自定义而设计；还可以使用 Premiere 的"类型"和"形状"工具创建新字幕和图形，然后导出为动态图形模板，可供重复使用或分享。

动态图形模板可以从以下位置导入 Premiere：

（1）本地模板文件夹；

（2）Creative Cloud 库；

（3）Adobe Stock。

由于很多复杂的动态图形模板是由 After Effects 制作的，所以，插入模板后通常需要渲染，才能看到最佳效果。

使用"我的模板"中的模板，可快速实现各种图形效果。直接将模板拖入时间轴面板的视频轨道上，然后对图形剪辑中的有关内容进行修改（通常在编辑选项卡中），即可快速达到用户的需求。例如，将"球赛记分牌"模板拖到新建的时间轴上，在编辑选项卡中文本标题为2018 年度，字幕为中国足球超级联赛，如图 1-24-31 所示。

图 1-24-31　添加模板

2. 编辑选项卡

编辑选项卡可手动添加其他图形元素。在图形剪辑被选中的前提下，新建的图形元素将会添加到此剪辑中；每次只能查看或编辑选中图层的相关选项；在基本图形面板中所做的更改会以效果的形式出现在效果控件面板中，并可进一步设置选项或创建关键帧动画。

使用编辑选项卡可执行以下操作：

（1）对齐和变换图层、更改外观属性、编辑文本属性等；

（2）向 Premiere 图形添加关键帧；

（3）修改 After Effects 图形的公开属性。

如图 1-24-32 所示，添加了横排文本、竖排文本、矩形和椭圆，可以对其字体、字体大小、填充颜色、形状大小等进行调整。

图 1-24-32　添加图形

24.3.2　创建图形

与 Photoshop 中的图层相似，Premiere 图形可以包含多个文本、形状和剪辑图层。序列中的单个"图形"轨道项内可以包含多个图层。当创建新图层时，时间轴中即会添加包含该图层的图形剪辑，且剪辑的开头位于播放指示器所在的位置。如果已经选定了图形轨道项，则创建的下一个图层将被添加到现有的图形剪辑。

在 Premiere 中创建的任何图形均可作为动态图形模板（.mogrt）导出到本地模板文件夹、本地驱动器、Creative Cloud Libraries，以供共享或重复利用。即使序列不包含任何视频剪辑，也可以创建图形剪辑。

1. 创建文本图层

在为视频设计文字时，要遵守版式约定：字体字号是否方便阅读，在复杂背景时是否可读，字体样式是否适合，与其他图形元素是否匹配等。

创建文本图层可以实验"工具"面板中的"文字工具" 和"垂直文字工具" ，或在菜单栏中选择"图形"→"新建图层"→"文本"或"垂直文本"命令，或单击"基本图形"面板"编辑"选项卡中"新建图层" 按钮来创建文本字幕。

单击可创建点文本，拖动可创建段落文本。段落文本中的文字可在框边界内自动换行，与旧版标题设计器中的区域文字工具类似。使用段落文本可更好地控制文字布局。点文本的锚点默认在文字的左下角，段落文本的锚点默认在左上角。

2. 替换项目中的字体

在 Premiere 中可以通过同时更新所有字体来替换项目中的字体，而无须分别更新各个字体。例如，如果图形包含多个文本图层，并且决定要更改字体，那么可以使用"替换项目中的字体"命令来同时更改所有图层的字体。

在"菜单栏"中选择"图形"→"替换项目中的字体…"命令，打开"替换项目中的字体"对话框，其中包含了项目所使用字体的列表，在"替换字体"下拉列表中，选择替换所要使用的字体即可，如图 1-24-33 所示。

"替换字体"将取代所有序列和所有打开项目中选定字体的所有实例，并不是只替换一个图形中的所有图层字体。

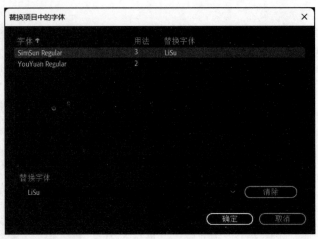

图 1-24-33　替换字体

3. 创建形状图层

在 Premiere 中，利用"工具"窗口中钢笔工具 、矩形工具 、椭圆工具 ，或在菜单栏中选择"图形"→"新建图层"→"矩形"或"椭圆"命令，或"基本图形"面板"编辑"选项卡中"新建图层" 按钮来创建形状图层。

使用选择工具 移动形状或更改其宽度、高度、旋转或锚点等；使用基本图形面板中的选项来更改描边和填充。

4. 创建剪辑图层

在 Premiere 中，可以将静止图像和视频剪辑作为图层添加到图形中，可以使用以下方法之一创建剪辑图层：

（1）在"基本图形"面板的"编辑"选项卡中，单击"新建图层" 按钮，选择"来自文件…"命令。

（2）在"菜单栏"中，选择"图形"→"新建图层"→"来自文件…"命令。

（3）在"项目"面板中选择静止图像或视频项，将该项拖放到基本图形面板的"图层"面板中，或拖放到时间轴中的现有图形上。

> **注意：**（1）确保已在节目监视器中选中了图形。如果未选中图形，则选项不可用。（2）另外无论是各个类型的选定图层、多个选定图层还是整个图形（选择了图形，但没有选择任何图层），都提供了多个可编辑的属性。

5. 创建样式和源图形

1）创建样式

利用样式（主样式）可以将字体、颜色和大小等文本属性定义为样式。使用此功能，可以对时间轴中不同图形的多个图层快速应用相同的样式。

为图形剪辑或图形剪辑中的文本图层应用"样式"，则文本会自动继承来自"样式"的所有更改，也可以一次更改多个图形。要注意的是样式中不包括"对齐"和"变换"属性。

例如，定义了一文本样式字体为 YouYuan、字体大小为 200、填充颜色为红色、描边颜色为黄色、添加描边颜色为蓝色，并定义为"彩虹样式"；并应用到新文本中，如图 1-24-34 所示。

创建样式后，该样式的缩览图将添加到"项目"面板中。要同时更新图形中的所有文本图层，请将"样式"项从"项目"面板中拖放到时间轴中的图形上，如图 1-24-35 所示。还可以通过选择基本图形面板中的文本图层，将标题的单个文本图层更新为特定样式，从下拉列表中选择所需的样式，如图 1-24-34 所示。

图 1-24-34 创建样式 　　　　　　　　　　　图 1-24-35 应用样式

2）创建源图形

可以使用升级到源图形（主图形）选项，以便在"项目"面板中创建来自序列中的图形剪辑的源剪辑（主剪辑）项。

从源图形创建的任何新图形（包括从源图形升级的图形）都完全相同。其中包括源文本字符串。对源图形某一实例所做的任何文本、样式或内容的更改，都将反映在源图形的所有其他实例中。

要创建源图形，在菜单栏中选择"图形"→"升级为主图"命令即可。

6. 动态图形的响应式设计

凭借动态图形的响应式设计，可设计出能够调整其持续时间和图层位置的滚动和图形。

1）响应式设计 - 位置

使用响应式设计可使图形自动适应视频帧长宽比的变化，或自动适应其他图形图层的位置或缩放属性。要定义子级图层固定的边缘，则使用右侧的图表█选择父级的"顶部""底部""左侧"或"右侧"；可以单击图表的中心以固定到所有边缘，或者取消固定到所有边缘。

"节目"监视器中的蓝色小图钉 ┬ 表示当前所选图层是否被固定到另一个图层。例如，将文本"数计学院"固定到文本"浙江农林大学"，则改变文本"浙江农林大学"的位置或字体大小，而文本"数计学院"也随之变化，如图 1-24-36 所示。

图 1-24-36 响应式设计 - 位置

2）响应式设计 - 时间

（1）创建滚动。响应式设计可以通过启用"滚动"创建在屏幕上垂直移动的字幕或滚动字幕，如图 1-24-37 所示。当启用"滚动"时，在"节目"监视器中看到一个透明的蓝色滚动条，利用此文档视图滚动条，可以滚动显示滚动字幕中的文本和图形，以便进行编辑，无须将时间轴中的播放指示器移动到特定位置。启用了滚动的图形和其他图形图层组合的高度大小，决定了滚动的速度。

制作滚动字幕的基本步骤如下：

① 创建好文本或图形后，在时间轴面板中选择图形。

② 在"基本图形"面板的"编辑"选项卡中确保选择的图形未选中任何单个图层。

③ 确保取消选中"节目"监视器中的文本图层，如果在节目监视器中选择了一个或多个图层，则不会显示"滚动"选项。

图 1-24-37　创建滚动

④ 选中"滚动"复选框以启用滚动字幕。

⑤ 指定是否要让文本或其他图层在屏幕外开始或结束。

⑥ 使用每个属性的时间码调整预卷、过卷、缓入以及缓出的时间。

（2）保留开场和结尾动画。响应式设计可以定义保留开场和结尾关键帧的图形片段，即使图形的总体持续时间发生变化，这些片断也不会受到影响。

修剪图形的入点和出点时，会对开场和结尾时间范围内的关键帧进行保护；通过对这些关键帧进行保护，可以修剪图形剪辑并保留开场和结尾动画；将根据需要对位于开场和结尾区域之间的关键帧进行拉伸或压缩，以适应修剪后的长度。

在"时间轴"和"效果控件"面板中，图形剪辑上叠加的白色半透明部分表示剪辑的开场和结尾片段。这些片段可以在"基本图形"面板或"效果控件"面板中进行定义。

① 使用"基本图形"面板定义：

● 在时间轴面板中选择图形，选择"基本图形"面板的"编辑"选项卡。

● 确保选择的图形中没有任何单个图层被选中。

● 在开场持续时间下，使用时间码控件指定要定义为开场/进场部分的时间量。

● 在结尾持续时间下，使用时间码控件指定要定义为结尾/退场部分的时间量。

② 使用"效果控件"面板定义：

● 在时间轴面板中选择图形，然后选择"效果控件"面板。

● 在"效果控件"面板顶部，所选剪辑的开始和结束位置有一个蓝色的小手柄。

● 拖动左侧手柄以定义开场/进场片段，将看到灰色叠加部分覆盖指定时间范围内的关键帧。

● 拖动右侧手柄以定义结束/退场片段，将看到白色半透明叠加部分，覆盖指定时间范围内的关键帧。

7. 对齐与变换

在图形中选择多个文本或形状图层，并在"基本图形"面板中对其进行对齐或分布。可以按其顶部边缘、垂直居中、底部边缘、左边缘、水平居中或右边缘对齐图层；也可以垂直或水平分布对象或分布对象之间的间距。

选择剪辑中所有图形图层，单击"垂直对齐"　　按钮，如图 1-24-38 所示。

图 1-24-38　垂直对齐

8. 外观

默认情况下，在"基本图形"面板中绘制的线条和形状都有实线。在"外观"面板组中，可以修改文本或图形的填充、描边、背景、阴影、蒙版等，如图 1-24-39 所示。

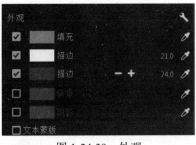

图 1-24-39　外观

（1）填充：指定文字颜色。最常见的是黑色和白色。

开启"节目"监视器中"设置" （扳手）按钮里的"透明网格"，可更方便查看白色文字在亮背景上的效果，从而可为其添加适当的深色描边。使用吸管工具可以吸取屏幕上任一位置的颜色。

（2）描边：添加到文本上的轮廓线。

由于视频的不同帧的明亮度会有较大的变化，所以，可以对白文字进行黑色描边，对黑文字进行白色描边，更易于识别。

（3）背景：可以编辑文本背景以强化项目效果。

可以为文本的背景添加圆角边缘，也可以更改填充颜色、不透明度和样式；如果不想要任何文本背景，可取消勾选此选项。

（4）阴影：添加合适的阴影可提高文字的可读性。

如果将阴影的颜色改为亮色，可实现发光效果。同一个对象可创建多个阴影。

（5）蒙版：使用蒙版来创建动态转换，显示和擦除 Premiere 标题中的动画，方法是将文本和形状转换到蒙版图层。

在"基本图形"面板的图层堆叠中，蒙版将隐藏图层的部分内容，并显示图形下方的其他图层部分。

9. 将图形导出为动态图形模板

当完成图形模板设计后，可将图形（包括所有图层、效果和关键帧）导出为动态图形模板，以供未来重复利用或共享。

在菜单栏选择"图形"→"导出为动态图形模板"命令，或在"菜单栏"选择"图形"→"导出"→"动态图形模板"命令，或右击时间轴面板中的图形剪辑，在弹出的快捷菜单中选择"导出为动态图形模板"命令，都可以导出图形模板，如图 1-24-40 所示。

图 1-24-40　"导出为动态图形模板"对话框

此导出功能仅可用于在 Premiere 中创建的图形，而不可用于最初在 After Effects 中创建的 .mogrt 文件。选择两个或两个以上的图形时，或图形是 After Effects 图形时，"导出为动态图形模板"选项不可用或灰显。

（1）如果是创建动态图形模板以供自己未来重复利用，可将动态图形模板保存到"本地模板"文件夹中。

（2）如果导出到"库"，则无须安装即可使用。

（3）当需要在"基本图形"面板的"浏览"选项卡中进行筛选时，需要显示该"库"。

24.4 应用举例

【案例】制作游动字幕动态图形模板，如图 1-24-41 所示。

视频

24.4 应用举例–游动字幕1

视频

24.4 应用举例–游动字幕2

校名：浙江农林大学

一个读书做学问的好地方！

图 1-24-41 游动字幕

【设计思路】利用矩形绘制底层形状效果，利用文本工具预输入文本，调整字体、字体大小、填充颜色等，再导出为模板，最后应用模板。

【设计目标】利用图形工具设计模板并应用模板。

【操作步骤】

（1）选择"文件"→"新建"→"项目"命令，选择合适的保存路径，新建一个名为"游动"项目；在"项目"面板中右击，在弹出的快捷菜单中选择"新建项目"→"透明视频"命令，在"新建透明视频"对话框中设置宽度、高度为 1 920 像素 ×1 080 像素，时基 30 帧 /s，像素长宽比为方形像素（1.0），如图 1-24-42 所示。

图 1-24-42 "新建透明视频"对话框

（2）把"项目"面板中拖动"透明视频"剪辑到时间轴面板；在"工具"面板中选择"矩形工具" ▦，在"节目"监视器下方绘制矩形，在"基本图形"面板"编辑"中设置填充白色，切换动画的不透明度为 20%，并重命名为"下层矩形"，如图 1-24-43 所示。

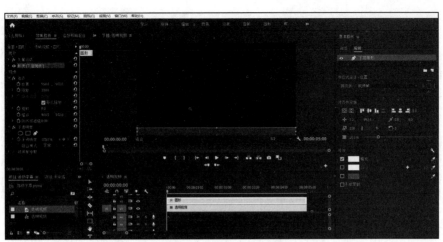

图 1-24-43　绘制下层矩形

（3）在"基本图形"面板"编辑"中，选择"下层矩形"，按【Ctrl+C】组合键复制，按
【Ctrl+V】组合键粘贴，复制一个矩形，重命名为"上层矩形左"，填充颜色为"#78B99C"；
在"节目"监视器中利用"选择工具" ▶ 调整位置和左右大小；再复制"上层矩形左"，重命名
为"上层矩形右"，修改图层颜色为"#A38E1A"，如图 1-24-44 所示。

（4）在"工具"面板中选择"文本工具" T，在"上层矩形左""上层矩形右""下层矩
形"上方分别输入文本，内容为"校名："、"此处输入标题"和"游动字幕游动字幕…"（多
输入几个"游动字幕"，使其占据整个下层矩形），字体、字体大小、填充颜色可自行配置（本
例字体为 STKaiti 和 SimSun、字体大小为 70 和 60、填充颜色为白色和红色），如图 1-24-45
所示。

图 1-24-44　绘制上层矩形

图 1-24-45　输入文本

（5）在"基本图形"面板中，选择"上层矩形右"，设
置固定到"此处输入标题！"文本上，单击"固定"按钮，如
图 1-24-46 所示。此时，上层矩形也会随着文本输入的多少而
变化。

（6）在"效果控件"面板中，展开"文本（游动字幕…）"→
"变换"，将时间线定位到 0 帧处，单击"位置"前的"切换动画" ▣
按钮，添加关键帧，控制 X 轴坐标为 1 920 左右，即把文本移
到矩形右侧外；将时间线定位到 4 s 29 帧处，控制 X 轴坐标为
−1 925 左右，即把文本移到矩形左侧外，如图 1-24-47 所示。

图 1-24-46　固定图层

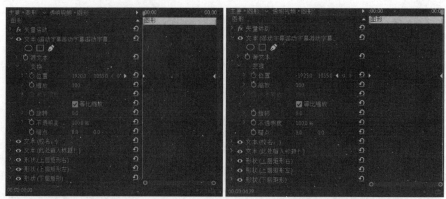

图 1-24-47　设计游动字幕动画效果

（7）在菜单栏中选择"文件"→"导出"→"导出动态图形模板"命令，在打开的对话框中修改模板名称为"游动字幕模板 1"，单击"确定"按钮即可。至此，游动字幕模板制作完成。

（8）新建一个序列名为"游动字幕"，在设置选项卡中设置：编辑模式"自定义"、时基"30 帧 /s"、帧大小"1 920 像素 ×1 080 像素"、像素长宽比"方形像素（1.0）"、场"无场（逐行扫描）"；导入名为"V08.mp4"和"V09.mp4"的素材。

（9）双击"V08.mp4"，在"源"监视器中的 4 s 01 帧处设置入点，在 5 s 12 帧设置出点，仅拖动视频到 V1 轨道，在弹出的"剪辑不匹配警告"对话框单击"保持现有设置"按钮。

（10）双击"V09.mp4"，在"源"监视器中的 14 s 27 帧处设置入点，在 23 s 00 帧设置出点，仅拖动视频到 V1 轨道的"V08.mp4"剪辑后方，如图 1-24-48 所示，在弹出的"剪辑不匹配警告"对话框单击"保持现有设置"按钮。

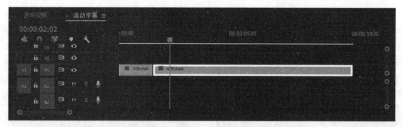

图 1-24-48　剪辑视频

（11）在"基本图形"窗口浏览选项卡中选择自行设计的模板"游动字幕模板 1"，并拖动到 V2 轨道"V09.mp4"剪辑的上方，如图 1-24-49 所示。

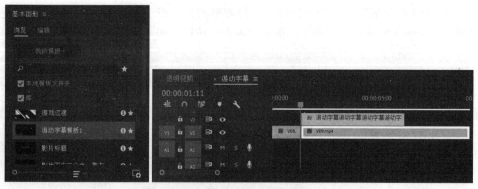

图 1-24-49　使用"游动字幕模板 1"

（12）在"此处输入标题！"文本框中输入"浙江农林大学"，在"游动字幕"文本框中输入"一个读书做学问的好地方！"，可适当自行修改字体、填充颜色等，如图 1-24-50 所示。

图 1-24-50　修改文本

第 *25* 章
Premiere 特效应用

学习目标

◎ 会使用视频切换特效。

◎ 创建关键帧动画和运动效果。

◎ 熟悉抠像合成技术。

◎ 了解多个特效同时应用在一个素材上的技巧。

学习重点

◎ 视频切换特效。

◎ 关键帧的运动特效参数设置。

◎ 轨道遮罩键的使用。

特效制作可对视频、音频添加特殊处理，使其产生丰富多彩的视听效果，以便制作出更好的视频作品。在 Premiere Pro CC 2020 中提供了大量视频特效、音频特效、视频切换特效及音频切换特效，可以通过这些特效轻松制作精彩的视频。

25.1　视频切换特效的应用

视频切换特效是指从一段视频素材到另一段视频素材切换时添加的过渡效果，为了使素材之间切换更自然，更丰富多彩，需要在素材之间应用合适的切换效果，这样制作出来的作品才会更加自然、流畅、富有艺术感。

视频切换效果可以应用在单个素材开始和结束位置，也可以应用在两个相邻素材之间，在"效果"面板中，直接选取视频过渡效果，拖到"时间线"窗口视频轨道中需要添加切换效果的素材之间，或单个素材前后。

例25.1 视频溶解切换效果

25.1.1　应用视频过渡效果

【例 25.1】制作视频溶解切换效果。

（1）打开本书"第 25 章 \ 视频切换源文件 .prproj"。

（2）将"窗口"菜单的"效果"选项设置为选中状态，此时在屏幕左下方出现"效果"窗口，如图 1-25-1 所示。

（3）将光标定于轨道 1 的"景色 1.avi"的前方，当鼠标指针变为 时双击，此时"节目监视"窗口变为帧修剪状态，如图 1-25-2 所示，单击"+1"，向前修剪 1 帧。用同样的方法，在"景色 2.avi"和"景色 3.avi"各向前修剪 1 帧。

图 1-25-1　效果窗口

图 1-25-2　素材帧修剪

（4）展开"视频过渡"，找到"过渡"组的"交叉溶解"切换效果，依次拖到"时间线"窗口的视频 1 和视频 2 轨道中各个素材的开头和结尾处，当指针变成 形状时，释放鼠标，如图 1-25-3 所示。

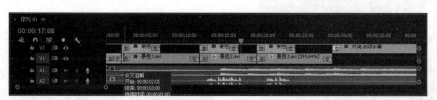

图 1-25-3　视频过渡标签分布图

（5）选择切换位置标签，右击，设置过渡持续时间为"00:00:01:00"。

（6）按【Space】键预览效果。

Premiere Pro 2020 CC 的视频过渡效果存放在效果面板的"视频过渡"文件夹中，该文件夹中存储了 8 大类 38 个不同的过渡效果，如图 1-25-4 所示。单击其中一种过渡效果文件夹前面的三角形图标，就可以查看该类过渡效果所包含的内容。

图 1-25-4　过渡效果种类

【例 25.2】添加多种视频过渡效果。

（1）新建一个项目文件，在项目面板中导入素材图片，如图 1-25-5 所示。

（2）新建一个序列，将项目面板中的素材依次添加到视频 1 轨道中，如图 1-25-6 所示。

（3）选择"窗口"→"效果"命令，打开"效果"面板；在"效果"面板中展开"视频过渡"文件夹，选择"3D 运动"→"立方体旋转"命令，如图 1-25-7 所示。

（4）将选择的过渡效果拖到时间轴面板中"照片 1"和"照片 2"两个素材的相接处，此时过渡效果会添加到轨道中的素材间，如图 1-25-8 所示。

视 频

例25.2 多种
视频过渡效果

（5）同理，在效果面板中选择"擦除"→"带状擦除"命令，将该效果拖动到"照片2"和"照片3"两个素材的交汇处；选择"页面剥落"→"翻页"命令，将该效果拖动到"照片3"和"照片4"的交汇处，如图1-25-9所示。在节目监视器面板预览添加了过渡效果的影片效果。

图1-25-5　导入素材

图1-25-6　在时间轴面板中添加照片

图1-25-7　选择过渡效果

图1-25-8　添加过渡效果（1）

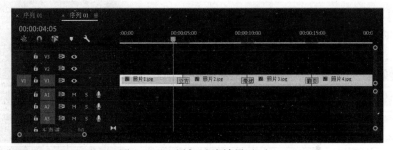

图1-25-9　添加过渡效果（2）

25.1.2　自定义视频过渡效果

对素材应用过渡效果后，在时间轴面板中将其选中，可以对其进行编辑。

1. 设置效果的默认持续时间

视频过渡效果的默认持续时间为1 s，要更改默认过渡效果的持续时间，可以单击效果面板的快捷菜单按钮 效果 ，在弹出的菜单中选择"设置默认过渡持续时间"命令，如图1-25-10所示，在弹出的对话框中设置相应参数即可。

2. 更改过渡效果的持续时间

在时间轴面板中通过拖动过渡效果的边缘，可以修改所应用过渡效果的持续时间。如图 1-25-11 所示。也可以通过"窗口"→"效果控件"命令，在"效果控件"面板 效果控件 ≡ 中设置过渡效果的持续时间 持续时间 00:00:01:00 。

图 1-25-10　设置默认过渡持续时间

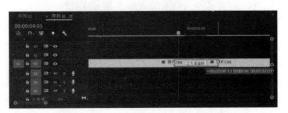

图 1-25-11　拖动过渡效果的边缘

3. 反向过渡效果

在将过渡效果应用于素材后，默认情况下，素材切换是从第一个素材切换到第二个素材（场景 A 到场景 B），如果要创建从场景 B 到场景 A 的过渡效果，即使场景 A 出现在场景 B 之后，也可以选中效果控件面板中的"反向"复选框，对过渡效果进行反向设置。

4. 替换和删除过渡效果

如要删除过渡效果，只需在时间轴面板中选择需要删除的过渡效果，然后按【Delete】键即可删除过渡效果；如要替换过渡效果，需在效果面板中选择需要的过渡效果，然后将其拖动到时间轴面板中需要替换的过渡效果上即可，新的过渡效果将替换原来的过渡效果。

5. 自定义过渡参数

在 Premiere 中，有些视频过渡效果还有"自定义"按钮，用户可以对过渡效果进行自定义的设置，如图 1-25-12 所示。

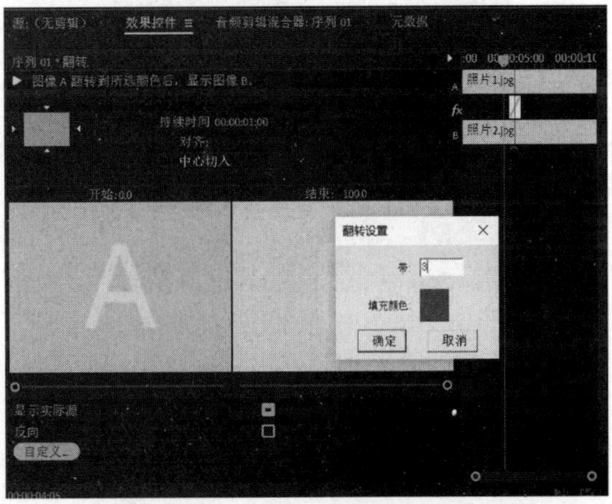

图 1-25-12　自定义过渡效果参数

25.1.3　过渡效果详解

Premiere Pro 2020 的"视频过渡"效果中包含八种不同的过渡类型，分别是"3D 运动""划像""擦除""内滑""溶解""沉浸式视频""页面剥落"和"缩放"，下面详细介绍各类过渡效果的作用。

1. 3D 运动

3D 运动过渡效果中包含了"立方体旋转"和"翻转"过渡效果，"立方体旋转"效果使用旋转的立方体创建素材 A 到素材 B 的过渡效果，"翻转"效果将沿垂直轴翻转素材 A 来显示素材 B。图 1-25-13 所示为翻转过渡效果。

2. 划像

划像过渡效果包括"交叉划像""圆划像""盒型划像"和"菱形划像"。图 1-25-14 所示为菱形划像过渡效果。

图 1-25-13　"翻转"过渡效果

图 1-25-14　"菱形划像"过渡效果

3. 擦除

擦除过渡效果主要用于擦除素材 A 的不同部分来显示素材 B。擦除过渡效果包括"划出""双侧平推门""带状擦除""径向擦除""插入""时钟式擦除""棋盘""棋盘擦除""楔形擦除""水波块""油漆飞溅""百叶窗""随机块""螺旋框""随机擦除"和"风车"等。图 1-25-15 所示为棋盘的过渡效果。

4. 内滑

内滑过渡效果用于将素材滑入或滑出画面来提供过渡效果。内滑过渡效果包括"中心拆分""带状内滑""推"和"内滑"等。图 1-25-16 所示为"推"的内滑效果。

图 1-25-15　"棋盘擦除"过渡效果

图 1-25-16　"推"过渡效果

5. 溶解

溶解过渡效果用于将一个视频素材逐渐淡入另一个视频素材中，常见的溶解过渡效果包括"交叉溶解""白场过渡""黑场过渡""胶片溶解"和"非叠加溶解"等。图 1-25-17 所示为白场过渡效果。

6. 沉浸式视频

沉浸式视频过渡效果主要包括 VR（虚拟现实）类型的过渡效果，这类过渡效果确保过渡画面不会出现失真现象，且接缝线周围不会出现伪影。主要包括"VR 光圈擦除""VR 光线""VR 渐变擦除""VR 漏光""VR 球形模糊""VR 色度泄露""VR 随机快"等。

7. 页面剥落

页面剥落过渡效果用于模仿翻转显示下一页的书页，素材 A 在第一页上，素材 B 在第二页上，页面剥落过渡效果包括"翻页"和"页面剥落"两种过渡效果。图 1-25-18 所示为翻页过渡效果。

8. 缩放

缩放过渡效果只有一个"交叉缩放"效果，它的作用是缩小素材 B，然后逐渐放大它，直到占据整个画面。

图 1-25-17　"白场过渡"过渡效果

图 1-25-18　"翻页"过渡效果

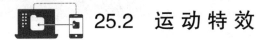

25.2　运 动 特 效

Premiere 有很强的运动生成功能。动画效果的设置一般都用到关键帧，动画产生在两个关键帧之间。

25.2.1　关键帧和关键帧动画

帧是动画中最小单位的单幅影像画面，相当于电影胶片上的每一格镜头。关键帧相当于动画中的原画，指角色或物体在运动或变化中的关键动作所处的那一帧。使用关键帧可以创建动画、效果和音视频属性，以及其他一些随时间变化而变化的属性。当使用关键帧创建随时间而变化的动画时，至少需要两个关键帧，一个处于变化的起始状态，一个处于变化的结束状态。所谓关键帧动画，就是给需要动画效果的属性，准备一组与时间相关的值，这些值都是在动画序列中比较关键的帧中提取出来的；而其他时间帧中的值，可以用这些关键值采用特定的插值方法计算得到，从而达到比较流畅的动画效果。

1. 设置关键帧类型

在时间轴面板中右击素材图标中的■按钮，在弹出的下拉列表中可以选择关键帧的类型，如图 1-25-19 所示。

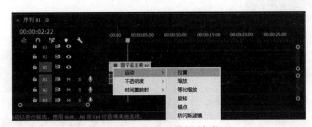

图 1-25-19　设置关键帧类型

2. 创建关键帧

创建关键帧的步骤如下：

（1）在"时间线"窗口选择创建关键帧的素材。

（2）在"时间码"上修改时间，确定要添加关键帧的位置。

（3）勾选"窗口"菜单的"效果控件"，打开"效果控件"面板，如图 1-25-20 所示，单击某特效或属性左侧的"切换动画"■按钮，用来创建第一个关键帧。

（4）若再次创建关键帧，不能再利用该按钮，因为再次单击此按钮时，会删除所有的关键帧。

（5）若再次添加关键帧，要将时间调整到需要的位置，单击"添加／删除关键帧"■按钮，可在当前时间创建一个关键帧，再改变特效参数或属性值。

（6）删除关键帧，若操作失误，可以选中关键帧，按【Delete】键。

3．移动关键帧

在"效果控件"面板中选择关键帧■，然后直接拖动关键帧，可以移动关键帧的位置。通过移动关键帧，可以修改关键帧所处的时间位置，还可以修改素材对应的效果。

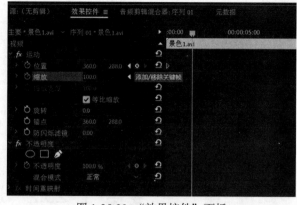

图 1-25-20　"效果控件"面板

25.2.2　创建运动特效

在 Premiere 中，可以控制的运动特效包括位置、缩放、旋转等。要在 Premiere 中创建运动效果，首先需要创建一个项目，并在时间轴面板中选中素材，然后使用"运动"效果控件进行设置。

1．创建移动效果

【例 25.3】制作飘落的树叶。

（1）新建一个名为"树叶飘落"的项目文件和一个序列，将需要的素材导入项目面板中，如图 1-25-21 所示。

（2）将素材"树林 .jpg"添加到时间轴面板的视频 1 轨道中，将素材"树叶 .tif"添加到视频 2 轨道中，如图 1-25-22 所示。

● 视 频

例25.3 树叶飘落

图 1-25-21　导入素材

图 1-25-22　添加素材

（3）在时间轴面板中选中两个素材，然后选择"剪辑"→"速度／持续时间"命令，在打开的"剪辑速度／持续时间"对话框中设置两个素材的持续时间为 10 s，单击"确定"按钮。两个素材的持续时间变长了。

（4）选择视频轨道 2 中的"树叶 .tif"素材，在"效果控件"面板中单击"位置"选项前面的"切换动画"按钮■，启用动画功能，并自动添加一个关键帧，设置位置的坐标为（360，

120），如图 1-25-23 所示，使得树叶位于视频画面的上方，如图 1-25-24 所示。

图 1-25-23　设置位置坐标

图 1-25-24　树叶所在的位置

（5）将时间指示器移到第 3 s 的位置，单击"位置"选项后面的"添加 / 删除关键帧"按钮，添加一个关键帧，然后将此处的位置坐标值改为（310，280），如图 1-25-25、图 1-25-26 所示。

图 1-25-25　添加并设置关键帧

图 1-25-26　树叶的运动路径

（6）将时间指示器移到第 6 s 的位置，添加关键帧，设置该关键帧的位置坐标为（545，170）；将时间指示器移到第 9 s 24 帧的位置，添加关键帧，将该关键帧的位置坐标设置为（450，550），如图 1-25-27 所示。

图 1-25-27　添加并设置关键帧

■ 视 频

例25.4 文字
缩放效果

（7）单击监视器面板中的播放按钮▶，预览树叶飘落的效果。

2. 创建缩放效果

【例 25.4】制作缩放的文字效果。

设计效果：视频文件"第 25 章 \ 效果 \ 序列 01.avi"。

操作步骤：

（1）打开"第 25 章 \ 缩放文字源文件 .prproj"。

（2）将"字幕（国）"素材拖到视频轨道 2 的起始位置"00:00:00:00"，将"字幕（子）"素材拖到视频轨道 3 的位置"00:00:01:00"，将"字幕（监）"素材拖到视频轨道 4 的位置"00:00:02:00"，调整三个字幕素材的持续时间至视频轨道 1 的"国子监主殿 .avi"结束位置。

（3）将时间线移到"00:00:00:00"，选择"字幕（国）"素材，打开"效果控件"面板，将"位置："改为"185"和"288"。将时间线移到"00:00:01:00"，选择"字幕（子）"素材，将"位置："改为"185"和"367"。将时间线移到"00:00:02:00"，选择"字幕（监）"素材，将"位置："改为"185"和"541"。

（4）单击"缩放"和"不透明度"左侧的"切换动画" ⏱ 按钮，各添加 1 个关键帧，修改"不透明度"值为 0%。

（5）将时间线移到"00:00:01:00"，在此处给"缩放"和"不透明度"各添加 1 个关键帧，修改"缩放"为"200"，"不透明度"为"100%"。

（6）将时间线移到"00:00:02:00"，在此处给"缩放"添加 1 个关键帧，改为"100"。

（7）将时间线移到"00:00:01:00"处，选中轨道 2 中"字幕（国）"素材，在"效果控件"面板中按住【Ctrl】键选中所有关键帧，复制。再选中轨道 3 中的"字幕（子）"素材，在"效果控件"面板右侧右击，在弹出的快捷菜单中选择"粘贴"命令即可。

（8）将时间线移到"00:00:02:00"处，再选中轨道 4 中的"字幕（监）"素材，做粘贴操作。最终效果如图 1-25-28 所示。

（9）按【Space】键预览效果。

图 1-25-28　缩放文字效果图

3. 创建旋转效果

旋转效果能增加视频的旋转效果，适用于视频或字幕的旋转。在设置旋转的过程中，将素材的锚点设置在不同的位置，其旋转的轴心也不同。

【例 25.5】制作随风旋转的落叶。

（1）打开前面制作的"树叶飘落"项目文件，然后将其另存为"旋转的落叶"。

（2）旋转时间轴面板中的落叶素材，当时间指示器处于第 0 s 的位置时，在"效果控件"面板中单击"旋转"选项前面的"切换动画"按钮，添加一个关键帧，如图 1-25-29 所示。

视　频

例25.5 旋转的落叶

（3）将时间指示器移到第 1 s 20 帧的位置，单击"旋转"选项后面的"添加 / 删除关键帧"按钮，在此处添加一个关键帧，并将"旋转"值修改为 270，如图 1-25-30 所示。

图 1-25-29　添加第一个关键帧

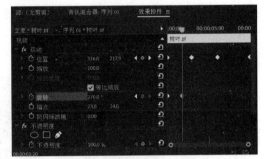
图 1-25-30　添加并设置关键帧

（4）将时间指示器移到第 2 s 24 帧的位置，添加一个关键帧，将此处"旋转"值修改为 540，此时该值会自动变为 1*180° 。

（5）在"效果控件"面板中选择刚创建的第 3 个旋转关键帧，然后右击，在弹出的快捷菜单中选择"复制"命令，如图 1-25-31 所示，将时间指示器移到第 3 s 的位置，然后右击，在弹出的快捷菜单中选择"粘贴"命令，如图 1-25-32 所示，成功复制了第 3 个旋转关键帧；同样，将时间指示器移到第 6 s 的位置，继续右击，在弹出的快捷菜单中选择"粘贴"命令。

（6）单击监视器面板的播放按钮，预览影片效果。

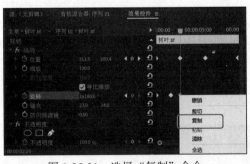
图 1-25-31　选择"复制"命令

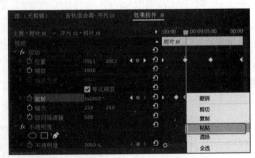
图 1-25-32　选择"粘贴"命令

 ## 25.3　抠像合成技术

抠像时视频效果中键控技术在视频制作中应用相当广泛。抠像不仅可以编辑素材，还可以将视频轨道上几个重叠的素材键控合成，利用遮罩的原理，制作透明效果。

设置完视频效果后，若发现所加效果不符合要求，只需在"效果控件"面板中选中要清除的效果，按【Delete】键即可。

25.3.1 绿屏抠像合成

视频效果的色度键可将素材的某种颜色及相似颜色范围部分设置透明。该特效应用非常广泛，在实际拍摄中，可用纯绿色作为背景进行拍摄，后期制作中，只要用"色度键"即可轻松去除背景。

● 视频

例25.6 绿屏
抠像

【例 25.6】绿屏抠像合成。

操作步骤如下：

（1）打开"第 25 章 \ 绿屏抠像源文件 .prproj"。

（2）选择视频轨道 2 的"绿屏美女 .avi"素材，选择"效果"面板的"视频效果"中"变换"组的"裁剪"效果，拖动添加到轨道 2 的"绿屏美女 .avi"素材。

（3）将"绿屏美女 .avi"素材左右两侧黑边裁掉，即打开"窗口"菜单的"效果控件"窗口，更改"裁剪"特效参数"左侧"为"5%"，"右侧"为"5%"，如图 1-25-33 所示。

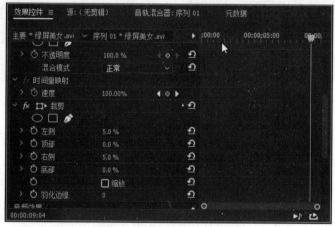

图 1-25-33 效果控制面板

（4）将"绿屏美女 .avi"素材的绿色背景清除。选择"效果"面板的"视频效果"中"键控"组的"颜色键"，拖动添加到轨道 2 的"绿屏美女 .avi"素材。在"效果控件"窗口，更改"颜色键"效果参数，将时间指针定位在轨道 2 的"绿屏美女 .avi"素材上。单击"主要颜色"后面的"吸管" 按钮，在节目监视器窗口中视频的绿色背景上单击以拾取要清除的颜色。"颜色容差"参数为"60%"，"边缘细化"为"5"，"羽化边缘"为"5"，如图 1-25-34 所示。

（5）按【Space】键预览效果。

图 1-25-34 绿屏抠图效果

25.3.2　轨道遮罩键

轨道遮罩键是将素材作为遮罩，显示或隐藏另一素材的部分内容。需要两条轨道，并将遮罩素材添加到"时间线"窗口的另一轨道上，且必须在原素材（被遮罩）轨道上方。

【例 25.7】添加轨道遮罩键。

操作步骤如下：

（1）打开"第 25 章 \ 轨道遮罩源文件 .prproj"。

（2）将"字幕做的遮罩"素材拖入到视频轨道 3，将其结束时间调整至视频轨道 1 结束处。

（3）选中视频轨道 2 的"相框 .jpg"素材，选择"效果"面板的"视频效果"中"键控"组的"轨道遮罩键"效果，拖动添加到轨道 2 的"相框 .jpg"素材，设置"效果控件"面板中"轨道遮罩键"效果参数，"遮罩："选择"视频 3"，"合成方式："选择"亮度遮罩"，"反向"为勾选状态，如图 1-25-35 所示。

图 1-25-35　轨道遮罩键

（4）此时，作为遮罩层的"字幕做的遮罩"在节目监视窗口可能偏离相框内部，可以选择轨道 3 的"字幕做的遮罩"素材，双击"字幕做的遮罩"出现蓝色位置调整框如图 1-25-36 所示，拖动鼠标或按下键盘上下左右键将其调整到相框内部，如图 1-25-37 所示。

图 1-25-36　轨道遮罩效果图 1

图 1-25-37　轨道遮罩效果图 2

（5）按【Space】键预览效果。

25.3.3　马赛克效果设置

平时在看影视节目时，有些对象会局部添加遮蔽效果，最常见的是动态局部马赛克效果。操作步骤如下：

【例 25.8】添加马赛克效果。

（1）打开"第 25 章 \ 马赛克源文件 .prproj"。

（2）将"采访视频 .avi"素材拖到视频 2 轨道上。选择"视频效果面板"的"视频效果"，找到"风格化"组的"马赛克"效果，拖入视频 2 轨道的"采访视频 .avi"素材上。选择 2 轨道的"采访视频 .avi"素材，设置"效果控件"面板的马赛克效果参数，"水平块"为"30"，"垂直块"为"30"。

（3）创建静态字幕，命名为"椭圆遮罩"，如图 1-25-38 所示，利用"椭圆工具" ▬绘制一个比人脸部稍大的椭圆，再设置字幕背景为黑色，如图 1-25-39 所示，拖放到视频 3 轨道上。调整起始位置为人脸出现的时间，结束位置为人脸消失的时间。

图 1-25-38　"新建字幕"对话框

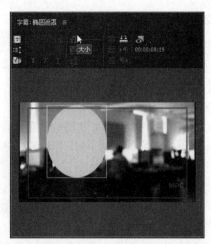

图 1-25-39　椭圆字幕设计

（4）在视频 2 轨道素材上添加"轨道遮罩键"效果，参数如图 1-25-40 所示。

（5）利用关键帧和运动特效制作轨道 3 的"椭圆遮罩"素材的跟踪效果，这里需要根据动态画面的移动情况，设置多个关键帧，并改变素材位置和大小。

（6）按【Space】键预览效果。

图 1-25-40　轨道遮罩效果参数

25.3.4　不透明度设置

在影视制作过程中，可以通过调整素材的不透明度，在各个视频轨道间进行素材的混合，创建视频画面的渐隐渐现效果。如要设置所选素材的不透明度，可在效果控件面板中展开"不透明度"选项组，通过添加并设置不透明度的关键帧来进行设置。

例25.9 星光闪烁的夜空

【例 25.9】制作星光闪烁的夜空。

操作步骤如下：

（1）新建一个项目和序列，在项目面板中导入"星空 .jpg"素材，将导入的素材添加到时间轴面板的视频 1 轨道上，如图 1-25-41 所示。

（2）选中轨道 1 中的素材，在效果控件面板中展开"不透明度"选项组，在第 0 s 的时间位置为"不透明度"选项添加一个关键帧；将时间指示器移到第 1 s 的位置，为"不透明度"选项添加一个关键帧，并设置不透明度为 30%，如图 1-25-42 所示。

图 1-25-41　添加素材

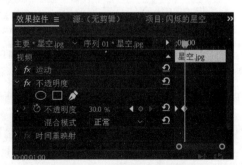

图 1-25-42　添加并设置关键帧

（3）按住【Ctrl】键单击选择创建好的两个关键帧，右击，在弹出的快捷菜单中选择"复制"命令对关键帧进行复制，将时间轴移到第 2 s 的位置，再右击，在弹出的快捷菜单中选择"粘贴"命令对关键帧进行粘贴；将时间轴移到第 4 s 的位置，然后再次对刚才复制的两个关键帧进行粘贴，如图 1-25-43 所示。

（4）在节目监视器面板中预览影片效果，如图 1-25-44 所示。

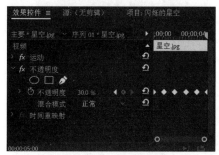

图 1-25-43　粘贴关键帧

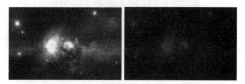

图 1-25-44　不透明度变化效果

在 Premiere 的"不透明度"选项组中有一个"混合模式"下拉列表，该下拉列表可设置 27 种不同的混合模式，如图 1-25-45 所示。

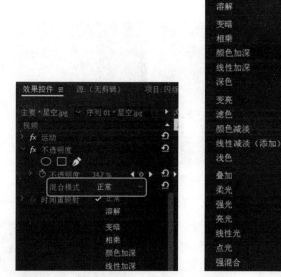

图 1-25-45　不透明度混合模式

 ## 25.4　视频效果的应用

视频效果也即视频特效，就是为素材文件添加特殊处理，可以修补视频素材中的缺陷，类似 Photoshop 中的滤镜，通过效果的应用，使视频文件更加绚丽多彩，使枯燥的视频变得生动起来。选择"窗口"→"效果"命令，打开"效果"面板，然后单击"视频效果"文件夹前面的三角形将其展开，会显示一个视频效果组，如图 1-25-46 所示。展开一个效果类型文件夹，可以显示该类型包含的效果内容，如图 1-25-47 所示。

图 1-25-46 视频效果面板　　　　　　　　图 1-25-47 展开视频效果内容

　　Premiere 提供了"变换""图像控制""实用程序""扭曲""时间""杂色与颗粒""模糊与锐化""沉浸式视频""生成""视频""调整""过时""过渡""透视""通道""键控""颜色校正"和"风格化"等 18 种不同类别的效果，总计 100 多种视频效果。图 1-25-48 就是应用球面化扭曲效果前后的视频对比图。

图 1-25-48 球面化视频效果

1. 添加视频效果

　　选中轨道素材，将选择的视频效果拖动到轨道素材的上方，在效果控件面板中设置相应的视频效果参数，图 1-25-49 为球面化视频效果的相关参数设置。同一个素材可以同时添加多个相同或不同的效果。

2. 复制与粘贴视频效果

　　同一素材不同位置或不同素材之间需要添加相同的效果时，可以在"效果控件"面板采用复制粘贴操作快速实现。

图 1-25-49 球面化参数

3. 清除视频效果

　　设置完视频效果后，若发现所加特效不符合要求，只需在"效果控件"面板中按【Delete】键清除不需要的效果即可。

4．视频效果的动画效果

视　频

利用视频效果创建动画效果离不开关键帧的应用，在关键帧更改特效参数，可产生
动态画面。

【例 25.10】创作多画面同映的效果。

例25.10 五画
同映

操作步骤如下：

（1）新建一个名为"多画面同映"的项目文件，导入影片素材。新建一个序列，
设置序列的编辑模式为"自定义"，视频画面帧大小为 720，水平大为 480，如图 1-25-50 所示。

图 1-25-50　"新建序列"对话框

（2）选择"序列"→"添加轨道"命令，设置添加视频轨道的数量为 2，添加音频轨道的
数量为 2，单击"确定"按钮，添加 2 条视频轨道和 2 条音频轨道。

（3）选中项目面板中的"影片 01.mp4"素材，然后选择"剪辑"→"速度 / 持续时间"命
令，设置素材的持续时间为 10 s，如图 1-25-51 所示，单击"确定"按钮。

（4）使用同样的方法将其他影片素材的持续时间都设置为 10 s，然后拖动各个影片素材依
次添加到时间轴面板的视频轨道 1 ～视频轨道 5 上，如图 1-25-52 所示。

图 1-25-51　修改持续时间

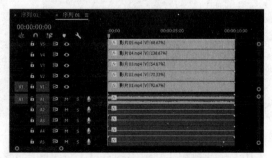

图 1-25-52　在时间轴面板添加素材

（5）在时间轴面板中右击取消音频和视频链接后，选择音频轨道中的音频素材，按【Delete】
键依次将所有的音频素材删除。

（6）打开效果面板，选择"效果"→"扭曲"→"边角定位"视频效果，如图 1-25-53 所示，将"边角定位"效果依次添加到视频 2～视频 5 轨道中的素材上。

图 1-25-53　选择效果命令

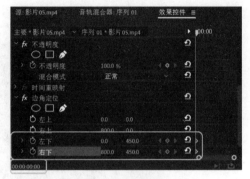

图 1-25-54　开启动画设置

（7）选择视频 5 轨道中的素材，然后打开效果控件面板，展开"边角定位"效果选项，将时间指示器移到 0 s 的位置，单击"左下"和"右下"选项前面的"切换动画"按钮█，在当前时间位置为这两个选项各添加一个关键帧，如图 1-25-54 所示。

（8）将时间指示器移到第 1 s 的位置，然后单击"左下"和"右下"选项后面的"添加 / 删除关键帧"按钮█，在此时间位置为两个选项各添加一个关键帧，设置"左下"的坐标为（200，112）；设置"右下"的坐标为（533,112），如图 1-25-55 所示。在节目监视器面板中预览影片效果。

（9）选择视频轨道 4 中的素材，将时间指示器移到第 2 s 的位置，在"效果控件"面板中为"左上"和"右上"选项各添加一个关键帧；将时间指示器移到第 3 s 的位置，为"左上"和"右上"选项各添加一个关键帧，然后设置"左上"的坐标为（200，337）；"右上"的坐标为（533，337），如图 1-25-56 所示。

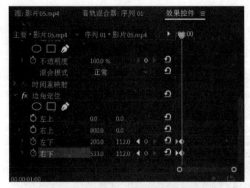

图 1-25-55　影片 5 设置关键帧和参数

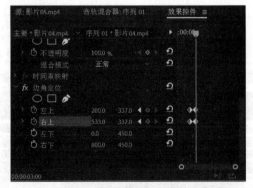

图 1-25-56　影片 4 设置关键帧和参数

（10）选择视频 3 轨道中的素材，将时间指示器移到第 4 s 的位置，在"效果控件"面板中为"右上"和"右下"选项各添加一个关键帧；将时间指示器移到第 5 s 的位置，继续为"右上"和"右下"选项添加一个关键帧，然后设置"右上"的坐标为（200，112），"右下"的坐标为（200，337），如图 1-25-57 所示。

（11）选择视频 2 轨道中的素材，将时间指示器移到第 6 s 的位置，在"效果控件"面板中为"左上"和"左下"选项各添加一个关键帧；将时间指示器移到第 7 s 的位置，继续为"左上"和"左下"选项添加一个关键帧，然后设置"右上"的坐标为（533，112），"右下"的坐标为（533，337），如图 1-25-58 所示。在节目监视器面板中进行影片预览。

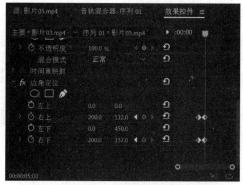

图 1-25-57　影片 3 设置关键帧和参数

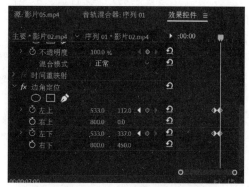

图 1-25-58　影片 2 设置关键帧和参数

（12）选择视频 1 轨道中的素材，将时间指示器移到第 8 s 的位置，在"效果控件"面板中选择"运动"选项组，在"缩放"选项中添加一个关键帧；将时间指示器移动到第 9 s 的位置，在"效果控件"面板中为"缩放"添加一个关键帧，并设置"缩放"选项值为 50，如图 1-25-59 所示。

（13）将时间指示器移到第 9 s 的位置，在节目监视器面板中进行影片预览，如图 1-25-60 所示。

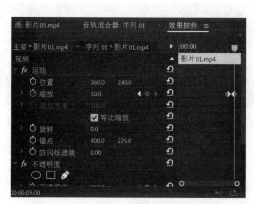

图 1-25-59　影片 1 设置关键帧和参数

图 1-25-60　最终预览效果

 ## 25.5　音 频 特 效

　　Premiere 的时间轴面板可以进行一些简单的音频编辑，如解除音频和视频的链接，单独修改音频对象，使用剃刀工具分割音频等。同时，Premiere 中的音频也可以通过右击，在弹出的快捷菜单中选择"在 Adobe Audition 中编辑剪辑"命令，利用 Audition 软件进行编辑。

在 Premiere 影视编辑中，还可以对音频对象添加特殊效果，如淡入淡出、摇摆效果和系统自带的音频效果等，从而使音频的内容更加和谐、美妙。

25.5.1 调整音频增益

音频增益是指音频的声调高低，当一个视频片段同时拥有几个音频素材时，就需要平衡这几个音频的增益。具体操作如下：

新建项目文件，导入音频素材，并将音频素材添加到时间轴面板中，在时间轴面板中选中需要调整的音频素材，然后选择"剪辑"→"音频选项"→"音频增益"命令，打开"音频增益"对话框，修改相关的参数，如图 1-25-61 所示。音频的声调会有所调整。

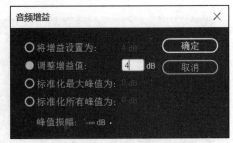

图 1-25-61 "音频增益"对话框

25.5.2 音频的摇摆效果

视 频

例25.11 摇摆
旋律

音频的摇摆效果是指可以将立体声道的声音改为在左右声道间来回切换播放的效果。具体操作如下：

【例 25.11】为素材添加摇摆效果。

（1）创建一个项目和一个序列，然后将音频素材导入项目面板中，如图 1-25-62 所示。

（2）将音频素材添加到时间轴面板的音频 1 轨道中，如图 1-25-63 所示。

图 1-25-62 导入素材

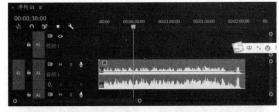

图 1-25-63 添加素材

（3）在音频 1 轨道中右击音频素材上的 fx 图标，在弹出的快捷菜单中选择"声像器"→"平衡"命令，如图 1-25-64 所示。

（4）展开音频 1 轨道，让时间指示器处于第 0 s 的位置，单击音频 1 轨道中的"添加 / 删除关键帧"按钮 ，在音频 1 轨道中添加一个关键帧，如图 1-25-65 所示。

图 1-25-64 选择"声像器"→"平衡"命令

图 1-25-65 添加关键帧

（5）将时间指示器移到第 15 s 的位置，单击音频 1 轨道中的"添加 / 删除关键帧"按钮，添加一个关键帧，然后将添加的关键帧向上拖动到最下端，如图 1-25-66 所示。

（6）将时间指示器移到第 30 s 的位置，单击音频 1 轨道中的"添加 / 删除关键帧"按钮，添加一个关键帧，然后将添加的关键帧向上拖动到最上端，如图 1-25-67 所示。

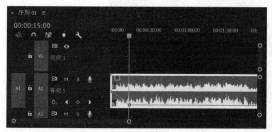
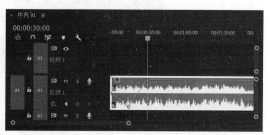

图 1-25-66　添加并调整第 15 s 的关键帧　　　图 1-25-67　添加并调整第 30 s 的关键帧

（7）在每隔 15 s 的位置，分别为音频素材添加一个关键帧，并调整各个关键帧的位置，如图 1-25-68 所示。

图 1-25-68　添加并调整其他关键帧

（8）最后，在节目监视器面板中进行播放预览。

25.5.3　应用音频效果

视频
例25.12 添加音频效果

在 Premiere 的效果面板中集成了 1 个音频过渡效果和 40 多个音频效果。音频过渡中唯一的过渡效果就是交叉淡化，它又可分为恒定功率、恒定增益和指数淡化 3 个交叉淡化过渡。如要使用视频过渡效果，只需将其拖动到音频素材的入点或出点位置，然后在效果控件面板中进行具体设置即可。

"音频效果"文件夹中包含了 40 多种音频特效，如要使用音频特效，将这些音频特效直接拖放在时间轴面板的音频素材上即可。

【例 25.12】为素材添加音频效果。

（1）新建一个项目文件，然后在项目面板中导入视频和音频素材，如图 1-25-69 所示。

（2）新建一个序列，将视频和音频素材分别添加到视频和音频轨道中，并调整音频素材和视频素材的出点，如图 1-25-70 所示。

图 1-25-69　导入素材

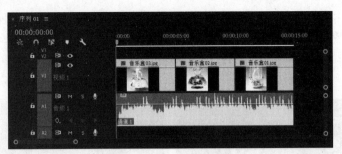

图 1-25-70 添加素材

（3）在效果控件面板中选择"音频效果"→"室内混响"效果，如图 1-25-71 所示，然后将其拖动到时间轴面板的"音乐 .wav"素材上，为素材添加室内混响效果。

（4）选择"窗口"→"效果控件"命令，在打开的"效果控件"面板中设置室内混响效果的参数，如图 1-25-72 所示。

（5）在节目监视器面板中进行播放预览。

图 1-25-71 选择"室内混响"效果

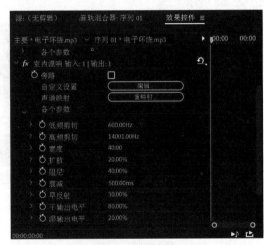

图 1-25-72 效果控件面板

视 频

25.6 应用举例–茶文化宣传片头1

视 频

25.6 应用举例–茶文化宣传片头2

25.6 应 用 举 例

【案例】制作茶文化宣传片头。

【设计思路】视频添加和编辑、字幕设计、视频效果及运动效果的综合应用。

【设计目标】利用字幕设计动态局部马赛克效果。

【操作步骤】

（1）制作和收集素材，将素材进行分类。

（2）创建新项目，命名为"中华茶文化"；新建序列，序列参数设置为"DV-PAL""标准 48 kHz"。

（3）导入"茶文化宣传案例"目录下的"静态素材"和"动态素材"文件夹，如图 1-25-73 和图 1-25-74 所示。

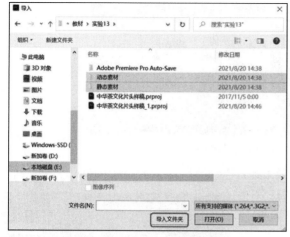

图 1-25-73 "导入"对话框

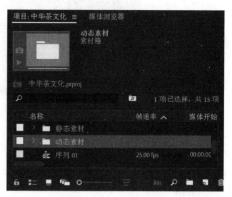

图 1-25-74 项目面板

（4）将"动态素材"中的"视频片段 1.avi"拖入时间轴面板的视频 1 轨道起始位置，出现的采样频率不一致提示对话框选择"保持现有设置"。直接在节目窗口中选择素材，调整大小及位置，使其充满整个屏幕。

（5）将时间指示器移到"00:00:03:06"处，拖动"项目"窗口"静态素材"文件夹到视频 2 轨道时间线处。按住【Shift】键同时选中这 9 个静态图片素材，右击，在弹出的快捷菜单中设置素材持续时间为 2 s，如图 1-25-75 所示。

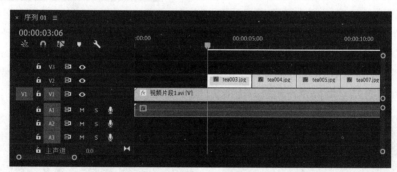

图 1-25-75 9 个静态素材图片放入轨道 2

（6）设置轨道 2 的前 5 幅图片素材为边缘羽化效果。找到"效果"窗口"视频效果"中"变换"文件夹的"羽化边缘"命令，分别拖动到前 5 幅图片素材上，并在"效果控件"面板分别设置"不透明度"为 60%，"羽化边缘数量"为 50。

（7）设置"tea013.jpg"素材的运动特效，从左上角向中间移动，并扩大。选中"tea013.jpg"素材，将时间线移到"00:00:17:09"处，单击"效果控件"面板"位置"左侧的"切换动画" ◙ 按钮，取消选中"等比缩放"选项，单击"缩放高度"和"缩放宽度"左侧"切换动画" ◙ 按钮，添加一个关键帧，在监视器窗口将图片调整至图 1-25-76 所示位置。再将时间线移到"00:00:18:17"处，分别单击"位置""缩放高度"和"缩放宽度"的右侧"添加 / 删除关键帧" ◙ 按钮，如图 1-25-77 所示，再添加一个关键帧，将图片调整至如图 1-25-76 所示位置，关键帧设置位置参考图 1-25-74。

图 1-25-76　tea013.jpg 大小位置初始和终止状态

（8）在"效果"窗口搜索"翻页"视频效果拖到"tea013.jpg"和"tea014.jpg"素材之间，右击，在弹出的快捷菜单中设置翻页过渡的持续时间为 1 s。调整"tea014.jpg"素材大小比例与"tea013.jpg"相同。

（9）添加"视频片段 2.avi"素材到视频轨道 2"tea014.jpg"素材后面。调整大小使其充满屏幕。

（10）利用字幕创建一个白色矩形，用于逐渐展开特效制作。选择"文件"→"新建"→"旧版标题"命令创建一个"静态字幕"，命名为"矩形"，绘制一个与屏幕大小一致的白色矩形。将"矩形"字幕添加到视频轨道 3 上，设置起始时间与"视频片段 2.avi"相同，结束时间在"视频片段 2.av"时间一半的位置。添加"轨道遮罩键"视频效果在"视

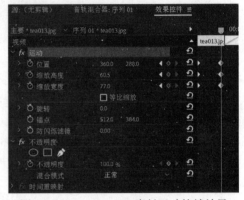

图 1-25-77　tea013.jpg 素材运动特效效果控制面板参数设置

频片段 2.avi"上，在"特效控件"面板中设置遮罩为"视频 3"，如图 1-25-78 所示；选中"矩形"素材，利用关键帧在矩形起始时间调整缩放高度为 0，如图 1-25-79 所示，在结束时间调整缩放高度为 80。最终使得视频片段 2 产生如图 1-25-80 所示的遮罩效果。

图 1-25-78　视频片段 2 的轨道遮罩键设置　　　图 1-25-79　矩形字幕起始点的缩放高度

图 1-25-80　视频片段 2 的遮罩效果

（11）素材的剪辑。拖动"视频片段 3.avi"素材到视频 4 轨道，起始时间与"tea003.jpg"相同。利用剃刀工具在"00:00:16:17"处切割，将此素材分成两段，并将右边片段移动到轨道 2 的"视

频片段 2.avi"后面。将两段视频尺寸都调整到与屏幕大小一致。

（12）制作文字遮罩效果。通过"文件"→"新建"→"旧版标题"命令，创建一个名称为"茶"的字幕，字幕窗口输入茶，字幕属性设置，字体"隶书"，大小"100"，色彩"白色"。将"茶"字幕素材拖到视频轨道 5，起始时间和结束时间与视频轨道 4 的"视频片段 3.avi"相同。添加"轨道遮罩键"视频效果到"视频片段 3.avi"素材上，设置遮罩为"视频 5"。利用关键帧和缩放比例制作茶文字由小变大的效果，如图 1-25-81 和图 1-25-82 所示。

图 1-25-81　"茶"素材的起始点和终点的关键帧设置

图 1-25-82　"茶"素材的缩放效果

（13）"中国茶文化"字幕特效制作。新建名为"标题"的旧版标题的字幕，字幕文字为"中国茶文化"，字幕属性设置，字体"隶书"，大小"100"，字幕样式为如图 1-25-83 所示的"Arial Black yellow orange gradint"。

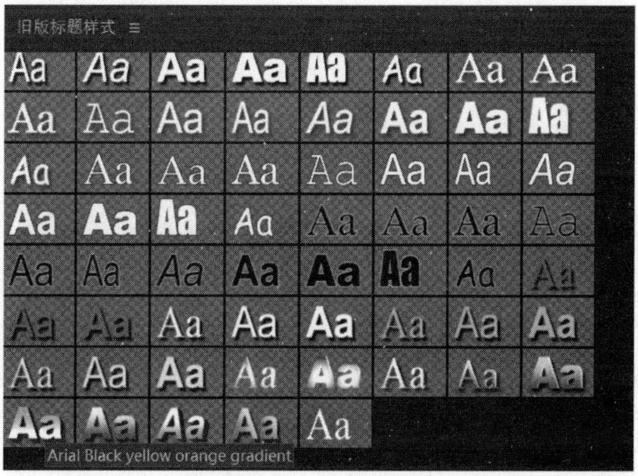

图 1-25-83　字体样式

（14）添加"标题"字幕到视频轨道 6 的"00:00:25:06"处，结束时间为"00:00:33:01"。

（15）为"标题"字幕素材添加"风格化"文件夹中的"Alpha 发光"效果，分别在第 25 秒 06、28 秒 08、29 秒 07 和 29 秒 23 的位置添加关键帧，修改发光效果的发光、亮度、起始颜色和结束颜色等参数值，创建流动光束效果，如图 1-25-84 所示。

（a）第 1 个关键帧的参数设置

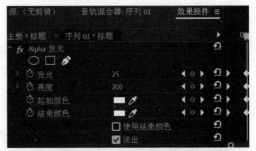

（b）第 2 个关键帧的参数设置

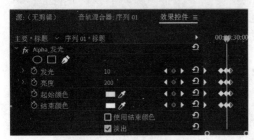

（c）第 3 个关键帧的参数设置

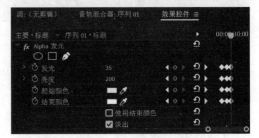

（d）第 4 个关键帧的参数设置

图 1-25-84　"标题"素材各个关键帧的参数设置

（16）视频结尾的处理：搜索"效果"面板"渐变擦除"命令，出现的对话框为默认，分别拖到轨道 6"标题"素材和轨道 2"视频片段 3"素材的结尾处。

（17）预览整个视频的播放效果并导出相关视频。

实践篇

实验 9

After Effects 图层父子链接

实验目的

◎ 熟悉 After Effects 工作环境。

◎ 掌握 After Effects 对象的绘制操作。

◎ 掌握图层父子链接。

实验内容

小球滚动加载动效。利用形状图层绘制空心和实心的圆，并利用图层父子链接制作小球滚动加载动效，如图 2-9-1 所示。该案例包含"实心球""空心圆 1-9"和"空 1-9"图层。利用空对象和空心圆的父子链接控制来控制空心圆的运动动效。

实验9 AE图层
父子链接–1

实验9 AE图层
父子链接–2

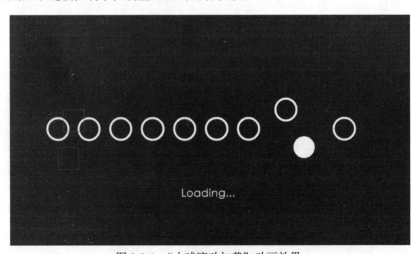

图 2-9-1 "小球滚动加载"动画效果

操作步骤

（1）打开 After Effects 软件界面。新建项目，新建合成，宽度、高度为 1 920 像素 × 1 080 像素，方形像素，30 帧 /s，黑色背景，持续时间 25 s，名为"小球滚动加载动效"；新建"#362367"的纯色图层，作为背景，并重命名为"背景"，锁定图层。

（2）新建形状图层名为"实心圆"，展开图层属性，添加"椭圆"，添加"填充"，展开"填充 1"属性，修改填充颜色为白色，在"合成"面板中，利用"选择工具"，把实心圆移动到左侧（移动过程中按【Shift】键，使其水平移动），如图 2-9-2 所示。

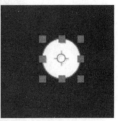

图 2-9-2　绘制实心圆

（3）选择"实心圆"图层，按【Ctrl+D】组合键，复制一图层，重命名为"空心圆 1"；展开"空心圆 1"属性，在"内容"下选择"填充 1"，按【Delete】键，删除填充；添加"描边"，展开"描边 1"，设置颜色为白色，描边宽度为 10 像素，如图 2-9-3 所示。

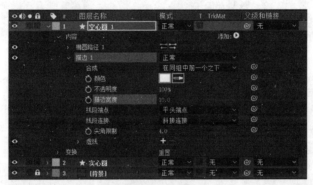

图 2-9-3　设置空心圆 1

（4）选择"实心圆"和"空心圆 1"两个图层，按【P】键，展开"位置"属性，设置"空心圆 1"位置属性的 X 轴坐标为 400，如图 2-9-4 所示。

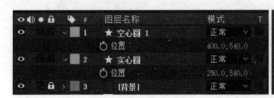

图 2-9-4　移动空心圆 1

（5）选择"空心圆 1"图层，按【Ctrl+D】组合键 8 次，复制 8 个空心圆；选择"空心圆 2"～"空心圆 9"，按【P】键，展开"位置"属性，设置各空心圆位置属性的 X 轴坐标（上一层 X 轴坐标是在下一层 X 轴坐标的基础上增加 150），如图 2-9-5 所示。

（6）选择"实心圆"图层，按【P】键，展开"位置"属性，将"时间指示器"定位到 0 帧处，添加关键帧；将"时间指示器"定位到 15 帧处，添加关键帧，设置 Y 轴坐标为 360；将"时间指示器"定位到 30 帧（即 1 s）处，添加关键帧，设置 Y 轴坐标为 720；将"时间指示器"定位到 2 s 处，选择第 1 个关键帧，按【Ctrl+C】组合键复制关键帧，按【Ctrl+V】组合键粘贴关键帧到 2 s 处；选择 4 个关键帧，按【F9】键，柔缓曲线，如图 2-9-6 所示。

图 2-9-5　复制空心圆

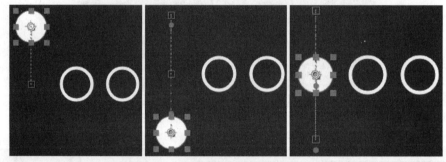

图 2-9-6　调整实心圆位置

（7）在"实心圆"形状图层上方新建一个空对象，重命名为"实心圆"，按【P】键，展开空对象"实心圆"的位置属性；将"时间指示器"定位到 0 帧处，选择"实心圆"形状图层的 4 个关键帧，复制 4 个关键帧，选择空对象"实心圆"的位置属性，粘贴关键帧；单击"实心圆"形状图层位置属性的"码表"▣按钮，清除所有关键帧，并设置"父级与链接"为"10.实心圆"，如图 2-9-7 所示。

（8）将"时间指示器"定位到圆下落回到原点的位置（即 22 帧）处，在"实心圆"形状图层的位置属性，添加关键帧；将"时间指示器"定位到 2 s 处，设置 X 轴坐标为 150；选择 2 个关键帧，按【F9】键，柔缓曲线，如图 2-9-8 所示。

图 2-9-7　设置"实心圆"空对象

图 2-9-8　设置"实心圆"形状图运动

（9）选择"实心圆"空对象图层的位置属性，选择后 3 个关键帧并复制；将"时间指示器"定位到 2 s 15 帧处，粘贴关键帧；将"时间指示器"定位到 4 s 15 帧处，粘贴关键帧；依此类推，在 6 s 15 帧、8 s 15 帧、10 s 15 帧、12 s 15 帧、14 s 15 帧、16 s 15 帧处粘贴关键帧，如图 2-9-9 所示。

图 2-9-9　粘贴空对象关键帧

（10）将"时间指示器"定位到 2 s 22 帧处，在"实心圆"形状图层的位置属性，添加关键帧，将"时间指示器"定位到 4 s 处，设置 X 轴坐标为 300；将"时间指示器"定位到 4 s 22 帧处，添加关键帧，将"时间指示器"定位到 6 s 处，设置 X 轴坐标为 450；依此类推，下面时间添加关键帧交替，在 6 s 22 帧、8 s 22 帧、10 s 22 帧、12 s 22 帧、14 s 22 帧、16 s 22 帧处添加关键帧，在 8 s、10 s、12 s、14 s、16 s、18 s 处添加关键帧，并修改 X 轴坐标，增量为 150，如图 2-9-10 所示。

时间轴

0 s 处效果

图 2-9-10　设置实心圆的右移效果

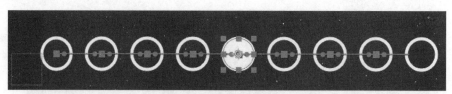

10 s 处效果

18 s 处效果

图 2-9-10　设置实心圆的右移效果（续）

（11）在"空心圆 1"图层，按【P】键，展开"位置"属性，将"时间指示器"定位到 22 帧处，添加关键帧，将"时间指示器"定位到 2 s 处，添加关键帧，设置 X 轴坐标为 250；在"合成"面板中调整曲线，放大显示效果，调整曲线两端的控制手柄（注意：控制手柄两端要差不多高）；选择两个关键帧，按【F9】键，柔缓曲线，如图 2-9-11 所示。

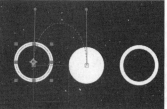

图 2-9-11　调整"空心圆 1"的曲线

（12）新建空对象，命名为"空 1"；将"时间指示器"定位到 22 帧处，复制"空心圆 1"的位置上两个关键帧，选择"空 1"图层，按【P】键，展开"位置"属性，粘贴两个关键帧；单击"空心圆 1"图层位置属性的"码表" 按钮，清除所有关键帧，并设置"父级与链接"为"空 1"，如图 2-9-12 所示。

图 2-9-12　设置"空 1"对象

（13）选择"空 1"图层，将"时间指示器"定位到 22 帧处，按【Alt+[】键，设置入点，将"时间指示器"定位到 2 s 处，按【Alt+]】组合键，设置出点，如图 2-9-13 所示。

（14）选择"空 1"图层，按【Ctrl+D】组合键 8 次，复制 8 个空对象，并调整"空 2"～"空 9"，分别到"空心圆 2"～"空心圆 9"各自的上方，如图 2-9-14 所示。

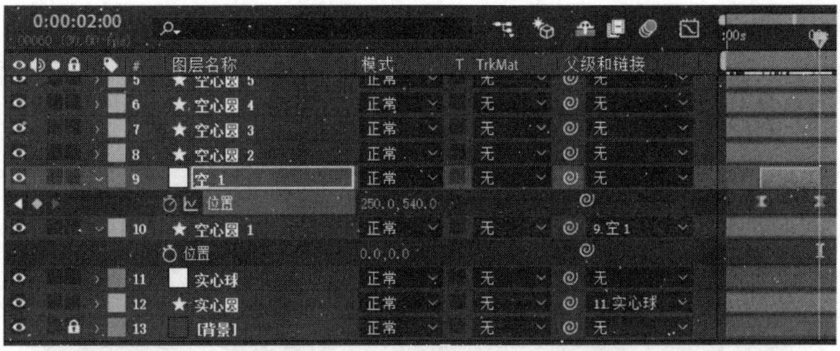

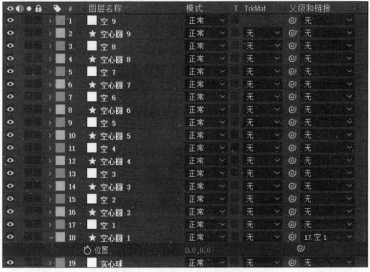

图 2-9-13 设置"空 1"的入/出点

图 2-9-14 调整各空对象图层位置

（15）选择"空 2"图层，按【P】键，展开"位置"属性，将"时间指示器"定位到 22 帧处，移动"空 2"动画片段到 2 s 22 帧处，并设置"空心圆 2"的"父级与链接"为"空 2"；同样的方法，将各动画片段移动位置："空 3"在 4 s 22 帧、"空 4"在 6 s 22 帧、"空 5"在 8 s 22 帧、"空 6"在 10 s 22 帧、"空 7"在 12 s 22 帧、"空 8"在 14 s 22 帧、"空 9"在 16 s 22 帧，以及各空心圆链接到各空对象，要注意的是空对象移到需要位置后，相关的空心圆设置链接，交替进行，如图 2-9-15 所示。

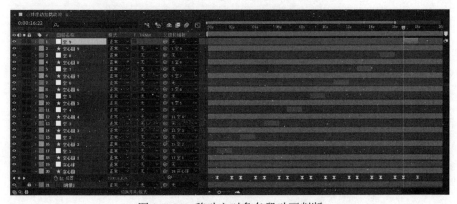

图 2-9-15 移动空对象各段动画判断

（16）选择"横排文字工具"，输入"Loading..."，设置合适的字体、字号等，并调整合适的位置；将"时间指示器"定位到 19 s 处，按【N】键，裁剪"工作区域"，效果如图 2-9-16 所示。

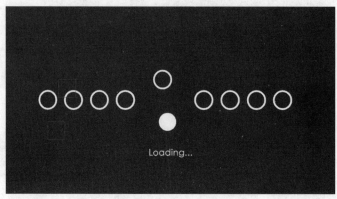

图 2-9-16　输入文字

实验 10
After Effects 关键帧动画

实验目的

◎ 掌握关键帧的基本概念及类型。

◎ 掌握利用关键帧操作制作动画。

◎ 掌握图表编辑器的操作曲线。

实验内容

视 频

实验10 AE关
键帧动画-1

视 频

实验10 AE关
键帧动画-2

视 频

实验10 AE关
键帧动画-3

万花筒动效。关键帧操作是 After Effects 动画的基本操作，本案例利用对称法和形状图层绘制 1/4 万花筒，利用图表编辑器编辑曲线使产生缓动效果，再利用图层叠加产生复杂的动画效果，如图 2-10-1 所示。

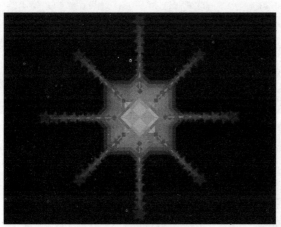

图 2-10-1　万花筒动效

操作步骤

（1）打开 After Effects 软件界面。新建项目，新建合成，宽度、高度为 960 像素 ×960 像素，方形像素，30 帧 /s，白色背景，名为 "1/4"。

（2）在 "1/4" 合成中操作。在 "时间轴" 面板右击，在弹出的快捷菜单中选择 "新建" → "形状图层" 命令，新建 "形状图层 1"；展开 "形状图层 1" 的属性，单击 "内容" 右侧 "添加"

按钮，添加"矩形"，再添加"填充"；展开"填充 1"，设置颜色为"#F6CC48"；适当地等比放大一点矩形，如图 2-10-2 所示。

图 2-10-2 新建矩形

（3）按【Y】键切换到"锚点工具"，移动锚点到左下角，注意观察"变换"下锚点属性；修改"位置"为（0，960），此时矩形锚点对齐合成左下角，如图 2-10-3 所示。

图 2-10-3 调整锚点

（4）将"时间指示器"定位到 0 帧处，单击"旋转"属性的"码表" 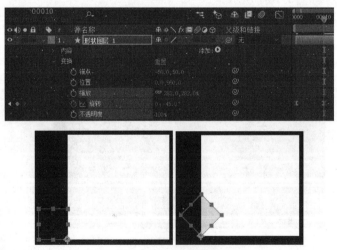 按钮，添加关键帧，设置旋转角度为 -90°；将"时间指示器"定位到 10 帧处，插入关键帧，设置旋转角度为 -45°；选择两个关键帧，按【F9】键，转换为缓动关键帧，如图 2-10-4 所示。

图 2-10-4 设置旋转

（5）单击"图表编辑器"，打开图表，控制左侧关键帧的控制手柄，调整曲线运动先缓后快，如图 2-10-5 所示为调整前后的曲线。

（6）按【Ctrl+D】组合键，复制"形状图层 1"为"形状图层 2"；选择"选择图层 2"，按【R】键，展开"旋转"属性，修改 0 帧处旋转角度为 +90°，10 帧处旋转角度为 +45°。修改填充颜色为"#34DE95"；第 10 帧处效果如图 2-10-6 所示。

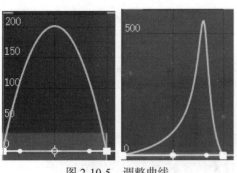

图 2-10-5　调整曲线

图 2-10-6　第 10 帧处效果

（7）选择"形状图层 1"和"形状图层 2"，按【Ctrl+D】组合键复制两个图层，等比适当放大图形，调整"形状图层 3"和"形状图层 4"到"形状图层 1"下面，修改两图层的填充颜色，修改"形状图层 3"填充颜色为"#34DE95"，"形状图层 4"填充颜色为"#F6CC48"；选择所有图层，按【R】键，展开"旋转"属性，选择"形状图层 3"和"形状图层 4"，并把它们的关键帧后移一点，如图 2-10-7 所示。

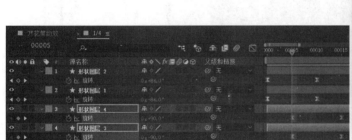

图 2-10-7　设置形状图层 3、4

（8）同样的方法，复制两个图层，修改"形状图层 5"填充颜色为"#DEA834"和"形状图层 6"填充颜色为"#E878F3"，并把它们的关键帧后移一点，如图 2-10-8 所示。

图 2-10-8　设置形状图层 5、6

（9）同样方法，新建"形状图层 7"，添加"矩形"，再添加"填充"；展开"填充 1"，设置颜色为"#F6A69D"；按【S】键，展开"缩放"属性，取消"约束比例" 按钮，Y 轴方向调整到 1 120%，利用"锚点工具"调整锚点到矩形下方中间，再调整 X 轴方向为 50%，如图 2-10-9 所示。

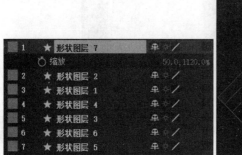
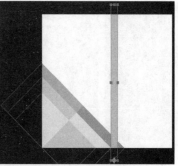

图 2-10-9　绘制长矩形

（10）按【R】键，设置旋转角度45°，并利用"选择工具"调整到左下角，如图2-10-10所示。调整"选择图层7"到最下面。

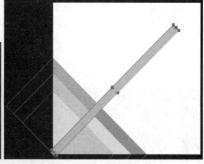

图 2-10-10　调整长矩形位置

（11）展开"形状图层7"的图层属性，在"内容"→"矩形路径1"的"大小"中取消"约束比例"  按钮。将"时间指示器"定位到20帧处，添加关键帧，设置 Y 轴大小为0；将"时间指示器"定位到27帧处，添加关键帧，设置 Y 轴大小为100；将"时间指示器"定位到30帧处，添加关键帧，设置 X 轴大小为50，如图2-10-11所示。

图 2-10-11　调整形状图层7动画

（12）选择3个关键帧，按【F9】键，转换为缓动关键帧，单击"图表编辑器" ，打开图表，控制左侧关键帧的控制手柄，调整曲线运动先缓后快，如图2-10-12所示为调整前后的曲线。

（13）同样方法，新建"形状图层8"（要在"选择图层7"上方随意位置），添加"矩形"，再添加"填充"；展开"填充1"，设置颜色为"#8A7FE5"，往左下角稍微移一点，如图2-10-13所示。

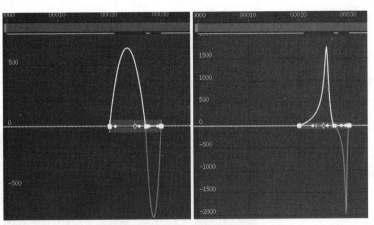

图 2-10-12　调整曲线

（14）展开图层属性，将"时间指示器"定位到 30 帧处，在"变换"下"缩放"和"旋转"属性添加关键帧，设置缩放属性为 0，旋转属性为 -180°；将"时间指示器"定位到 35 帧处，"缩放"和"旋转"属性添加关键帧，设置缩放属性为 100，旋转属性为 0°，如图 2-10-14 所示。

图 2-10-13　形状图层 8

图 2-10-14　设置缩放 / 旋转属性

（15）选择 4 个关键帧，按【F9】键，转换为缓动关键帧，单击"图表编辑器"，打开图表，控制左侧关键帧的控制手柄，调整曲线运动先缓后快，如图 2-10-15 所示为调整前后的曲线。

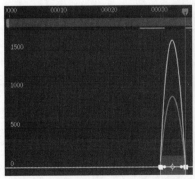
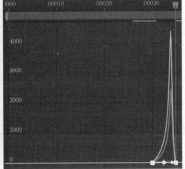

图 2-10-15　调整曲线

（16）同样方法，新建"形状图层 9"（要在"选择图层 7"上方随意位置），添加"椭圆"，再添加"填充"；展开"填充 1"，设置颜色为"#EF449D"，往右上角稍微移一点，如图 2-10-16 所示。

（17）展开图层属性，将"时间指示器"定位到35帧处，按【S】键展开"缩放"添加关键帧，设置缩放属性为0；将"时间指示器"定位到40帧处，"缩放"属性添加关键帧，设置缩放属性为100，如图2-10-17所示。

图2-10-16　形状图层9

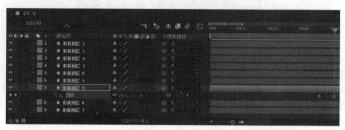

图2-10-17　设置缩放属性

（18）选择2个关键帧，按【F9】键，转换为缓动关键帧，单击"图表编辑器"，打开图表，控制左侧关键帧的控制手柄，调整曲线运动先缓后快，如图2-10-18所示是调整前后的曲线。

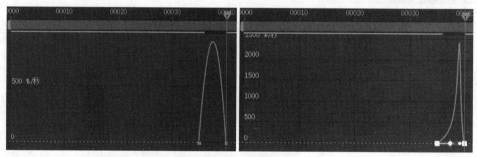

图2-10-18　调整曲线

（19）同样方法，新建"形状图层10"（要在"选择图层7"上方随意位置），添加"多边星形"，把星形移到顶端；再添加"填充"；展开"填充1"，设置颜色为"#188FF0"，如图2-10-19所示。

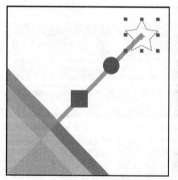

图2-10-19　绘制五角星

（20）展开图层属性，将"时间指示器"定位到40帧处，在"变换"下"缩放"和"旋转"属性添加关键帧，设置缩放属性为0，旋转属性为-180°；将"时间指示器"定位到45帧处，"缩放"和"旋转"属性添加关键帧，设置缩放属性为100，旋转属性为0°，如图2-10-20所示。

图 2-10-20 设置缩放 / 旋转属性

（21）选择 4 个关键帧，按【F9】键，转换为缓动关键帧，单击"图表编辑器" 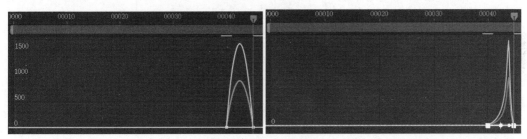，打开图表，控制左侧关键帧的控制手柄，调整曲线运动先缓后快，如图 2-10-21 所示为调整前后的曲线。

图 2-10-21 调整曲线

（22）新建合成，宽度、高度为 1 920 像素 ×1 080 像素，方形像素，30 帧 /s，白色背景，名为"万花筒动效"；把"1/4"合成拖到时间轴面板，如图 2-10-22 所示；按【Y】键，切换到"锚点工具"，移动锚点到左下角，如图 2-10-23 所示。

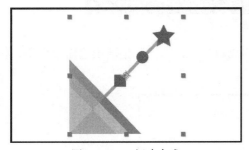

图 2-10-22 新建合成

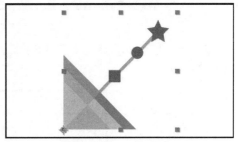

图 2-10-23 移动锚点

（23）选择"1/4"图层，按【P】键，展开"位置"属性，设置位置为（960,540），如图 2-10-24 所示。

（24）选择"1/4"图层，按【Ctrl+D】组合键，复制一个"1/4"图层；按【R】键，展开"旋转"属性，设置旋转属性为 180°，如图 2-10-25 所示。

（25）选择两个"1/4"图层，按【Ctrl+D】组合键，复制两个图层；在菜单栏中选择"图层"→"变换"→"垂直翻转"命令，翻转复制的两个图层，如图 2-10-26 所示。

（26）在时间轴面板中新建"空对象"，选择 4 个"1/4"图层，选择任何一个图层的"父级关联器" 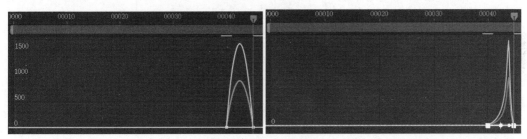，按住鼠标左键拖动到"空 1"上，如图 2-10-27 所示。

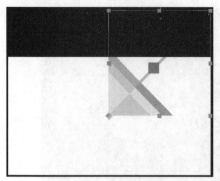

图 2-10-24　设置位置属性

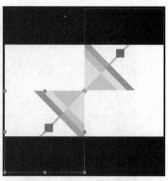

图 2-10-25　复制图层

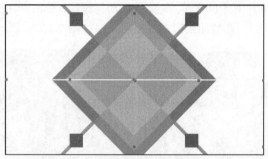

图 2-10-26　再次复制图层

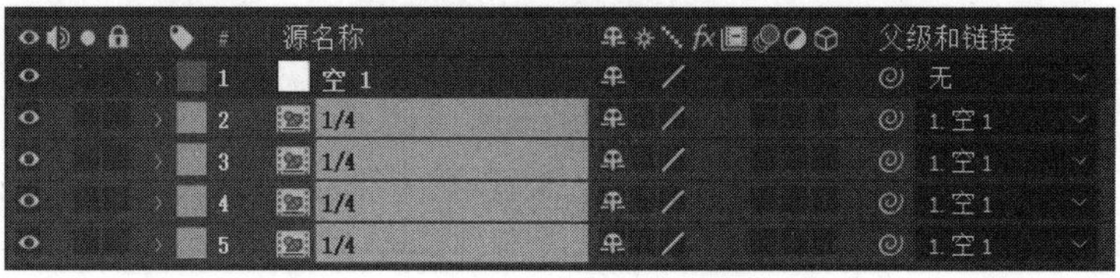

⚪	●	●	🔒	🏷	#	源名称							父级和链接	
👁					1	⬜ 空 1		⊕	/				⊙ 无	
👁					2	📷 1/4		⊕	/				⊙ 1.空 1	
👁					3	📷 1/4		⊕	/				⊙ 1.空 1	
👁					4	📷 1/4		⊕	/				⊙ 1.空 1	
👁					5	📷 1/4		⊕	/				⊙ 1.空 1	

图 2-10-27　链接空对象

（27）选择"空 1"图层，按【S】键，展开缩放属性，根据实际情况设置缩放大小，如图 2-10-28 所示。

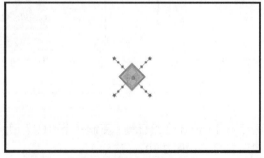

图 2-10-28　缩放大小

（28）选择所有图层，按【Ctrl+Shift+C】组合键，打开"预合成"对话框，设置名为"1/2"的预合成；选择"1/2"图层，按【Ctrl+D】组合键，复制一层；选择下方的"1/2"图层，按【S】键，展开"缩放"属性设置缩放比例为 110%；按【Shift+R】组合键，再展开"旋转"属性，设置旋转属性为 45°，如图 2-10-29 所示。

图 2-10-29　复制 1/2 图层

（29）选择两个 "1/2" 图层，按【Ctrl+Shift+C】组合键，打开 "预合成" 对话框，设置名为 "1" 的预合成；选择 "1" 图层，按【Ctrl+D】组合键 5 次，复制 5 层，所有图层分别命名为 1～6 层，如图 2-10-30 所示。

图 2-10-30　复制 1 图层

（30）选择 1～6 图层，按【S】键，再按【Shift+D】组合键，展开 "缩放" 和 "不透明度" 属性，设置 1-6 图层缩放为 "50～100"，每层递增 10，设置 1～6 图层不透明度为 "100～50"，每层递减 10，如图 2-10-31 所示。

图 2-10-31　"缩放" 和 "不透明度" 属性

（31）在时间轴面板中新建 "空对象"，选择 6 个图层，选择任何一个图层的 "父级关联器"，按住鼠标左键拖动到 "空 2" 上，如图 2-10-32 所示。

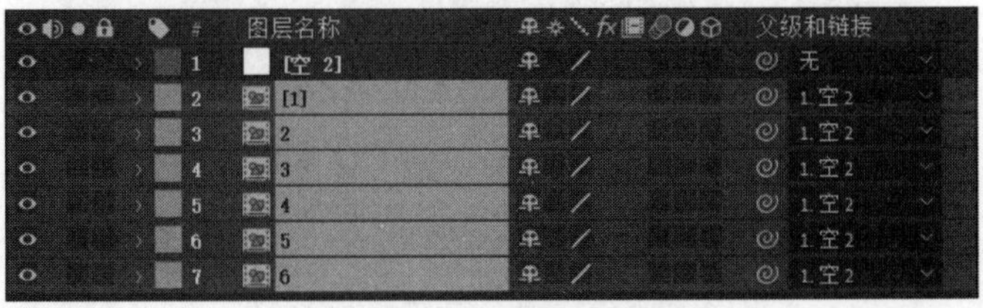

图 2-10-32　新建 "空 2"

（32）选择 "空 2" 图层，按【S】键，展开缩放属性，根据实际情况设置缩放大小；将 "时间指示器"定位到 0 帧处，按【Shift+R】组合键，展开"旋转"属性，单击"码表"按钮，添加关键帧，将"时间指示器"定位到 45 帧处，单击"添加 / 移除" ◆ 按钮，添加关键帧，设置旋转属性为 180°；按【N】键，裁剪"工作区域"，如图 2-10-33 所示。

图 2-10-33　设置旋转

（33）分别打开"1/4""1/2""1""万花筒动效"合成，设置"动感模糊"效果（注意：开启主开关，再开启分开关），如图 2-10-34 所示，注意图中的方框区域。

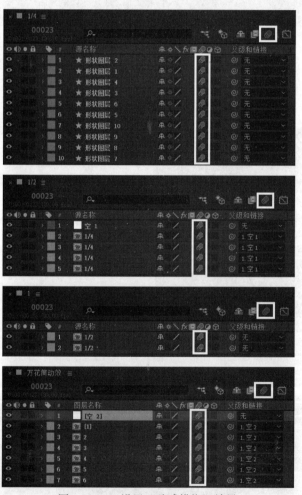

图 2-10-34　设置"动感模糊"效果

（34）在"万花筒特效"合成中，新建一纯色层，命名为背景，颜色为"#00133E"，并移动到最下方。

实验 *11*
After Effects 色调调整

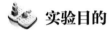 **实验目的**

◎ 掌握分形杂色、遮罩的操作方法。

◎ 掌握摄像机的操作方法及操作技巧。

◎ 掌握三色调、Optical Flares 光晕、Particular 粒子等特效操作方法及操作技巧。

◎ 掌握四色渐变、曲线等操作方法及操作技巧。

实验内容

星球爆炸特效。利用分形杂色、遮罩等制作噪波，并应用到爆炸圆环中；利用摄像机调整观察角度；利用三色调、Optical Flares 光晕、Particular 粒子等特效制作爆炸效果；利用四色渐变、曲线等调整背景及素材的色调，如图 2-11-1 所示。

视频
实验11 AE色
调调整–1

图 2-11-1　星球爆炸特效

视频
实验11 AE色
调调整–2

操作步骤

（1）打开 After Effects 软件界面。新建项目，新建合成，宽度、高度为 4 000 像素 ×4 000 像素，方形像素，25 帧 /s，黑色背景，持续时间 5 s，名为"圆环"。

（2）新建两个黑色的纯色层，分别命名为"圆环""杂色"；选择"杂色"图层，在菜单栏中选择"效果"→"杂色和颗粒"→"分形杂色"命令，给"杂色"图层添加杂色，如图 2-11-2 所示。

图 2-11-2　添加杂色

（3）独显并选择"圆环"图层，在菜单栏中选择"效果"→"生成"→"圆形"命令，添加圆形；在效果控件面板中设置半径为 1 680、边缘为厚度、厚度为 430、羽化内侧边缘为 500、混合模式为正常，如图 2-11-3 所示。

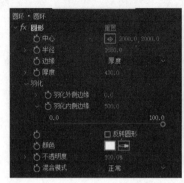

图 2-11-3　添加圆形

（4）取消"圆环"图层的独显，把"杂色"图形的图层模式设置为"叠加"，如图 2-11-4 所示。

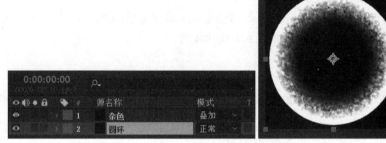

图 2-11-4　修改图层模式

（5）选择"圆环"图层，将"时间指示器"定位到 0 s 处，在"效果控件"面板中，单击"半径""厚度""羽化内侧边缘"前的"码表" 按钮，在 0 s 处各添加关键帧；将"时间指示器"定位到 2 s 处，修改半径为 3 300，使圆环扩展到合成外；按【U】键可展开所有关键帧所在的属性，如图 2-11-5 所示。

图 2-11-5　扩展圆环

（6）选择"杂色"图层，在"效果控件"面板中，设置复杂度为 10，将"时间指示器"定位到 0 s 处，演化处添加关键帧，将"时间指示器"定位到 2 s 处，修改演化为 $1_x+90°$ ，使杂色旋转；新建名为"遮罩"的纯色层，在菜单栏中选择"效果"→"生成"→"圆形"命令，添加圆形；独显"遮罩"图层，在效果控件面板中设置半径为 1 900、羽化外侧边缘为 150、复选反转圆形、颜色为黑色；在合成面板可以单击"切换透明网格" 按钮查看，如图 2-11-6 所示。此遮罩作用是去除遮罩外多余的动画。

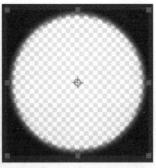

图 2-11-6　设置遮罩

（7）取消"遮罩"图层独显，将"时间指示器"定位到 0 s 处，选择"圆环"图层，按【U】键展开所有有关键帧的属性，设置半径为 -30、厚度为 60、羽化内侧边缘为 60（这些参数可在"效果控件"面板中设置），将"时间指示器"定位到 2 s 处，设置半径为 3 300、厚度为 500、羽化内侧边缘为 500，如图 2-11-7 所示。

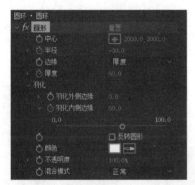

0 s 处　　　　　　　　　　　　　　　　　　2 s 处

图 2-11-7　圆环图层

（8）将"时间指示器"定位到 2 s 10 帧处，修改厚度为 600、羽化内侧边缘为 600，这样是动画先扩大再收缩的效果，如图 2-11-8 所示。

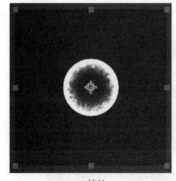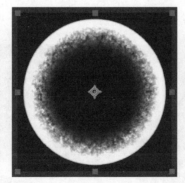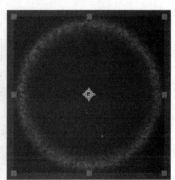

10 帧处　　　　　　　　　　1 s 处　　　　　　　　　　1 s 10 帧处

图 2-11-8　圆环的演变效果

（9）在"项目"面板中新建合成，宽度、高度为 1 920 像素 ×1 080 像素，方形像素，25 帧 /s，黑色背景，持续时间 5 s，名为"星球爆炸特效"。

（10）将"圆环"合成放到"星球爆炸特效"合成时间轴上，打开"3D图层"  开关；在时间轴面板中新建摄像机，选择预设"24毫米"即可；选择"圆环"图层，按【R】键，展开旋转属性，设置 X 轴旋转为 -80°、Y 轴旋转为 15°；按【Shift+S】组合键，展开缩放属性，设置缩放值为 70%，如图 2-11-9 所示。

图 2-11-9　调整圆环三维位置

（11）选择"圆环"图层，在菜单栏中选择"效果"→"颜色校正"→"曲线"命令，添加曲线，调整一下色调，并把"圆环"图层的图层模式改为相加；选择"效果"→"颜色校正"→"三色调"命令，添加三色调，设置中间调为"#FF7200"；选择"效果"→"风格化"→"发光"命令，添加发光，设置发光阈值为 86%、发光半径为 100、发光强度为 0.5、发光操作为滤色，如图 2-11-10 所示。

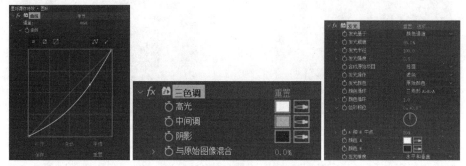

图 2-11-10　添加曲线、三色调和发光

（12）新建调整图层，调整到"圆环"图层上方，添加发光效果，设置发光阈值为 100%、发光半径为 150、发光强度为 0.5、发光操作为滤色，如图 2-11-11 所示是 15 帧处效果。

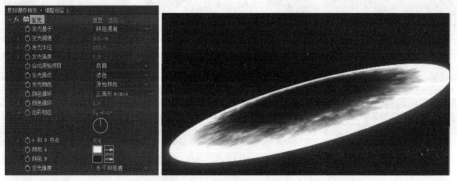

图 2-11-11　添加调整图层

（13）新建一名为"背景"的纯色层，并调整到最下方，独显"背景"图层；在菜单栏中选择"效果"→"生成"→"四色渐变"命令，添加四色渐变，在"效果控件"面板中选中"四色渐变"，

在"合成"面板中调整四色渐变的位置，设置颜色 1 为"# 051E33"、颜色 2 为"# 011701"、颜色 3 为"# 1C021C"、颜色 4 为"# 270206"，如图 2-11-12 所示。

图 2-11-12　添加四色渐变

（14）取消"背景"图层独显，新建一名为"粒子 1"的纯色层，并调整到"圆环"图层下方；选择"粒子 1"图层，独显"粒子 1"图层，在菜单栏中选择"效果"→"RG Trapcode"→"Particular"命令，添加 Particular 粒子，在"效果控件"面板中单击"Designer…"按钮，选择左上角预设"PRESETS"→"Explosive"下的"Fire Trails 2"，选择一种爆炸效果；按【Ctrl+D】组合键，复制一层名为"粒子 2"，选择预设"PRESETS"→"Explosive"下的"Fire Burst 2"爆炸效果；把两层粒子的图层模式改为"屏幕"，并取消"粒子 2"图层独显，开启"圆环"图层独显，如图 2-11-13 所示。

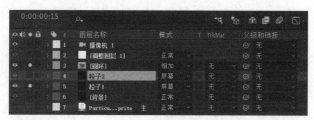

图 2-11-13　添加粒子

（15）选择"粒子 1"图层，在"效果控件"面板中设置发射器：粒子 / 秒为 5 000、方向为随机均匀、速度 500，"物理学"选项组中重力为 0，"辅助系统"选项组中大小为 2，如图 2-11-14 所示是 15 帧处效果。

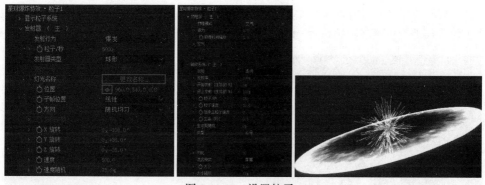

图 2-11-14　设置粒子 1

（16）取消"粒子 1"图层独显，开启"粒子 2"图层独显，选择"粒子 2"图层，在"效果控件"面板中设置粒子：大小 350，如图 2-11-15 所示是 15 帧处效果；取消"粒子 2"和"圆环"图层独显，测试观察。

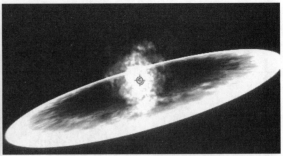

图 2-11-15 设置粒子 2

（17）新建一名为"光晕"的纯色层，并调整到"调整图层 1"图层下方；在菜单栏中选择"效果"→"Video Copilot"→"Optical Flares"命令，添加光晕；在"效果控件"面板中单击"Options"按钮，打开光晕预设窗口，在右下区域的"浏览器"中选择"Network Presets"→"Prenet"下的"Lightsaber_clash_1"预设，如图 2-11-16 所示。

图 2-11-16 选择"Lightsaber_clash_1"预设

（18）修改"光晕"图层模式为屏幕；在"合成"窗口移动光晕的锚点到爆炸的锚点处；在"效果控件"面板中设置旋转偏移为 -16°，如图 2-11-17 所示是 15 帧处效果。

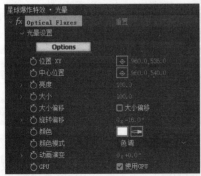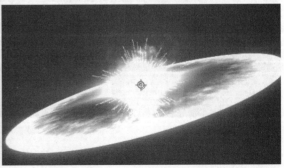

图 2-11-17 设置光晕

（19）选择"光晕"图层，将"时间指示器"定位到 0 s 处，在"效果控件"面板中给"亮度"添加关键帧，回到时间轴面板，按【U】键，展开带关键帧属性"亮度"，设置亮度为 20。将"时间指示器"定位到 3 帧处，修改亮度为 350；将"时间指示器"定位到 2 s 处，修改亮度为 60。选择"圆环"图层，按【S】键展开缩放属性，将"时间指示器"定位到 0 s 处，设置缩放值为 50%；将"时间指示器"定位到 2 s 处，设置缩放值为 70%，如图 2-11-18 所示。

图 2-11-18　设置光晕动画

（20）在"项目"窗口中导入"星空 .png"素材，并拖动到"背景"图层上方，图层模式设置为屏幕；在菜单栏中选择"效果"→"颜色校正"→"曲线"命令，添加曲线，调整曲线，如图 2-11-19 所示是 20 帧处效果。

图 2-11-19　调整曲线

（21）拖动"粒子 1"工作区到 19 帧处，使其从 19 帧处开始，拖动"粒子 2"工作区到 15 帧处使其从 15 帧处开始；选择"圆环"图层，按【Ctrl+D】组合键复制一层，并移动到 1 s 处，使爆炸产生两次光波，如图 2-11-20 所示。

图 2-11-20　调整光波和粒子

（22）在"调整图层 1"上方新建"调整图层 2"，添加"曲线"，适当调整色调；添加"色相 / 饱和度"，降低一点饱和度，如图 2-11-21 所示。最后时间轴效果如图 2-11-22 所示。

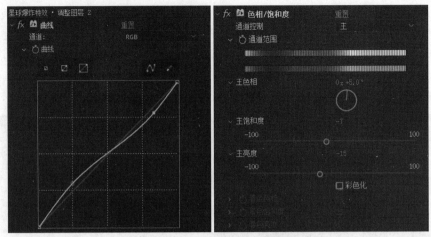

图 2-11-21　调整曲线和饱和度

图 2-11-22　时间轴最终效果

实验 12
使用表达式

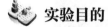 **实验目的**

◎掌握形状图层的使用。

◎掌握表达式的制作原理。

◎掌握图层样式的使用。

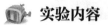 **实验内容**

小球摆动动效。制作形状工具绘制小球，并水平均匀分布；利用空对象添加表达式控制小球运动；利用图层样式添加色彩；效果如图 2-12-1 所示。

视频
实验12使用表达式-1

视频
实验12使用表达式-2

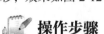 **操作步骤**

图 2-12-1　小球摆动效果图

（1）新建项目，新建合成，宽度、高度为 1 920 像素 ×1 080 像素，方形像素，30 帧 /s，白色背景，持续时间 1 s，名为"合成 1"，如图 2-12-2 所示。

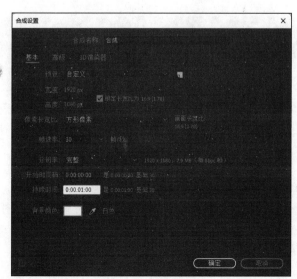

图 2-12-2　新建合成

（2）在时间轴面板中，空白处右击，在弹出的快捷菜单中选择"新建"→"形状图层"命令，并重命名为"1"；展开图层属性，单击右侧的添加按钮，添加"椭圆"，再添加"填充"；设置"椭圆路径1"大小为50，如图2-12-3所示。

图 2-12-3　绘制圆

（3）选择"1"图层，按【Ctrl+D】组合键7次，复制7个图层，共8个完全相同的图层，如图2-12-4所示。

图 2-12-4　复制图层

（4）选择"8"图层，移动圆到右侧，在移动过程中按住【Shift】键，控制水平移动；同理，移动"1"图层的圆的左侧；选择所有图层，"窗口"菜单下打开对齐面板，在"分布图层"中单击"水平均匀分布"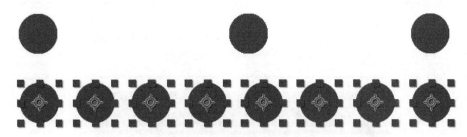按钮，使8个圆水平均匀分布，如图2-12-5所示。

图 2-12-5　水平均匀分布圆

（5）新建"空对象"；选"1"图层，按【Ctrl+Shift+C】组合键，把第1个圆创建预合成，名为"1合成1"；在"空1"图层按【P】键，展开"位置属性"；双击预合成"1合成1"，打开"1合成1"预合成，选择"1"图层，按【P】键，展开"位置属性"；调整"1合成1"的时间轴面板的位置；分别在"空1"图层和"1"图层的图层名称下"位置"上右击，在弹出的快捷菜单中选择"单独尺寸"命令，分离 X、Y 位置，如图2-12-6所示。

（6）将"时间指示器"定位到0 s处，按住【Alt】键，单击"1"图层中"Y位置"前的码表按钮，打开"Y位置"的表达式，按住"表达式关联器"，拉动关联器到"空1"的"Y位置"上，如图2-12-7所示。

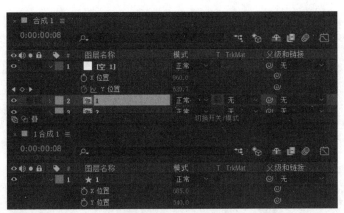

图 2-12-6 分离 X、Y 位置

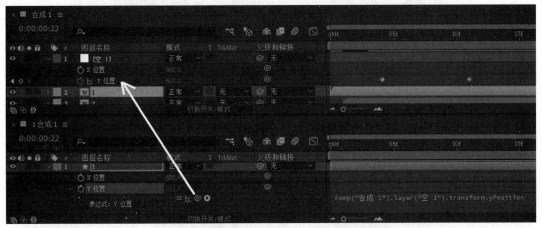

图 2-12-7 "1"图层关联表达式

（7）复制表达式代码 "comp(" 合成 1").layer(" 空 1").transform.yPosition"；选 "2"图层，
按【Ctrl+Shift+C】组合键，把第 2 个圆创建预合成，名为 "2 合成 1"，双击预合成 "2 合成 1"，
在打开的预合成 "2 合成 1"中选择 "2"图层，按【P】键，展开 "位置属性"，在图层名称下
"位置"上右击，在弹出的快捷菜单中选择 "单独尺寸"命令，分离 X、Y 位置；按住【Alt】键，
单击预合成 "2 合成 1"下 "Y 位置"前的码表◙按钮，打开 "Y 位置"的表达式，粘贴复制的
代码，如图 2-12-8 所示。

图 2-12-8 "2"图层关联表达式

（8）与上一步骤相同，同样的方法处理 "3" ～ "8"图层；控制 "视频" ◙按钮，对预合
成圆重新编号，小球从左到右 1 ～ 8。把图层从上到下重新排序，如图 2-12-9 所示。

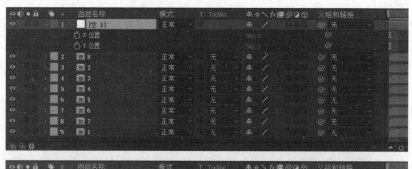

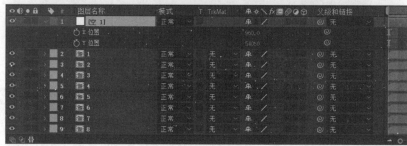

图 2-12-9　重新编号图层

（9）选择"1"图层，按住【Shift】键，单击"8"图层（注意：这里不能换顺序），右击，在弹出的快捷菜单中选择"关键帧辅助"→"序列图层"命令，打开"序列图层"对话框，选中"重叠"复选框，设置持续时间为 29 帧，如图 2-12-10 所示，单击"确定"按钮。此时各图层的起始帧各延后 1 帧，如图 2-12-11 所示。

图 2-12-10　"序列图层"对话框

图 2-12-11　延后起始帧

（10）选择 8 个预合成图层，把 8 个图层的时间轴前移，前移到"8"图层的起始对齐 0 帧处，如图 2-12-12 所示。

（11）在"空 1"图层的"Y 位置"属性，将"时间指示器"定位到 7 帧处，添加关键帧；将"时间指示器"定位到 10 帧处，添加关键帧，设置"Y 位置"为 720；将"时间指示器"定位到 18 帧处，添加关键帧，设置"Y 位置"为 335；将"时间指示器"定位到 21 帧处，选择第 1 帧，按【Ctrl+C】组合键，复制第 1 帧，按【Ctrl+V】组合键，粘贴关键帧，如图 2-12-13 所示。

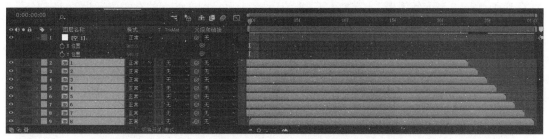

图 2-12-12 图层前移

图 2-12-13 设置 4 个关键帧

（12）将"时间指示器"定位到 21 帧处，按【N】键，裁剪"工作区域"；全选 4 个关键帧，按【F9】键，转换为缓动关键帧；选择 8 个图层，按【Ctrl+Shift+C】组合键，预合成为"小球"，如图 2-12-14 所示。

图 2-12-14 预合成小球

（13）在"小球"图层名称上右击，选择"图层样式"→"渐变叠加"命令，添加"渐变叠加"样式，展开"渐变叠加"样式，修改角度 0°，将"时间指示器"定位到 0 帧处，"颜色"属性添加关键帧，打开颜色后的"编辑渐变…"，在"渐变编辑器"中设置左侧色标"#F17A7A"，右侧色标"#EC3EF4"，如图 2-12-15 所示。

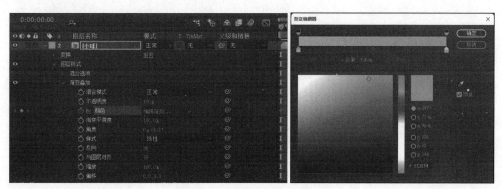

图 2-12-15 设置 0 帧处渐变色

（14）将"时间指示器"定位到5帧处，添加关键帧，打开"渐变编辑器"，交换左右侧色标位置，再设置交换后的右侧色标为"#AD33ED"；将"时间指示器"定位到10帧处，添加关键帧，打开"渐变编辑器"，交换左右侧色标位置，再设置交换后的右侧色标为"#3EF456"；将"时间指示器"定位到15帧处，添加关键帧，打开"渐变编辑器"，交换左右侧色标位置，再设置交换后的右侧色标为"#2635EA"；将"时间指示器"定位到20帧处，添加关键帧，打开"渐变编辑器"，交换左右侧色标位置，再设置交换后的右侧色标为"#F17A7A"；如图2-12-16所示是第0、5、10、15、20帧处的颜色效果。

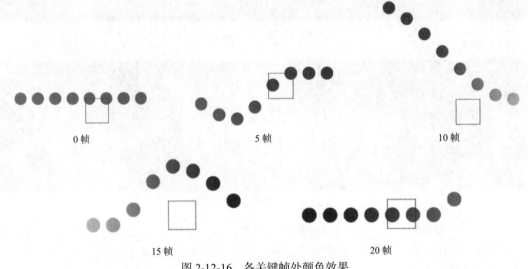

图 2-12-16　各关键帧处颜色效果

实验 13
音频频谱和粒子特效制作

实验目的

◎ 掌握音频频谱的使用。

◎ 熟练掌握 Particular 粒子的使用。

◎ 掌握表达式的使用。

实验内容

音频频谱和粒子特效。利用音频频谱制作环形频谱；利用音频振幅控制粒子的发射；利用表达式控制粒子的发射速度。效果如图 2-13-1 所示。

图 2-13-1　音频频谱和粒子特效

视频

实验13 音频频谱和粒子–1

视频

实验13 音频频谱和粒子–2

操作步骤

（1）新建项目，新建合成，宽度、高度为 1 920 像素 ×1 080 像素，方形像素，30 帧 /s，黑色背景，持续时间 30 s，名为"音频频谱"。

（2）导入"音乐 .mp3"文件，并拖动到时间轴面板；新建纯色层，命名为"圆 1"，在菜单栏中选择"效果"→"生成"→"音频频谱"命令，添加音频频谱，如图 2-13-2 所示。

（3）在"效果控件"面板中，设置音频层为"音乐 mp3"，选择"椭圆工具"在"圆 1"图层上绘制一个圆形蒙版，在时间轴面板中修改面板模式，将"相加"改为"无"，如图 2-13-3 所示。

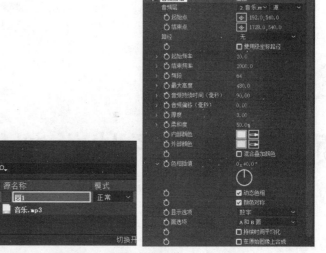

图 2-13-2　添加音频频谱

图 2-13-3　绘制圆形蒙版

（4）将"时间指示器"定位在 13 s 14 帧处：在"效果控件"面板中设置音频频谱，显示选项为模拟频点、路径为蒙版 1、频段为 196、最大高度为 1 000、色相插值为 –268° 等，这些参数可根据实际观察自行调整，如图 2-13-4 所示。

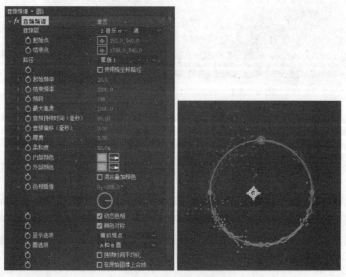

图 2-13-4　设置"圆 1"

（5）选择"圆 1"图层，按【Ctrl+D】组合键复制一层，重命名为"圆 2"，锁定"圆 1"；在"合成"面板，双击"圆 2"，按【Ctrl+Shift】组合键，等比沿中心缩放，稍微放大一点，并在"效果控件"面板中设置音频频谱，显示选项为"模拟谱线"、内部颜色为"#2500FF"、外部颜色为"#32FFBD"、色相插值为 -160° 等，如图 2-13-5 所示。

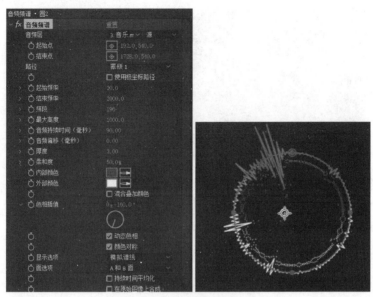

图 2-13-5　设置"圆 2"

（6）选择"圆 2"图层，按【Ctrl+D】组合键复制一层，重命名为"圆 3"，锁定"圆 2"；在"合成"面板双击"圆 3"，按【Ctrl+Shift】组合键，等比沿中心缩放，稍微放大一点，并在"效果控件"面板中设置音频频谱，显示选项为数字、结束频率为 300、最大高度为 300、色相插值为 -72° 等，如图 2-13-6 所示。

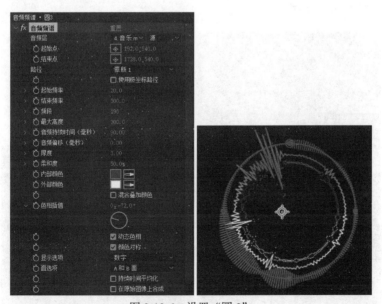

图 2-13-6　设置"圆 3"

（7）选择"圆 3"图层，按【Ctrl+D】组合键复制一层，重命名为"圆 4"，锁定"圆 3"；

在"合成"面板，双击"圆4"，按【Ctrl+Shift】组合键，等比沿中心缩放，稍微放大一点，并在"效果控件"面板中设置音频频谱，显示选项为模拟频点、结束频率为1 500、最大高度为1 000、音频持续时间为800、厚度3.7、内部颜色为"#FFE800"、外部颜色为"#EA32FF"、色相插值为1ₓ+200°等，如图2-13-7所示。

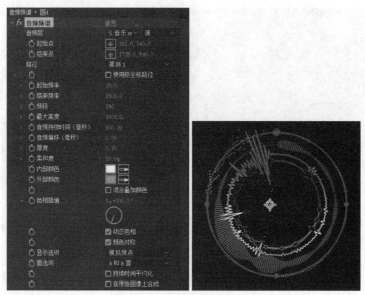

图 2-13-7　设置"圆4"

（8）选择"圆4"图层，按【Ctrl+D】组合键复制一层，重命名为"圆5"，锁定"圆4"；在"合成"面板，双击"圆5"，按【Ctrl+Shift】组合键，等比沿中心缩放，稍微放大一点，并在"效果控件"面板中设置音频频谱，显示选项为模拟谱线、结束频率为900、最大高度为6 540、音频持续时间为300、厚度3.7、内部颜色为"#BED734"、外部颜色为"#32FFBD"、色相插值为2ₓ+195°等，如图2-13-8所示。

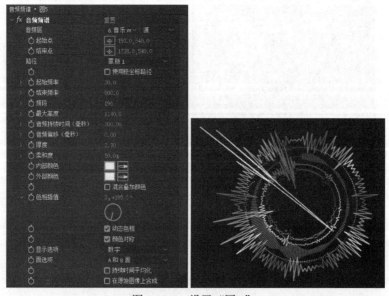

图 2-13-8　设置"圆5"

（9）选择"圆 5"图层，按【Ctrl+D】组合键复制一层，重命名为"圆 6"，锁定"圆 5"；在"合成"面板双击"圆 6"，按【Ctrl+Shift】组合键，等比沿中心缩放，稍微放大一点，并在"效果控件"面板中设置音频频谱，显示选项为数字、面选项为 B 面、结束频率为 1 002、最大高度为 17 510、音频持续时间为 300、厚度 3.7、色相插值为 −256° 等，如图 2-13-9 所示。

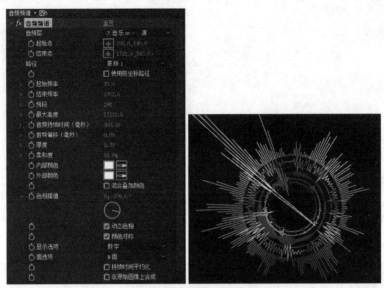

图 2-13-9   设置"圆 6"

（10）选择"圆 1-6"，按【Ctrl+Shift+C】组合键，预合成为"音频频谱"；选择"音乐 .mp3"，在图层名称处右击，选择"关键帧辅助"→"将音频转换为关键帧"命令，如图 2-13-10 所示。

图 2-13-10   将音频转换为关键帧

（11）新建一纯色层，命名为"粒子"，在菜单栏中选择"效果"→"RG Trapcode"→"Particular"命令，添加"Particular 粒子"；在时间轴面板中，展开"粒子"图层的属性，选择"效果"→"Particular"→"发射器"选项，设置速度为 0，按住【Alt】键，单击"码表" 按钮，添加表达式。具体操作：选择"音频振幅"图层，使"效果控件"面板显示"音频频谱 . 音频振幅"，在"Particular"→"发射器"下，按住速度右侧的"表达式（属性）关联器" 到"左声道"滑块上，如图 2-13-11 所示。

（12）修改表达式为：

```
amp=thisComp.layer("音频振幅").effect("左声道")("滑块")
if(amp>50){
    5000;
}else{
    0;
}
```

界面如图 2-13-12 所示。

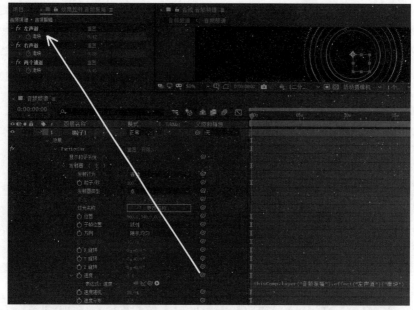

图 2-13-11　输入表达式

图 2-13-12　修改表达式

（13）选择"粒子"图层，在"效果控件"面板中设置粒子。发射器（主）选项组中：粒子 / 秒为 2 000。粒子（主）选项组中：生命为 1、生命期随机为 40%、粒子类型为发光球体（无景深）、大小随机为 42%、设置颜色为从渐变随机，如图 2-13-13 所示。

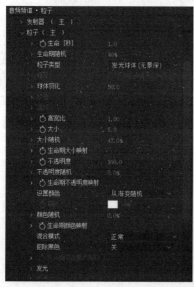
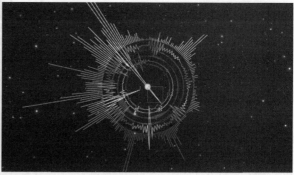

图 2-13-13　设置粒子

（14）导入"星空 .jpg"素材，拖到时间轴面板所有图层的最下方，在菜单栏中选择"效果"→"颜色校正"→"曲线"命令，给"星空 .jpg"图层添加曲线调整色调，如图 2-13-14 所示。

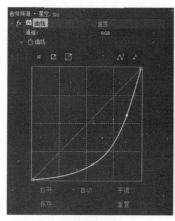

图 2-13-14　调整曲线

（15）选择"音频频谱"图层，在菜单栏中选择"效果"→"风格化"→"发光"命令，在"效果控件"面板中设置发光半径为 20、发光强度为 10，如图 2-13-15 所示。

图 2-13-15　设置发光

实验 14
Premiere 效果动画制作

● 视 频

实验14 Pr效果
动画制作-1-小
球弹跳动画

● 视 频

实验14 Pr
效果动画制
作-2-动物
消失效果1

● 视 频

实验14 Pr
效果动画制
作-3-动物
消失效果2

实验目的

◎掌握运动特效中位置、锚点等属性的使用。

◎掌握利用 Photoshop 编辑基本静态素材。

◎掌握时间定位基本方法打标记。

◎掌握裁剪、高斯模糊、波形变形等视频特效应用。

实验内容

（1）小球弹跳动画。利用位置和锚点属性制作小球的弹跳动画，如图 2-14-1 所示。

（2）动物消失效果。利用裁剪效果裁剪视频，利用高斯模糊、波形变形制作出动物消失效果，如图 2-14-2 所示。

图 2-14-1　小球弹跳动画

图 2-14-2　动物消失效果

操作步骤

1. 小球弹跳动画

（1）打开 Premiere 软件界面，选择"文件"→"新建"→"项目"命令，选择合适的保存路径，新建一个名为"小球弹跳"的项目。新建一个序列，在"设置"选项卡中设置：编辑模式"自定义"、时基"25 帧 / 秒"、帧大小"1 280 像素 ×720 像素"、像素长宽比"方形像素（1.0）"、场"无场（逐行扫描）"。在轨道选项卡中设置：视频 3 轨道、音频 1 轨道，并命名为"小球弹跳"，其他参数默认。

（2）导入"篮球 .png"和"地板 .png"，把地板放到 V2 轨道，按"\"键，匹配序列长度，如图 2-14-3 所示。

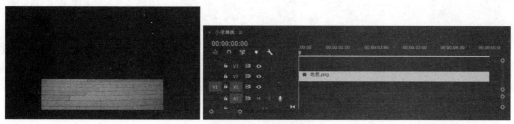

图 2-14-3　导入素材

（3）选择"地板"剪辑，在"效果控件"面板中调整地板的位置为 640 像素 ×370 像素，缩放 170，如图 2-14-4 所示。

图 2-14-4　调整地板

（4）把篮球放到 V3 轨道，并调整缩放为 25，如图 2-14-5 所示。

图 2-14-5　调整篮球

（5）在"项目"面板中，新建一个"颜色遮罩"，颜色选择合适的灰色即可，并把"颜色遮罩"放到 V1 轨道作为背景，如图 2-14-6 所示。

（6）分别在 7、14、21、28、35、42 帧处添加标记，选择所有轨道，在 49 帧处按【Ctrl+K】组合键，剪断所有的剪辑，删除后半部分，如图 2-14-7 所示。

（7）在 0 帧处，把篮球拖到左上角的外侧，在效果控件面板中"位置"属性添加关键帧；右击转到下一个标记，在 7 帧处，在效果控件面板中位置添加关键帧，调整篮球的位置，如图 2-14-8 所示。

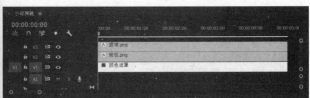

图 2-14-6 制作背景

图 2-14-7 添加标记

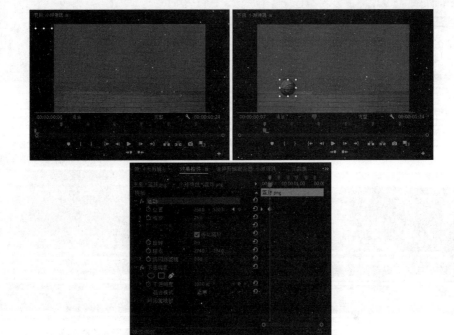

图 2-14-8 0 帧和 7 帧处添加关键帧

（8）右击转到下一个标记，在 14 帧处，在"效果控件"面板中位置添加关键帧，调整篮球的位置，如图 2-14-9 所示。

（9）右击转到下一个标记，在 21 帧处，在"效果控件"面板中位置添加关键帧，调整篮球的位置，如图 2-14-10 所示。

（10）右击转到下一个标记，在 27 帧处，在"效果控件"面板中位置添加关键帧，调整篮球的位置，如图 2-14-11 所示。

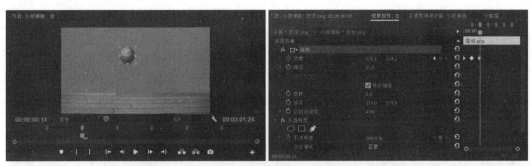

图 2-14-9　14 帧处添加关键帧

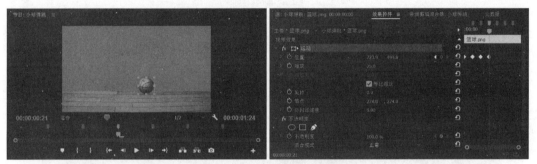

图 2-14-10　21 帧处添加关键帧

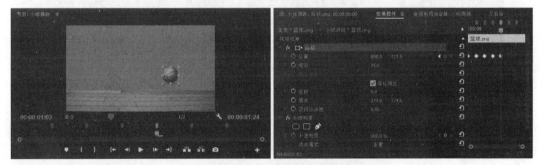

图 2-14-11　27 帧处添加关键帧

（11）右击转到下一个标记，在 35 帧处，在"效果控件"面板中位置添加关键帧，调整篮球的位置，如图 2-14-12 所示。

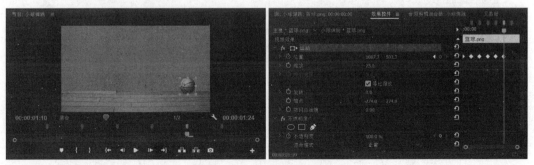

图 2-14-12　35 帧处添加关键帧

（12）右击转到下一个标记，在 42 帧处，在"效果控件"面板中位置添加关键帧，调整篮球的位置至屏幕外，如图 2-14-13 所示。

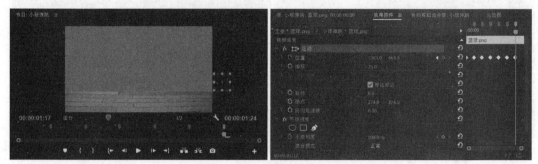

图 2-14-13　42 帧处添加关键帧

（13）按住【Ctrl】键，把底部的锚点转换成直角，调整锚点位置和弧度，使篮球运动自然就可。

2. 动物消失效果

（1）选择"文件"→"新建"→"项目"命令，选择合适的保存路径，新建一个名为"动物消失效果"项目。导入"V13.mp4"视频素材，拖动"V13.mp4"到时间轴面板，自动生成一个名为"V13"序列，并取消视音频链接，如图 2-14-14 所示。

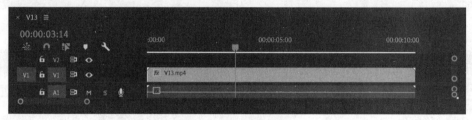

图 2-14-14　导入素材

（2）复制"V1"轨道到"V2"轨道，在"00:00:03:04"打一个标记，命名为"消失入点"；在"00:00:03:14"打一个标记，命名为"消失出点"；在"00:00:03:18"打一个标记，命名为"转场点"，如图 2-14-15 所示。

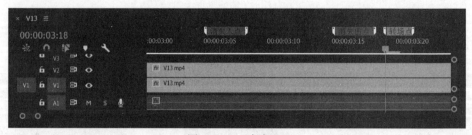

图 2-14-15　打标记

（3）将"播放指示器"定位到"消失入点"标记处，隐藏 V1 轨道，在"效果"面板中拖动"视频效果"→"变换"→"裁剪"到 V2 轨道上视频上，在"效果控件"面板中设置裁剪左侧 67%，如图 2-14-16 所示。

（4）同样方法，显示 V1 轨道，隐藏 V2 轨道，在"效果"面板中拖动"视频效果"→"变换"→"裁剪"到 V1 轨道上视频上,在"效果控件"面板中设置裁剪右侧 33%,如图 2-14-17 所示。

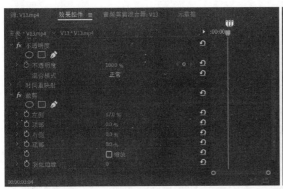

图 2-14-16　裁剪左侧视频

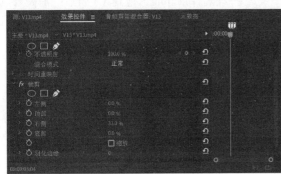

图 2-14-17　裁剪右侧视频

(5)显示 V1 轨道,在"消失入点"标记处,单击"节目"监视器中的"导出帧"按钮,导出名为"原始背景"的 png 图片,自行设置导出位置(桌面)。

(6)利用 Photoshop 打开此文件,复制图层,隐藏"图层 1 拷贝",如图 2-14-18 所示。

(7)利用"污点修复画笔工具"设置合适的笔尖大小,一次性在右侧的鹅上绘制,修复图像,如图 2-14-19 所示。利用"仿制图章工具",复制要修复图像区域,修复图像,如图 2-14-20 所示。选择"文件"→"导出"→"快速导出为 PNG"命令,导出名为"一只鹅背景 .png"的图片。

图 2-14-18　隐藏"图层 1 拷贝"　　图 2-14-19　修复图像 1　　图 2-14-20　修复图像 2

(8)隐藏"图层 1",显示并选择"图层 1 拷贝",利用"磁性套索工具"选择右侧的"鹅"(包括倒影),选区建立后,可以利用"套索工具"添加没有选中的图像、减去多选的图像,再设置羽化 1 个像素,如图 2-14-21 所示。

（9）选择"选择"→"反选"命令，反选选区，按【Delete】键删除"鹅"以外的图像，如图 2-14-22 所示。选择"文件"→"导出"→"快速导出为 PNG"命令，导出名为"鹅 .png"的图片。

图 2-14-21　选取"鹅"

图 2-14-22　抠取"鹅"

（10）回到 Premiere，导入"鹅 .png"；把"一只鹅背景 .png"拖到 V3 轨道"消失入点"标记处，设置"持续时间"到"转场点"标记处；把"鹅 .png"拖到 V4 轨道"消失入点"标记处，设置"持续时间"到"消失出点"标记处，如图 2-14-23 所示。

图 2-14-23　导入"鹅"

（11）选择 V3 轨道中"一只鹅背景 .png"，隐藏 V1、V2、V4 轨道，在"效果"面板中拖动"视频效果"→"变换"→"裁剪"到 V3 轨道上图片上，在"效果控件"面板中设置裁剪左侧 67%，如图 2-14-24 所示。

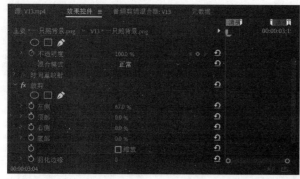

图 2-14-24　裁剪 V3

（12）显示 V1、V2、V4 轨道，选择 V4 轨道中"鹅 .png"，在"效果控件"中"不透明度"的"消失入点"标记处添加关键帧，设置不透明度 100%，在"消失出点"标记处添加关键帧，设置不透明度 0%，如图 2-14-25 所示。

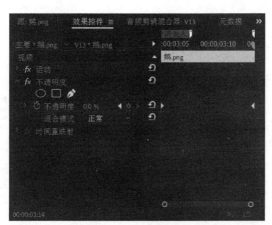

图 2-14-25　设置不透明度

（13）在"效果"面板中拖动"视频效果"→"模糊与锐化"→"高斯模糊"到 V3 轨道图片上，在"效果控件"中设置模糊度 34，如图 2-14-26 所示。在"效果"面板中拖动"视频效果"→"扭曲"→"波形变形"到 V3 轨道图片上，在"效果控件"面板中设置"波形类型"逆向圆形、"波形高度"130、"波形宽度"10，其他默认，如图 2-14-27 所示。

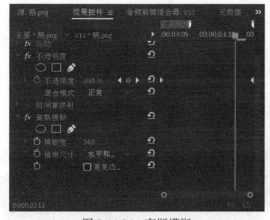

图 2-14-26　高斯模糊

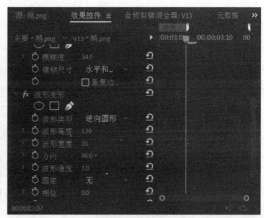

图 2-14-27　波形变形

实验 *15*
转场效果

视频

实验15 转场
效果–1–穿墙
转场效果

视频

实验15 转场
效果–2–上车
转场效果

实验目的

◎ 了解转场的基本概念、操作。

◎ 掌握转场的"硬切"方式。

◎ 了解转场的"视频过渡"效果。

实验内容

转场就是剪辑或剪辑间的过渡动画效果,一般有"硬切"和"效果"面板中"视频过渡",影视剧中大部分常用"硬切"方式。下述案例都是常用"硬切"方式。

(1)穿墙转场效果,如图 2-15-1 所示。

(2)上车转场效果,如图 2-15-2 所示。

图 2-15-1　穿墙转场效果

图 2-15-2　上车转场效果

操作步骤

1. 穿墙转场效果

(1)选择"文件"→"新建"→"项目"命令,选择合适的保存路径,新建一个名为"穿墙效果"的项目;导入"01.mp4"和"02.mp4"视频"001Hard hit.wav"和"002High fast swoosh.wav"音频。

(2)双击"01.mp4"视频,在"源"面板中打开此视频,在 3 s 处标记入点,在 5 s 25 帧处标记出点,仅拖动视频到时间轴面板,以素材的大小新建序列,如图 2-15-3 所示。

图 2-15-3　新建序列

（3）双击"02.mp4"视频，在"源"面板中打开此视频，在 4 s 处标记入点，在 9 s 处标记出点，仅拖动视频到时间轴面板，放在 V1 轨道前一段剪辑后，如图 2-15-4 所示。

图 2-15-4　裁剪第 2 段视频

（4）在"源"监视器中再次打开"01.mp4"视频，在 8 s 09 帧处标记入点，在 12 s 09 帧处标记出点，仅拖动视频到时间轴面板，放在 V2 轨道第 2 段剪辑后，与第 2 段有小部分重叠，如图 2-15-5 所示。

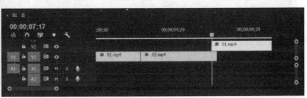

图 2-15-5　裁剪第 3 段视频

（5）选择第 3 段剪辑，打开"效果控件"面板，在 7 s 16 帧处，在不透明度中添加关键帧，设置不透明度为 0，在 7 s 28 帧处，设置不透明度为 100，如图 2-15-6 所示。

（6）把"001Hard hit.wav"音频添加到第 2 段剪辑的开头处，把"002High fast swoosh.wav"音频添加到第 3 段剪辑的开头处，如图 2-15-7 所示。保存文件。

图 2-15-6　设置不透明度

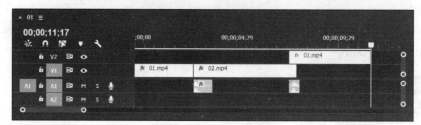

图 2-15-7　添加音频

2. 上车转场效果

（1）选择"文件"→"新建"→"项目"命令，选择合适的保存路径，新建一个名为"穿墙效果"的项目；导入"V01.mp4-07.mp4"视频文件。

（2）双击"V01.mp4"视频，在"源"面板中打开此视频，在 2 s 10 帧处标记入点，在 6 s 15 帧处标记出点，仅拖动视频到时间轴面板，以素材的大小新建序列"V01"，再仅拖动音频到时间轴面板 A1 音轨，如图 2-15-8 所示。

图 2-15-8　裁剪 V01

（3）双击"V02.mp4"视频，在"源"面板中打开此视频，在 3 s 01 帧处标记入点，在 8 s 11 帧处标记出点，仅拖动视频到时间轴面板 V1 视轨，再仅拖动音频到时间轴面板 A1 音轨，如图 2-15-9 所示。

（4）双击"V03.mp4"视频，在"源"面板中打开此视频，在 9 s 20 帧处标记入点，在 14 s 25 帧处标记出点，仅拖动视频到时间轴面板 V1 视轨，再仅拖动音频到时间轴面板 A1 音轨，如图 2-15-10 所示。

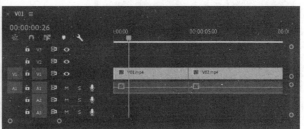

图 2-15-9　裁剪 V02

图 2-15-10　裁剪 V03

（5）双击"V04.mp4"视频，在"源"面板中打开此视频，在 2 s 15 帧处标记入点，在 3 s 15 帧处标记出点，仅拖动视频到时间轴面板 V1 视轨，再仅拖动音频到时间轴面板 A1 音轨，如图 2-15-11 所示。

图 2-15-11　裁剪 V04

（6）双击"V03.mp4"视频，在"源"面板中打开此视频，在 17 s 10 帧处标记入点，在 19 s 29 帧处标记出点，仅拖动视频到时间轴面板 V1 视轨，再仅拖动音频到时间轴面板 A1 音轨，如图 2-15-12 所示。

（7）双击"V05.mp4"视频，在"源"面板中打开此视频，在 3 s 26 帧处标记入点，在 6 s 05 帧处标记出点，仅拖动视频到时间轴面板 V1 视轨，再仅拖动音频到时间轴面板 A1 音轨，如图 2-15-13 所示。

图 2-15-12 再裁剪 V03

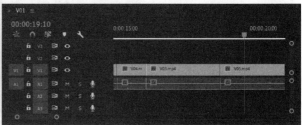

图 2-15-13 裁剪 V05

（8）双击"V06.mp4"视频，在"源"面板中打开此视频，在 16 s 27 帧处标记入点，在 21 s 25 帧处标记出点，仅拖动视频到时间轴面板 V1 视轨，再仅拖动音频到时间轴面板 A1 音轨，如图 2-15-14 所示。

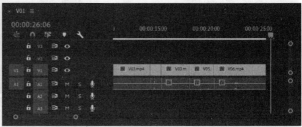

图 2-15-14 裁剪 V06

（9）双击"V07.mp4"视频，在"源"面板中打开此视频，在 5 s 21 帧处标记入点，在 9 s 14 帧处标记出点，仅拖动视频到时间轴面板 V1 视轨，再仅拖动音频到时间轴面板 A1 音轨，如图 2-15-15 所示。

图 2-15-15　裁剪 V07

（10）双击"V06.mp4"视频，在"源"面板中打开此视频，在 37 s 25 帧处标记入点，在 45 s 10 帧处标记出点，仅拖动视频到时间轴面板 V1 视轨，再仅拖动音频到时间轴面板 A1 音轨，如图 2-15-16 所示。

图 2-15-16　再裁剪 V06

实验 16
使用字幕和图形

实验目的

◎ 了解逐字操作效果。
◎ 掌握旧版标题的使用。
◎ 掌握图形的使用。

实验内容

（1）旧版标题逐字打字效果。本实例是利用旧版标题即字幕，实现逐字打字效果，如图 2-16-1 所示。

（2）图形逐字打字效果。本实例是利用文本图形，实现逐字打字效果，如图 2-16-2 所示。

图 2-16-1　旧版标题逐字打字效果

图 2-16-2　图形逐字打字效果

（3）歌词走字效果。本实例是利用文本图形，实现歌词走字效果，如图 2-16-3 所示。

图 2-16-3　歌词走字效果

操作步骤

1. 旧版标题逐字打字效果

（1）选择"文件"→"新建"→"项目"命令，选择合适的保存路径，新建一个名为"旧版标题逐字打字效果"项目；选择"文件"→"新建"→"旧版标题"命令，在打开的"新建字幕"对话框中设置名称为"打字效果1"，如图 2-16-4 所示。

（2）选择"文字工具"，输入"浙江农林大学"，设置合适样式、字体等；本案例设置：样式"Arial Bold green with hard drop shadow"，字体"华文行楷"，字号"194"，水平、垂直居中，如图 2-16-5 所示。

图 2-16-4　新建旧版标题

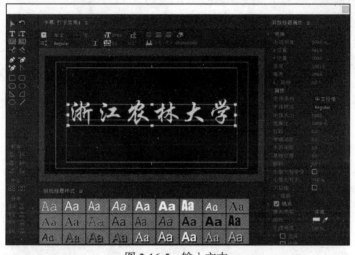

图 2-16-5　输入文本

视频

实验16 使用字幕和图形-1-旧版标题逐字打字效果

（3）在"项目"面板中复制字幕5次，并分别命名为"打字效果2-6"；把建好的"打字效果1"字幕拖到轨道上新建一个系列，并把"打字效果1"字幕拖到 V2 轨道上，把"打字效果2-6"拖到 V3 ～ V7 轨道上，删除空轨道，并分别在 1 s、2 s、3 s、4 s、5 s 处打上标记；导入"001.jpg"图片，拖到 V1 轨道上，作为背景，调整图片大小，去黑边，如图 2-16-6 所示。

 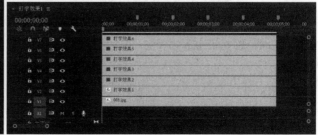

图 2-16-6　复制字幕

（4）双击时间轴面板中"打字效果 1"字幕，删除"江农林大学"，留"浙"字，如图 2-16-7 所示；同样方法，"打字效果 2"字幕留"江"，前面按空格调整位置；"打字效果 3"字幕留"农"，"打字效果 4"字幕留"林"，"打字效果 5"字幕留"大"，"打字效果 6"字幕留"学"。

图 2-16-7　删除多余文本

（5）选择时间轴面板中"打字效果 1"字幕，将播放指示器定位到 0 s 处，在"效果控件"面板上，在"位置"和"不透明度"添加关键帧，转到 1 s 标记处，在"位置"和"不透明度"再添加关键帧；播放指示器回到 0 s 处，锁定 V1、V3 ～ V7 轨道，在"节目"监视器双击"浙"字，调整位置，如图 2-16-8 所示；设置不透明度为 0。

图 2-16-8　调整位置和不透明度

（6）在时间轴面板中解锁 V3 ～ V7 轨道，选择"打字效果 1"字幕，右击，在弹出的快捷菜单中选择"复制"命令，选择"打字效果 2"字幕～"打字效果 6"字幕，右击，在弹出的快捷菜单中选择"粘贴属性"命令，在打开的"粘贴属性"对话框中选中"运动"和"不透明度"复选框，如图 2-16-9 所示。

（7）调整 V3 轨道字幕到 1 s 处，V4 轨道字幕到 2 s 处，V5 轨道字幕到 3 s 处，V6 轨道字幕到 4 s 处，V7 轨道字幕到 5 s 处，如图 2-16-10 所示。

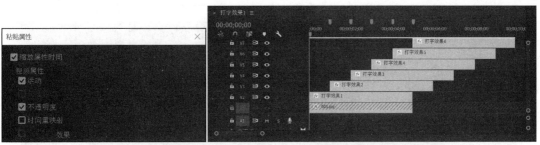

图 2-16-9　"粘贴属性"对话框　　　　　图 2-16-10　调整轨道位置

（8）调整所有轨道的"持续时间"到 7 s 处；导入音频"005 打字 .wav"文件，并拖到 A1 轨道上，拖 5 次，如图 2-16-11 所示。

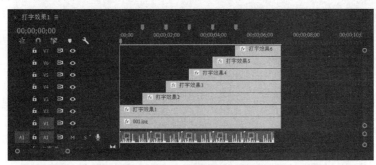

图 2-16-11　设置持续时间

2. 图形逐字打字效果

（1）选择"文件"→"新建"→"项目"命令，选择合适的保存路径，新建一个名为"图形逐字打字效果"项目；新建一个序列，在设置选项卡中设置：编辑模式"自定义"、时基"25 帧 /s"、帧大小"1 920 像素 × 1 080 像素"、像素长宽比"方形像素（1.0）"、场"无场（逐行扫描）"；在轨道选项卡中设置：视频 3 轨道、音频 1 轨道；并命名为"打字效果"，其他参数默认，如图 2-16-12 所示。选择"图形"面板组，如图 2-16-13 所示。

图 2-16-12　"新建序列"对话框

视　频

实验16 使用字幕和图形–2–图形逐字打字效果

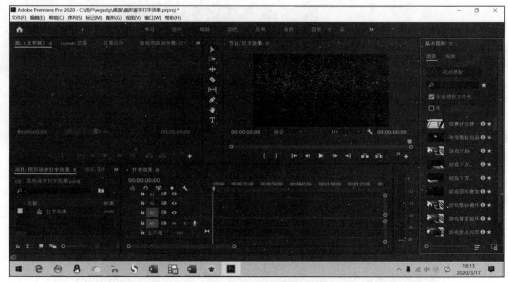

图 2-16-13 "图形"面板组

（2）导入"001.jpg"图片，拖到 V1 轨道上，作为背景，调整图片大小，去黑边；选择"文字工具"，输入"浙江农林大学"，设置：字体"STXingkai"，字号"201"，外观填充颜色"32B21C"，如图 2-16-14 所示。

图 2-16-14 输入文本 1

（3）选择"效果"面板中"视频效果"→"过渡"→"线性擦除"效果到 V2 轨道上；选择"效果控件"面板，在 0 s 处"过渡完成"添加关键帧，设置"过渡效果"为 80%、"擦除角度"为 -90；播放指示器定位到 1 s 10 帧处，"过渡完成"添加关键帧，设置"过渡效果"为 0%，如图 2-16-15 所示。

（4）选择 V3 轨道，选择"文字工具"，输入"——学校秉持'求真、敬业'为校训"，设置：字体"STXingkai"，字号"87"，外观填充颜色"白色"；并在时间轴面板上调整开始位置在 1 s 10 帧处，如图 2-16-16 所示。

图 2-16-15 线性擦除

图 2-16-16 输入文本 2

（5）在时间轴面板上 1 s 10 帧处打一个标记，并在 3 s 处打一个标记，如图 2-16-17 所示。

图 2-16-17 打标记

（6）选择"——学校秉持'求真、敬业'为校训"文本图形，选择"效果控件"面板，"不透明度"下添加矩形蒙版，"蒙版路径"中添加关键帧，调整矩形蒙版的大小位置，如图 2-16-18 所示。

（7）跳转到上一个标记（1 s 10 帧处），"蒙版路径"中添加关键帧，调整矩形蒙版的位置，如图 2-16-19 所示。

（8）导入"006 打字 .wav"音频文件，添加到 A1 轨道，利用"剃刀工具"裁剪掉 3 s 以后的音频，并调整 V3 轨道的"持续时间"，如图 2-16-20 所示。

图 2-16-18　设置蒙版路径 1

图 2-16-19　设置蒙版路径 2

视 频

实验16 使
用字幕和图
形–3–歌词走
字效果1

视 频

实验16 使
用字幕和图
形–3–歌词走
字效果2

视 频

实验16 使
用字幕和图
形–3–歌词走
字效果3

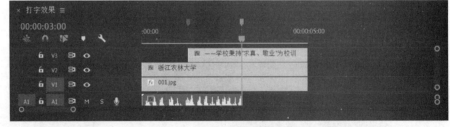

图 2-16-20　时间轴最终效果

3. 歌词走字效果

（1）选择"文件"→"新建"→"项目"命令，选择合适的保存路径，新建一个名为"歌词走字效果"的项目。新建一个序列，在"设置"选项卡中设置：编辑模式"自定义"、时基"25 帧 /s"、帧大小"1 017 像素 ×682 像素"、像素长宽比"方形像素（1.0）"、场"无场（逐行扫描）"。在"轨道"选项卡中设置：视频 3 轨道、音频 1 轨道。命名为"音符"，其他参数默认。

（2）自行网络搜索"音符"，复制"♪"；选择"文本工具"，粘贴音符，调整音符大小，颜色等，调整文本图层"持续时间"为 7 s，如图 2-16-21 所示。

（3）在"基本图形"面板中复制两个文本图形，使用"文本工具"在第 2 个和第 3 个文本图层按空格调整音符的位置，如图 2-16-22 所示。

（4）在时间轴面板上 4 s、5 s 和 6 s 24 帧处打上标记，如图 2-16-23 所示。

图 2-16-21 第 1 个音符

图 2-16-22 第 2、3 个音符

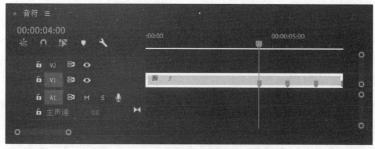

图 2-16-23 打标记

（5）选择第 3 个音符图层，将"播放指示器"定位到 4 s 处，在"效果控件"面板中"文本"→"变换"下的"位置"和"不透明度"添加关键帧；转到下一个标记（5 s 处），同样在"位置"和"不透明度"添加关键帧，并移动位置（y=276.6），"不透明度"为 0，如图 2-16-24 所示。

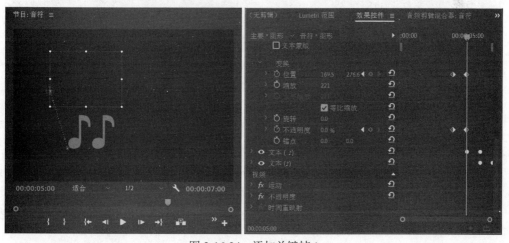

图 2-16-24 添加关键帧 1

（6）选择第 2 个音符图层，将"播放指示器"定位到 5 s 处，在"效果控件"面板中"文本"→"变换"下的"位置"和"不透明度"添加关键帧；转到下一个标记（6 s 处），同样在"位置"和"不透明度"添加关键帧，并移动位置（y=276.6），"不透明度"为 0，如图 2-16-25 所示。

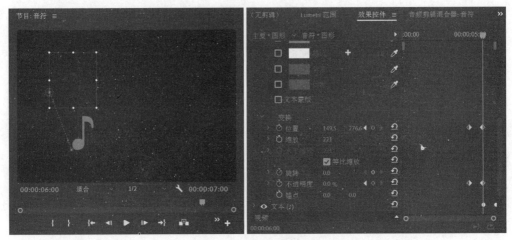

图 2-16-25　添加关键帧 2

（7）选择第 1 个音符图层，将"播放指示器"定位到 6 s 处，在"效果控件"面板中"文本"→"变换"下的"位置"和"不透明度"添加关键帧；转到下一个标记（6 s 24 帧处），同样在"位置"和"不透明度"添加关键帧，并移动位置（y=276.6），"不透明度"为 0，如图 2-16-26 所示。

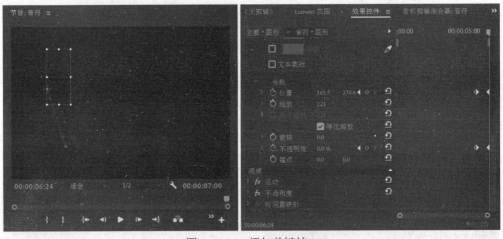

图 2-16-26　添加关键帧 3

（8）新建一个序列，在"设置"选项卡中设置：编辑模式"自定义"、时基"25 帧 /s"、帧大小"1 017 像素 ×682 像素"、像素长宽比"方形像素（1.0）"、场"无场（逐行扫描）"；在"轨道"选项卡中设置：视频 3 轨道、音频 1 轨道。命名为"走字部分"，其他参数默认。

（9）导入"007 校歌 .mp3"和"004.jpg"，把"007 校歌 .mp3"拖到 A1 轨道，"004.jpg"拖到 V1 轨道，试听音乐，并在"00:00:11:23""00:00:16:09""00:00:20:14""00:00:25:01""00:00:29:05""00:00:33:16""00:00:38:01""00:00:42:15""00:00:45:07""00:00:47:03""00:00:50:21""00:00:54:00""00:00:55:21""00:00:59:14""00:01:00:05""00:01:04:16""00:01:09:02""00:01:11:08""00:01:13:14""00:01:17:13""00:01:20:04""00:01:22:07""00:01:26:13""00:01:28:20""00:01:31:01""00:01:33:05""00:01:35:13""00:01:38:03"处打上标记；利用"剃刀工具"裁剪掉"00:01:51:06"以后的音频；设置"004.jpg"的"持续时间"到 1 min51 s06 帧；并对音频最后做一个淡出效果，如图 2-16-27 所示。

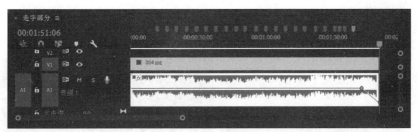

图 2-16-27 打标记

（10）将"播放指示器"定位到第一个标记处（00:00:11:23），选择"文本工具"输入"啊
……"，设置字体为 STXinwei、字号 60、外观填充蓝色；按住【Alt】键，按鼠标左键拖动复
制一个到 V3 轨道，修改外观填充为"F9155F"，如图 2-16-28 所示。

图 2-16-28 输入"啊……"

（11）把"音符"拖到 V4 轨道，使音符结束位置对齐第一个标记（00:00:11:23）；调整
V2、V3、V4 轨道的剪辑的开始位置（00:00:06:22），文本的持续时间为（10 s 24 帧），如
图 2-16-29 所示。

图 2-16-29 添加音符

（12）将"播放指示器"定位到第一个标记处（00:00:11:23），选择 V3 轨道中"啊……"
的文本，在"效果控件"面板"视频"下的"不透明度"中添加"矩形蒙版"，调整蒙版的大小、
位置，并在"蒙版路径"添加关键帧，如图 2-16-30 所示。

（13）将"播放指示器"转到第 2 个标记处（00:00:06:22），在"蒙版路径"添加关键帧，
回到上一帧，调整蒙版的位置，如图 2-16-31 所示。

（14）按住【Alt】键，复制 V2 轨道文本到 V4 轨道的音符后，调整文本位置，设置"持
续时间"为 10 s 13 帧左右；按住【Alt】键，按鼠标左键拖动复制一个到 V5 轨道，修改外观填
充为"F9155F"；在"效果控件"面板第 2 个标记处添加矩形蒙版，并对蒙版路径添加关键帧；

跳转到第 3 个标记处（00:00:20:14），对蒙版路径添加关键帧；回到上一个关键帧，调整蒙版的位置，如图 2-16-32 所示。

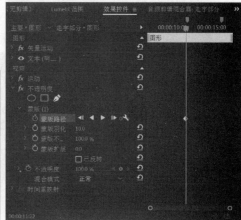

图 2-16-30　设置蒙版路径 1

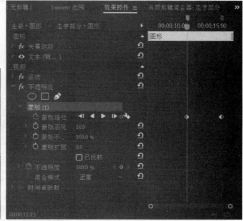

图 2-16-31　设置蒙版路径 2

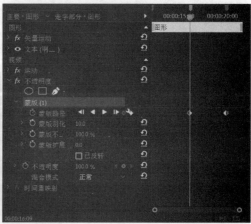

图 2-16-32　设置蒙版路径 3

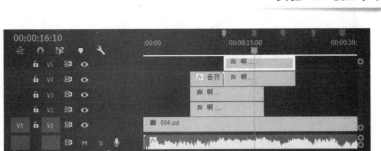

图 2-16-32　设置蒙版路径 3（续）

（15）第 3 个"啊……"复制 V2 轨道文本到本轨道，第 4 个"啊……"复制 V4 轨道文本到本轨道，设置"持续时间"为 8 s 21 帧左右；这两句歌词其他操作与上述雷同，这里不再赘述，如图 2-16-33 所示。

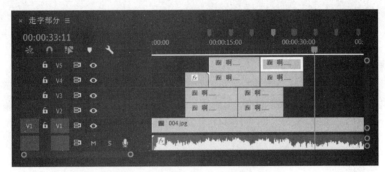

图 2-16-33　输入第 3 个"啊……"

（16）按住【Alt】键，复制 V2 轨道文本到本轨道后，设置"持续时间"为 8 s 13 帧左右，修改文本"钱塘澎湃"；按住【Alt】键，按鼠标左键拖动复制一个到 V3 轨道，修改外观填充为"F9155F"；在"效果控件"面板中做上述类似的蒙版，如图 2-16-34 所示。

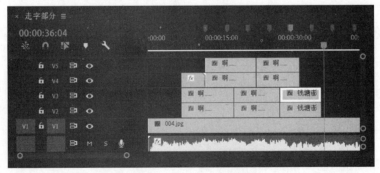

图 2-16-34　输入"钱塘澎湃"

（17）按住【Alt】键，复制 V4 轨道文本到本轨道后，设置"持续时间"为 8 s 21 帧左右，修改文本"钱塘澎湃"；按住【Alt】键，按鼠标左键拖动复制一个到 V3 轨道，修改外观填充为"F9155F"；在"效果控件"面板中做上述类似的蒙版，如图 2-16-35 所示。

（18）剩余的歌词操作方法与上述基本类似，这里不再赘述，要注意仔细听音乐，调整关键帧的入点和出点，如图 2-16-36 所示。

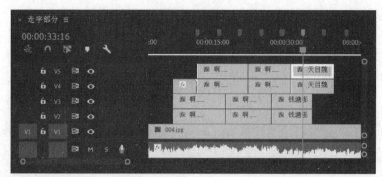

图 2-16-35　设置"钱塘澎湃"

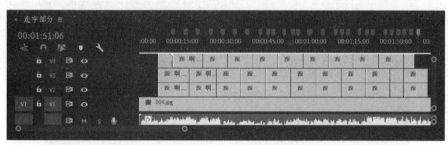

图 2-16-36　最终时间轴效果

实验 17
电子相册制作

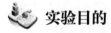 **实验目的**

◎ 了解电子相册的构成元素。

◎ 掌握电子相册的设计思路。

◎ 掌握电子相册的制作方法。

实验内容

3D 轮播动画。首先制作边框倒影效果，然后制作收缩淡出效果，再制作相册轮播效果，最后制作相册轮播效果合成，如图 2-17-1 所示。

图 2-17-1　3D 轮播动画

操作步骤

1. 边框倒影效果

（1）选择"文件"→"新建"→"项目"命令，选择合适的保存路径，新建一个名为"3D 轮播动画"的项目；新建一个序列，在设置选项卡中设置：编辑模式"自定义"、时基"25 帧 /s"、帧大小"1 280 像素 ×720 像素"、像素长宽比"方形像素（1.0）"、场"无场（逐行扫描）"；在轨道选项卡中设置：视频 3 轨道、音频 1 轨道；并命名为"图片序列"，其他参数默认，如图 2-17-2 所示。

视频

实验17 电子相册制作–3D轮播动画–1–边框倒影效果

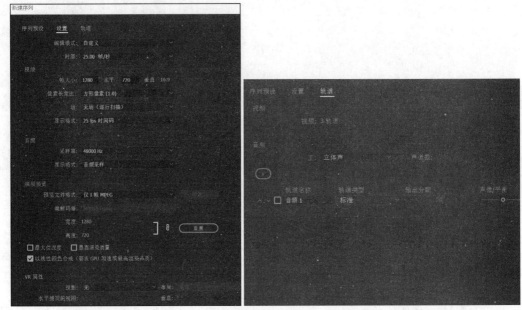

图 2-17-2　新建序列

（2）在"项目"面板中，新建名为"图片素材箱"的素材箱。双击打开"图片素材箱"窗口，在"图片素材箱"中空白处双击，导入 001 ～ 013 图片，如图 2-17-3 所示。

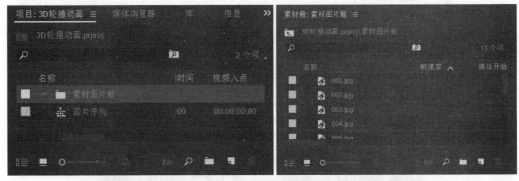

图 2-17-3　导入素材

（3）选择"001jpg"图片（或任意一张图片），拖到图片序列的轨道 2 上，在图片序列上右击，在弹出的快捷菜单中选择"速度 / 持续时间"命令，设置持续时间为 16 s；可以按"\"键，匹配序列，如图 2-17-4 所示。选择轨道 2 上的图片剪辑，选择"效果控件"面板，将图片缩放到 40 左右。

图 2-17-4　图片序列

（4）新建名为"边框序列"的素材箱。双击打开"边框序列"素材箱，单击"新建项"按钮，新建"颜色遮罩"，设置"白色"，并命名为"白色边框"的遮罩，如图 2-17-5 所示。

图 2-17-5　新建颜色遮罩

（5）在"项目"面板中，拖动"白色边框"遮罩到轨道 1，匹配持续时间 16 s，如图 2-17-6 所示。选择轨道 1 上的剪辑，选择"效果控件"面板，取消"等比缩放"，对"白色边框"进行缩放，缩放高度设置为 41，缩放宽度设置为 34，效果如图 2-17-7 所示。

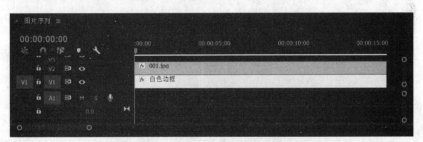

图 2-17-6　"白色边框"遮罩应用到轨道 1

图 2-17-7　调整白色边框 1

（6）在"图片序列"中，选择轨道上两个剪辑，按住鼠标左键拖到轨道 3 上；随意拖一图片到轨道 1，作为参考素材；按【Alt】键，拖动轨道 3 上的"白色边框"剪辑到轨道 2 上，复制调整好的"白色边框"剪辑，如图 2-17-8 所示。

（7）在"效果"面板中选择"视频效果"→"透视"→"投影"到轨道 2 的剪辑上，此时轨道 2 的剪辑就添加投影效果；锁定 V1、V3、V4 轨道；在"效果控件"面板中设置投影"不透明度"为 70%、选中"仅阴影"复选框；在"节目监视器"中双击剪辑，自行调整阴影大小，如图 2-17-9 所示。

图 2-17-8　调整白色边框 2

图 2-17-9　添加投影

（8）解锁 V3、V4 轨道；选择 V2、V3、V4 轨道，按住【Alt】键，复制新建 V5、V6、V7 轨道，锁定 V5、V6、V7 轨道，如图 2-17-10 所示。

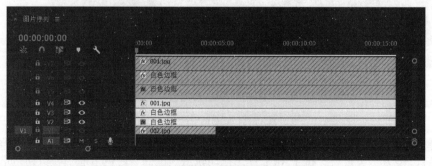

图 2-17-10　复制轨道

（9）在"效果"面板中选择"视频效果"→"变换"→"垂直翻转"到 V2、V3、V4 轨道的剪辑上，在"效果控件"面板上"运动"→"位置"中调整 V2、V3、V4 轨道剪辑 Y 轴位置，约为 664，如图 2-17-11 所示。

图 2-17-11　调整 V2、V3、V4 轨道剪辑 *Y* 轴位置

（10）选中 V4 轨道中剪辑，选择"效果控件"面板中"不透明度"的"创建 4 点多边形蒙版"；在"节目监视器"调整蒙版大小和位置；在"效果控件"面板中设置蒙版羽化 400，不透明度 65%，如图 2-17-12 所示。

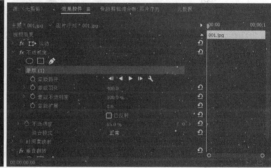

图 2-17-12　创建 4 点多边形蒙版

（11）复制 V4 轨道剪辑，选择 V2、V3 轨道，右击，在弹出的快捷菜单中选择"粘贴属性"命令，在打开的"粘贴属性"对话框中选择"不透明度"。

（12）解锁所有轨道，删除 V1 轨道上背景图片；在"项目面板"中新建"图片序列"素材箱，移动图片序列到此素材箱中，复制图片序列，依次命名为"图片 001-012"；依次打开图片序列 002 ～ 012，分别替换各自对应的图片，如图 2-17-13 所示。

图 2-17-13　替换各图片序列

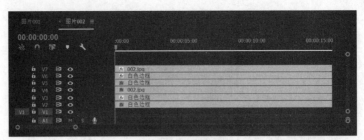

图 2-17-13 替换各图片序列（续）

2. 收缩淡出效果

（1）新建一个序列，在设置选项卡中设置：编辑模式"自定义"、时基"25 帧 /s"、帧大小"1 280 像素 ×720 像素"、像素长宽比"方形像素（1.0）"、场"无场（逐行扫描）"。在轨道选项卡中设置：视频 5 轨道、音频 1 轨道。命名为"收缩淡出效果"，其他参数默认。

（2）把"图片序列"中的"图片 001"序列拖到 V5 轨道，位置为（640，360），缩放130，如图 2-17-14 所示。

● 视频

实验17 电子
相册制作-3D
轮播动画-2-
收缩淡出效果

图 2-17-14 添加"图片 001"序列

（3）把"图片序列"中的"图片 002"序列拖到 V4 轨道，选择"图片 002"序列，在"效果控件"面板中设置位置为（930，360），缩放 100。在"效果"面板中选择"视频效果"→"透视"→"基本 3D"拖到 V4 轨道，在"效果控件"面板中设置"基本 3D"下"旋转"35，如图 2-17-15 所示。

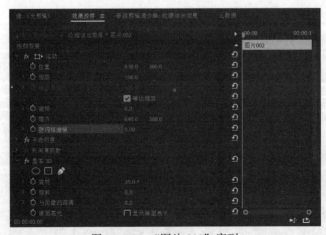

图 2-17-15 "图片 002"序列

（4）同样的方法，处理"图片 003-005"序列："图片 003"位置为（1 110，360），缩放 87，"基本 3D"中"旋转"35；"图片 004"位置为（350，360），缩放 100，"基本 3D"中"旋转"−35；"图片 005"位置为（170，360），缩放 87，"基本 3D"中"旋转"−35；取消视音频链接，删除各音轨中音频；并删除空白音视频轨道，如图 2-17-16 所示。

图 2-17-16　设置所有图片序列效果

（5）在 2 s、4 s、6 s、7 s、9 s 处打上序列标记，并缩短所有的剪辑长度到 9 s，如图 2-17-17 所示。

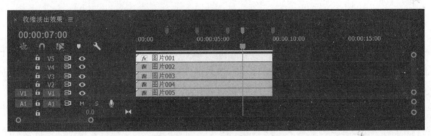

图 2-17-17　序列打标记

（6）选择"图片 001"，将"播放指示器"定位到 7 s 的标记处，在"效果控件"中的"缩放"和"不透明度"插入关键帧；转到下一个标记（9 s）处，缩放和不透明度插入关键帧，设置缩放和不透明度为 0；如图 2-17-18 所示。

（7）选择"图片 002"，将"播放指示器"定位到 2 s 的标记处，在"效果控件"中的位置、缩放和基本 3D 旋转插入关键帧；转到下一个标记（4 s）处，位置、缩放和基本 3D 旋转插入关键帧，设置位置为（640，360），缩放 130，基本 3D 旋转 0，如图 2-17-19 所示。

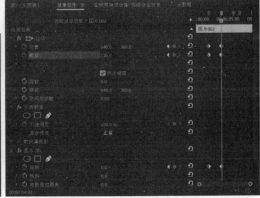

图 2-17-18　"图片 001"关键帧　　　　　图 2-17-19　"图片 002"关键帧

（8）选择"图片003"，将"播放指示器"定位到2 s的标记处，在"效果控件"面板中的位置、缩放和基本3D旋转插入关键帧；转到下一个标记（4 s）处，位置、缩放和基本3D旋转插入关键帧，设置位置为（930，360），缩放100，基本3D旋转35，如图2-17-20（a）所示。

（9）再转到下一个标记（6 s）处，位置、缩放和基本3D旋转插入关键帧，设置位置为（640，360），缩放130%，基本3D旋转0，如图2-17-20（b）所示。

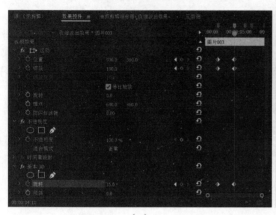 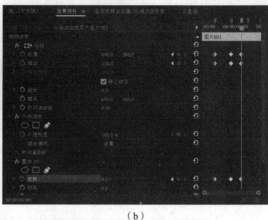

（a）　　　　　　　　　　　　　　　（b）

图 2-17-20 "图片003"关键帧

（10）选择"图片004"，将"播放指示器"定位到2 s的标记处，在"效果控件"面板中的位置、缩放和基本3D旋转插入关键帧；转到下一个标记（4 s）处，位置、缩放和基本3D旋转插入关键帧，设置位置为（640，360），缩放130，基本3D旋转0，如图2-17-21所示。

（11）选择"图片005"，将"播放指示器"定位到2 s的标记处，在"效果控件"面板中的位置、缩放和基本3D旋转插入关键帧；转到下一个标记（4 s）处，位置、缩放和基本3D旋转插入关键帧，设置位置为（350，360），缩放100，基本3D旋转 -35，如图2-17-22所示。

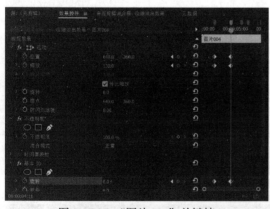 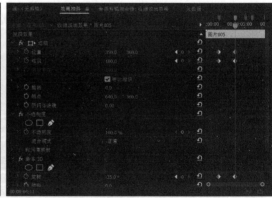

图 2-17-21 "图片004"关键帧　　　　　　　图 2-17-22 "图片005"关键帧

（12）再转到下一个标记（6 s）处，位置、缩放和基本3D旋转插入关键帧，设置位置为（640，360），缩放130，基本3D旋转0，如图2-17-23所示。

（13）修剪"图片002"和"图片004"持续时间到4 s，"图片003"和"图片005"持续时间到6 s，如图2-17-24所示。

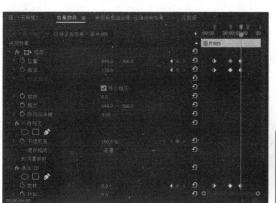

图 2-17-23 "图片 005"关键帧（6 s）　　　　图 2-17-24 修剪持续时间

3. 相册轮播效果

（1）新建一个序列，在"设置"选项卡中设置：编辑模式"自定义"、时基"25帧/秒"、帧大小"1 280*720"、像素长宽比"方形像素（1.0）"、场"无场（逐行扫描）"。在轨道选项卡中设置：视频 19 轨道、音频 1 轨道。命名为"轮播效果"，其他参数默认。

视频 实验17 电子相册制作-3D轮播动画-3-相册轮播效果1

（2）把"图片 003"序列拖到 V12 轨道上，删除音轨，在"效果控件"面板上 0 s处位置、缩放、不透明度和基本 3D 旋转插入关键帧，设置位置为（950，360）、缩放为100%、不透明度为 0 和基本 3D 旋转为 35。在 1 s 处添加位置、缩放、不透明度和基本 3D 旋转的关键帧，设置位置为（1 110，360）、缩放为 87、不透明度为 100% 和基本 3D 旋转为 35，如图 2-17-25 所示。

视频 实验17 电子相册制作-3D轮播动画-3-相册轮播效果2

（3）在"效果控件"面板上 3 s 处位置、缩放和基本 3D 旋转插入关键帧；在 4 s处添加位置、缩放和基本 3D 旋转的关键帧，设置位置为（930，360）、缩放为 100 和基本 3D 旋转为 35，如图 2-17-26 所示。

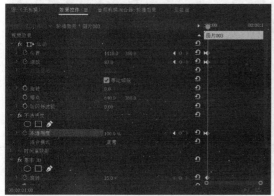

图 2-17-25 "图片 003"1 s 处关键帧　　　　图 2-17-26 "图片 003"4 s 处关键帧

（4）在"效果控件"面板上 6 s 处位置、缩放和基本 3D 旋转插入关键帧；在 7 s 处添加位置、缩放和基本 3D 旋转的关键帧，设置位置为 (640，360)、缩放为 130 和基本 3D 旋转为 0，如图 2-17-27 所示。

（5）在"效果控件"面板上 9 s 处位置、缩放和基本 3D 旋转插入关键帧；在 10 s 处添加位置、缩放和基本 3D 旋转的关键帧，设置位置为（350，360）、缩放为 100 和基本 3D 旋转为 -35，如图 2-17-28 所示。

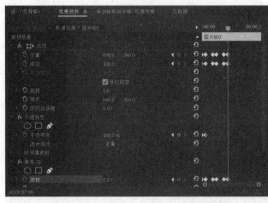

图 2-17-27　"图片 003" 7 s 处关键帧

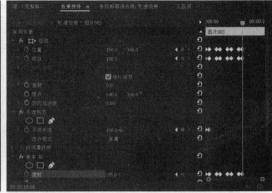

图 2-17-28　"图片 003" 10 s 处关键帧

（6）在"效果控件"面板上 12 s 处位置、缩放和基本 3D 旋转插入关键帧；在 13 s 处添加位置、缩放和基本 3D 旋转的关键帧，设置位置为（170，360）、缩放为 87 和基本 3D 旋转为 -35，如图 2-17-29 所示。

（7）在"效果控件"面板上 15 s 处位置、缩放、不透明度和基本 3D 旋转插入关键帧；在 16 s 处添加位置、缩放、不透明度和基本 3D 旋转的关键帧，设置位置为（350，360）、缩放为 100、不透明度 0 和基本 3D 旋转为 -35，如图 2-17-30 所示。

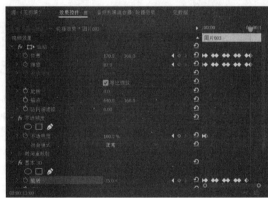

图 2-17-29　"图片 003" 13 s 处关键帧

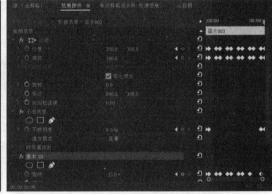

图 2-17-30　"图片 003" 16 s 处关键帧

（8）把"图片 006"序列拖到 V11 轨道 3 s 处，删除音轨；在"图片 003"剪辑上右击，在弹出的快捷菜单中选择"复制"命令，右击"图片 006"剪辑，在弹出的快捷菜单中选择"粘贴属性"命令，在打开的"粘贴属性"对话框中选中"运动""不透明度"和"基本 3D"复选框，如图 2-17-31 所示。

（9）将"播放指示器"定位到 9 s 处，选择"图片 006"剪辑，按【Ctrl+K】组合键，剪断"图片 006"剪辑，将后半段移到 V13 的 9 s 处，如图 2-17-32 所示。

（10）把"图片 007"序列拖到 V10 轨道 6 s 处，删除音轨；在"图片 003"剪辑上右击，在弹出的快捷菜单中选择"复制"命令，右击"图片 007"剪辑，在弹出的快捷菜单中选择"粘贴属性"命令，在打开的"粘贴属性"对话框中选中"运动""不透明度"和"基本 3D"复选框。

（11）将"播放指示器"定位到 12 s 处，选择"图片 007"剪辑，按【Ctrl+K】组合键，剪断"图片 007"剪辑，将后半段移到 V14 的 12 s 处。

图 2-17-31　"粘贴属性"对话框

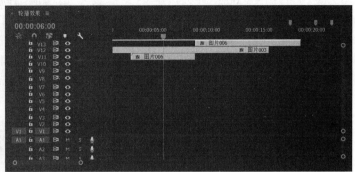

图 2-17-32　剪断"图片 006"

（12）把"图片 008"序列拖到 V9 轨道 9 s 处，删除音轨；在"图片 003"剪辑上右击，在弹出的快捷菜单中选择"复制"命令，右击"图片 008"剪辑，在弹出的快捷菜单中选择"粘贴属性"命令，在打开的"粘贴属性"对话框中选中"运动""不透明度"和"基本 3D"复选框。

（13）将"播放指示器"定位到 15 s 处，选择"图片 008"剪辑，按【Ctrl+K】组合键，剪断"图片 008"剪辑，将后半段移到 V15 的 15 s 处。

（14）把"图片 009"序列拖到 V8 轨道 12 s 处，删除音轨；在"图片 003"剪辑上右击，在弹出的快捷菜单中选择"复制"命令，右击"图片 009"剪辑，在弹出的快捷菜单中选择"粘贴属性"命令，在打开的"粘贴属性"对话框中选中"运动""不透明度"和"基本 3D"复选框。

（15）将"播放指示器"定位到 18 s 处，选择"图片 009"剪辑，按【Ctrl+K】组合键，剪断"图片 009"剪辑，将后半段移到 V16 的 18 s 处。

（16）把"图片 010"序列拖到 V7 轨道 15 s 处，删除音轨；在"图片 003"剪辑上右击，在弹出快捷菜单中选择"复制"命令，右击"图片 010"剪辑，在弹出的快捷菜单中选择"粘贴属性"命令，在打开的"粘贴属性"对话框中选中"运动""不透明度"和"基本 3D"复选框。

（17）将"播放指示器"定位到 21 s 处，选择"图片 010"剪辑，按【Ctrl+K】组合键，剪断"图片 010"剪辑，将后半段移到 V17 的 21 s 处。

（18）把"图片 005"序列拖到 V6 轨道 18 s 处，删除音轨；在"图片 003"剪辑上右击，在弹出的快捷菜单中选择"复制"命令，右击"图片 005"剪辑，在弹出的快捷菜单中选择"粘贴属性"命令，在打开的"粘贴属性"对话框中选中"运动""不透明度"和"基本 3D"复选框。

（19）将"播放指示器"定位到 24 s 处，选择"图片 005"剪辑，按【Ctrl+K】组合键，剪断"图片 005"剪辑，将后半段移到 V18 的 24 s 处。

（20）把"图片 004"序列拖到 V5 轨道 21 s 处，删除音轨；在"图片 003"剪辑上右击，在弹出的快捷菜单中选择"复制"命令，右击"图片 004"剪辑，在弹出的快捷菜单中选择"粘贴属性"命令，在打开的"粘贴属性"对话框中选中"运动""不透明度"和"基本 3D"复选框。

（21）将"播放指示器"定位到 27 s 处，选择"图片 004"剪辑，按【Ctrl+K】组合键，剪断"图片 004"剪辑，将后半段移到 V19 的 27 s 处。

（22）把"图片 001"序列拖到 V4 轨道 24 s 处，删除音轨；在"图片 003"剪辑上右击，在弹出的快捷菜单中选择"复制"命令，右击"图片001"剪辑，在弹出的快捷菜单中选择"粘贴属性"命令，在打开的"粘贴属性"对话框中选中"运动""不透明度"和"基本3D"复选框。

（23）将"播放指示器"定位到30 s处，选择"图片001"剪辑，按【Ctrl+K】组合键，剪断"图片001"剪辑，将后半段移到V20的30 s处。

（24）把"图片002"序列拖到V3轨道27 s处，删除音轨；在"图片003"剪辑上右击，在弹出的快捷菜单中选择"复制"命令，右击"图片002"剪辑，在弹出的快捷菜单中选择"粘贴属性"命令，在打开的"粘贴属性"对话框中选中"运动""不透明度"和"基本3D"复选框。

（25）将"播放指示器"定位到33 s处，选择"图片002"剪辑，按【Ctrl+K】组合键，剪断"图片002"剪辑，将后半段移到V21的33 s处。

（26）删除空白音视轨，如图2-17-33所示。

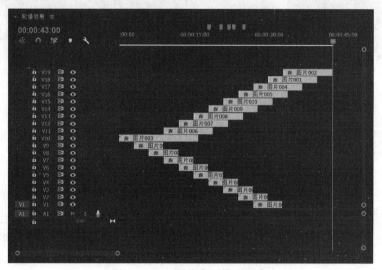

图2-17-33　图片序列排列顺序

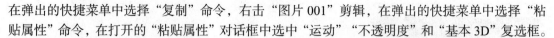

4. 相册轮播效果合成

（1）新建一个序列，在"设置"选项卡中设置：编辑模式"自定义"、时基"25帧/秒"、帧大小"1 280*720"、像素长宽比"方形像素（1.0）"、场"无场（逐行扫描）"。在"轨道"选项卡中设置：视频19轨道、音频1轨道。命名为"轮播合成"，其他参数默认。

（2）取消"将序列作为嵌套或个别剪辑插入并覆盖"■按钮，拖动"收缩淡出效果"到轨道中，如图2-17-34所示。

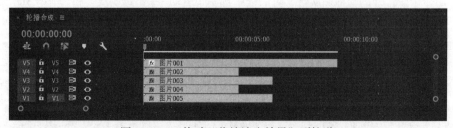

图2-17-34　拖动"收缩淡出效果"到轨道

（3）选择"图片001"剪辑，打开"效果控件"面板，把最后一列（9 s处）的关键帧移至0 s处，把7 s处的关键帧移至2 s处，如图2-17-35所示。

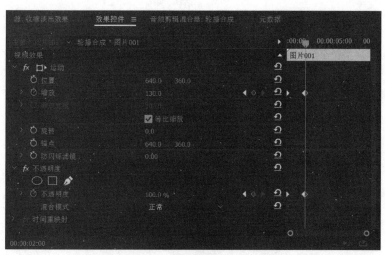

图 2-17-35　处理"图片 001"剪辑

（4）选择"图片 002"剪辑，打开"效果控件"面板，把最后一列的关键帧移至 0 s 处。调整"图片 002"到 2 s 处开始，持续时间设置到 9 s，如图 2-17-36 所示。

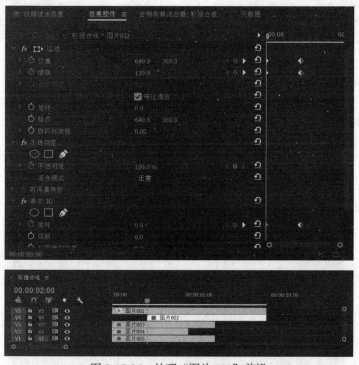

图 2-17-36　处理"图片 002"剪辑

（5）选择"图片 003"剪辑，打开"效果控件"面板，把最后一列的关键帧移至 0 s 处，第 2 列（2 s）与第 3 列（4 s）交换顺序。调整"图片 003"到 2 s 处开始，持续时间设置到 9 s，如图 2-17-37 所示。

（6）"图片 004"剪辑和"图片 005"剪辑使用同样的调整方法，单击"轨道"面板中"将序列作为嵌套或个别剪辑插入并覆盖"按钮，如图 2-17-38 所示。

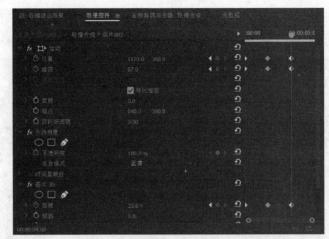

图 2-17-37   处理"图片 003"剪辑

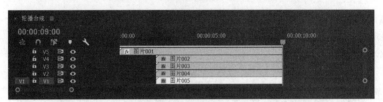

图 2-17-38   将序列作为嵌套或个别剪辑插入并覆盖

（7）在"项目"面板中右击"轮播效果"，在弹出的快捷菜单中选择"在源监视器中打开"命令，打开"轮播效果"；在"源监视器"中设置入点 3 s 处，出点 28 s 处，仅拖动视频到 V3 轨道；在"源监视器"中设置入点 33 s 处，仅拖动视频到 V4 轨道；在 V4 轨道的 12 s 处剪断"轮播效果"剪辑，并把后半段拖到 V2 轨道上，如图 2-17-39 所示。

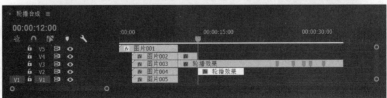

图 2-17-39   编辑轮播效果 1

（8）在"源监视器"中设置入点28 s处，出点31 s处，在"源监视器"中设置出点1 s处，仅拖动视频到V3轨道，如图2-17-40所示。

图2-17-40　编辑轮播效果2

（9）在"源监视器"中打开"收缩淡出效果"，仅拖动视频到V3轨道，如图2-17-41所示。

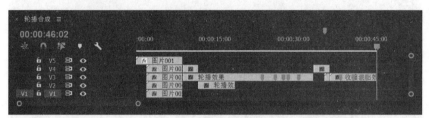

图2-17-41　编辑轮播效果3

（10）选择所有轨道上的剪辑，向上拖动剪辑，添加"图片013"到V1轨道，作为背景。添加"视频效果"→"模糊和锐化"→"高斯模糊"，设置缩放120、不透明度75%、模糊度10，如图2-17-42所示。

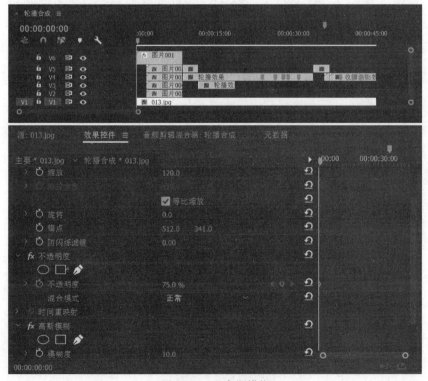

图2-17-42　高斯模糊

（11）导入"003Brave heart.mp3"音频，在"项目"面板中右击"003Brave heart.mp3"，在弹出的快捷菜单中选择"在源监视器中打开"命令，打开音频，因为音频前 2 s 空白，所以在 2 s 处设置入点，把音频拖到 A1 音轨上，作为背景音；在"轨道"面板中，利用"剃刀工具"删除多余的音频，如图 2-17-43 所示。

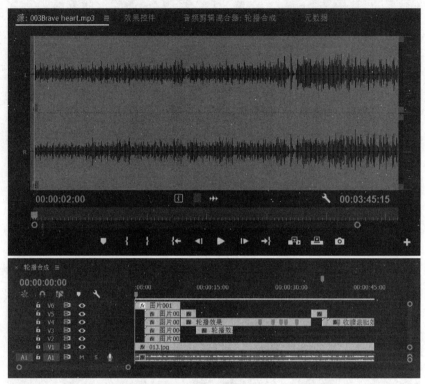

图 2-17-43　添加音频

（12）展开 A1 轨道，给音频做个缓出效果，如图 2-17-44 所示。保存文件。

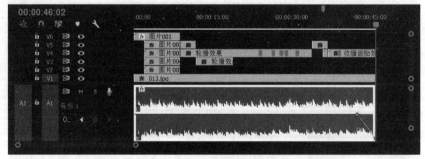

图 2-17-44　音频缓出效果